中原科技创新领军人才计划(214200510030)资助项目

软岩特性及输水隧洞支护效果研究

——以宁夏固原饮水安全水源工程为例

黄志全　于怀昌　宋丽娟
何　鹏　赵　阳　李建勇　著

科学出版社
北　京

内 容 简 介

本书针对工程软岩引起的隧洞安全与稳定问题，以宁夏固原饮水安全水源工程输水隧洞为研究对象，采用试验研究和数值模拟相结合的研究方法，研究输水隧洞软岩的微观成分与结构、物理性质、水理性质、常规力学性质、本构关系和流变力学特性，分析输水隧洞支护前后应力、应变和塑性区的特征，评价隧洞的支护效果，得出不同围岩类别中钢拱架较优的支护间距，为工程防灾减灾提供科学依据。

本书可供地质工程、岩土工程、水利工程等领域的工程技术人员阅读，也可以供相关专业的科研工作者、高等院校师生参考。

图书在版编目(CIP)数据

软岩特性及输水隧洞支护效果研究 ：以宁夏固原饮水安全水源工程为例 / 黄志全等著. — 北京 ：科学出版社，2021.6

ISBN 978-7-03-069052-4

Ⅰ. ①软… Ⅱ. ①黄… Ⅲ. ①软岩层—研究②软岩层—过水隧洞—软岩支护—研究 Ⅳ. ①TV672

中国版本图书馆 CIP 数据核字(2021)第 105212 号

责任编辑：周 炜 梁广平 罗 娟 / 责任校对：任苗苗
责任印制：吴兆东 / 封面设计：蓝正设计

科学出版社 出版
北京东黄城根北街 16 号
邮政编码：100717
http://www.sciencep.com
北京中石油彩色印刷有限责任公司印刷
科学出版社发行 各地新华书店经销
*
2021 年 6 月第 一 版 开本：720×1000 B5
2021 年 6 月第一次印刷 印张：12 3/4
字数：245 000

定价：98.00 元

(如有印装质量问题，我社负责调换)

前　言

软岩是工程建设中经常遇到的一种岩体。软岩具有强度低、变形大、遇水易软化等工程特性，在水利、采矿、交通、能源、国防等工程隧道修建过程中易出现大变形、塌方等灾害。早在19世纪中叶，铁路隧道建设初期就已经出现了软岩隧道，引起人们的极大关注。首例严重的软岩隧道大变形事故发生在1906年竣工的长19.8km的辛普伦Ⅰ线隧道的施工过程中。其后，国内外隧道工程中出现的软岩大变形现象屡见不鲜，国外的如奥地利陶恩公路隧道、阿尔贝格公路隧道和日本惠那山公路隧道、中屋隧道等，国内的如青藏铁路关角隧道，宝中铁路的大寨岭、老爷岭、老头沟和堡子梁隧道，南昆铁路家竹箐隧道，以及317国道鹧鸪山公路隧道等工程。随着我国基础设施的大规模兴建，越来越多的超长水工隧道、铁路深埋隧道和矿山地下坑道在软岩地层中修建，软岩隧道的变形与破坏已成为地下工程建设中的关键技术问题之一。

宁夏固原饮水安全水源工程，是将宁夏固原地区南部六盘山东麓雨量较多、水量相对较丰沛的泾河流域地表水经拦截、调蓄，向北输送到固原中北部干旱缺水地区的区域性水资源优化配置工程。工程输水隧洞共有11座，总长达35.750km，是控制工程投资、进度和安全的关键部分。输水隧洞工程地质与水文地质条件复杂，穿越地层主要为白垩系、第三系软弱岩石和第四系松散层。白垩系泥岩单轴饱和抗压强度为0.6～13MPa，第三系泥岩和砂质泥岩单轴饱和抗压强度小于1MPa，属极软岩或软岩。白垩系、第三系软岩亲水性强，具有重塑性、胀缩性、崩解性、流变性和大变形等特点，施工过程中容易引起隧洞的破坏和失稳，影响隧洞的安全与稳定。因此，查明软岩成分、物理、水理和力学性质，研究软岩输水隧洞的支护措施效果，对于确保饮水安全水源工程输水隧洞的安全与稳定具有重要的实用价值。

本书针对工程软岩引起的隧洞安全与稳定问题，以宁夏固原饮水安全水源工程输水隧洞为研究对象，采用试验研究和数值模拟相结合的研究方法，对工程软岩进行矿化成分测试(岩矿薄片鉴定、化学成分分析、X射线衍射和差热分析)、膨胀性试验、耐崩解性试验、常规单轴、三轴压缩力学试验、三轴流变力学试验，研究工程软岩的微观成分与结构、物理性质、水理性质、常规力学性质、本构关系以及流变力学特性。基于试验结果，采用有限差分数值软件，以宁夏固原饮水安全水源工程7#大湾隧洞为例，分析了隧洞支护前后应力、应变和塑性区的分布特征，评价了隧洞的支护效果，得出不同围岩类别中钢拱架较优的支护间距，为工程防灾减灾提供科学依据。

本书得到国家自然科学基金重点项目(U1704243)资助。在本书的撰写过程中,得到中水北方勘测设计研究有限责任公司、宁夏水务投资集团有限公司领导和同行的支持与帮助,在此表示由衷的感谢!

由于作者水平有限,书中难免有疏漏和不妥之处,恳请读者批评指正。

目　录

第1章 绪　论

1.1 研究意义

软岩是地球表面分布最为广泛的一种岩石，其中泥岩和页岩就占地表出露岩石的50%左右。我国软岩分布范围很广，在云贵高原、湘浏盆地、四川盆地、甘肃东北部、东南沿海和东北地区都有软岩成片或零星分布，在建筑、交通、水电、矿山等工程建设中都会遇到软岩。软岩是一种在特定环境下形成的具有显著变形性质的复杂力学介质，具有可塑性、膨胀性、崩解性、流变性、大变形等特点。软岩问题在20世纪60年代就作为世界性的难题被提出来，一直是困扰生产和工程建设的重大难题之一，也是工程地质和岩体力学研究领域的重要课题之一[1]。

随着我国工程建设大规模开展，如地下空间的开发利用、大型水利水电工程的兴建、深部矿体的开采，以及核能工程的建设等，工程建设中必将遇到更多软岩问题，在工程设计和施工中只有充分考虑软岩的力学特性，才能确保工程的长期稳定和安全。因此，深入开展软岩特性的试验、理论及应用研究，变得十分重要和迫切。

宁夏固原地区(宁夏中南部)城乡饮水安全水源工程（简称“宁夏固原饮水安全水源工程”)，是将宁夏固原地区南部六盘山东麓雨量较多、水量相对较丰沛的泾河流域地表水经拦截、调蓄，向北输送到固原中北部干旱缺水地区的区域性水资源优化配置工程。建设该工程，可将水质优良的泾河水资源调入宁夏中部干旱带和南部干旱山区，解决中南部地区部分城乡居民的饮用水源问题，改善当地群众的生活条件，保障城乡供水安全，提高生活水平，对促进当地经济社会进一步发展、民族团结和社会稳定、建设社会主义新农村具有重要意义[2]。

该工程输水隧洞有11座，总长达35.750km，是控制工程投资、进度和安全的关键部分。这些输水隧洞穿越地区地层主要为白垩系、第三系和第四系。其中，穿过白垩系泥岩夹泥灰岩隧洞9条，总长34.13km；第三系泥岩、砂质泥岩、泥质砂岩分布于1＃隧洞前段，长度1.10km；第四系黄土洞2条，长度1.22km①。白垩系灰质泥岩与第三系泥岩和砂质泥岩均属软岩，岩石亲水性强，

① 原工程报告中数据如此，长度有重叠。

具有重塑性、胀缩性、崩解性、流变性和大变形等特点，施工过程中容易引起隧洞的失稳和破坏，并可能影响隧洞的长期稳定性。为此，针对工程软岩引起的隧洞安全与稳定问题，通过试验研究和数值模拟相结合的研究方法，开展宁夏固原饮水安全工程白垩系、第三系软岩的物理力学性质试验工作，在此基础上研究软岩隧洞应力应变特征和隧道支护效果，为工程的设计施工提供依据。

在水利水电工程建设过程中，尤其是长距离调水项目，不可避免地会遇到各种各样的复杂地质体及软弱破碎岩体，本书的研究工作除用于指导工程实践外，其成果对其他类似工程也具有很好的参考借鉴价值。因此，宁夏固原饮水安全水源工程软岩特性及输水隧洞支护效果研究具有重要的工程实际价值。

1.2 国内外研究现状

1.2.1 软岩水理性质试验研究现状

岩石的水理性质一般是指水与岩石作用引起岩石的物理性质发生变化的一些特性，主要包括渗透性、膨胀性、耐崩解性和软化性等。这里仅介绍软岩的膨胀性和耐崩解性研究现状。

在软岩的膨胀性研究方面，Huang 等[3]通过侧向约束试验，得出了最大膨胀压力与相对湿度和湿度活性指数的关系模型，并绘制了一系列湿度与膨胀压力的关系曲线，用以预测最大膨胀压力。张凤翔等[4]系统介绍了软岩膨胀应力、膨胀率试验工作原理及其测定方法，并根据实测数据研究了影响膨胀特性的各种因素。傅学敏等[5]通过大量的试验，探讨了软岩(泥岩、砂质泥岩)膨胀过程的宏观显现规律。借助扫描电子显微镜(scanning electron microscope，SEM)，分析了膨胀过程中岩石内部颗粒结构的微观变化特征，据此提出了软岩膨胀的力学模型，并阐述了软岩的膨胀机理。徐颖等[6]根据大量的软岩膨胀性试验成果，找出了软岩膨胀应力与线膨胀率、线膨胀最终饱和含水率特性曲线，给出了泥质岩干燥饱和吸水率与蒙脱石含量特性曲线的相关分析结果，采用风干或烘干的不规则试件吸水率作为对膨胀岩判别和评价的依据。陈平货等[7]针对南水北调中线工程总干渠Ⅱ渠段上第三系软岩分布的渠段，取代表性岩样试验，对上第三系软岩工程地质特性进行分析，论述了岩石的膨胀性对工程的危害。刘信勇等[8]对玛柯河为南水北调西线一期工程坝址段岩体蓄水后的膨胀性做出预测，并对影响膨胀指标间的因素做总结分析，根据软岩膨胀分级标准判断试验板岩属于非膨胀性岩石。汪亦显等[9]对膨胀性软岩双扭试件进行相同 pH 溶液(pH=7.7)、不同浸泡时间的亚临界裂纹扩展和膨胀特性进行试验研究，分别得到膨胀性软岩亚临界裂纹扩展速度 v 与应力强度因子 K_{I} 之间的关系、膨胀性软岩的断裂韧度 K_{IC}，以及不同浸泡时间下的岩石试样吸水膨胀的变化。于春江等[10]系统分析了膨胀性和非膨胀性泥岩物质组成和结构、物理性质、强度特性等物理力学特性，通过自由膨胀率试验，研究了不同风化程度和种类的泥岩膨胀特性，试验结果表明，马巢高速公路沿线泥岩大都属于非膨胀性土，且随着泥岩风化程度的减弱，泥岩自由膨胀率呈现递减规律，但数值差别很小，故泥岩可作为路基填料。明建[11]针对鲁中矿业有限公司张家洼铁矿的矽卡岩和红板岩这两类软岩，采用同等条件下干湿交替的循环试验方法，进行了膨胀变形特性和释放规律的试验研究。柴肇云等[12]采用自主开发研制的软岩膨胀试验装置，对新生代煤系地层中泥质岩进行膨胀试验研究，分析了泥质岩膨胀各向异性以及循环胀缩特性，并结合 SEM 试验结果，探讨了膨胀各向异性和循环胀缩特性的形成机制。

在软岩的耐崩解性研究方面，Lin[13]、Qi 等[14]通过 X 射线荧光光谱仪（X-ray fluorescence spectrometer，XRFS）、扫描电子显微镜、X 射线衍射仪（X-ray diffractometer，XRD）和能量色散 X 射线分析技术（energy dispersive X-ray analysis technique，EDXAT），从元素、晶体结构和颗粒形态等角度分析了泥岩遇水时的水化崩解特性及原因。苏永华等[15]在室内崩解试验和大气条件模拟的渐进崩解试验中，通过跟踪崩解过程碎屑物的颗粒级别变化发现，软岩膨胀崩解过程是一个多重分形过程。颜文等[16]通过对软质岩所含黏土矿物成分类型及含量、崩解和软化特性的试验研究，分析了水对软质岩填筑路基稳定性的影响程度，研究结果对类似软岩填筑路基的适用性具有重要的参考价值。曹运江等[17]研究了岷江上游某水电站工程边坡 F_3 断层和 L_9、L_{10}、L_c、L_{11} 等软弱带内所发育的几种典型软岩岩组的崩解特性，获知该类软岩极易吸水，遇水后发生泥化、软化和崩解；并通过循环崩解试验，发现工程区内软岩的崩解度与泥质含量和崩解次数具有很好的相关性。康天合等[18]通过对黏土矿物成分以高岭石和蒙脱石为主的两种软岩崩解特性的对比试验，运用分形几何理论分析了不同初始块度和循环崩解次数的两种软岩崩解颗粒的粒径分布特性，并就这两种软岩的崩解特性差异进行了探讨。吴道祥等[19]针对红层软岩遇水易软化、崩解的特点，以铜陵—黄山高速公路汤口—屯溪段沿线的红层软岩为例，选取该路段沿线具有代表性的两类岩样（砂岩和泥岩）进行室内浸水崩解试验，分析软岩崩解过程的颗粒级配变化情况，并对比分析其崩解性能，将崩解性由强至弱划分为强崩解、中崩解、弱崩解和不崩解四个等级。钱自卫等[20]对巨野煤田深部煤系软岩遇水崩解的宏观特征及微观机理进行了分析研究。研究发现，软岩水稳性较差，在浸水后 30min 内即开始崩解；岩样黏土矿物以高岭石及蒙伊混层为主，结构上表现为明显的疏松性及定向排列性。王金安等[21]为研究内蒙古上海庙矿区煤系地层水岩作用特性，进行了软化、崩解试验，分析岩石遇水后强度变化特点，了解质量与崩解次数的曲线特征关系，研究结果对矿井建设及软岩巷道支护设计具有参考价值。邹浩等[22]以金沙江中游某坝基软岩为例，选取右岸坝基具有代表性的 8 块泥质粉砂岩岩样，分别进行干燥单轴抗压强度试验、室内干湿循环崩解和室外自然条件崩解试验。试验结果表明，干湿循环条件下岩样的崩解要比自然条件下彻底；所取岩样的初崩时间顺序、最终崩解情况与干燥单轴抗压强度、黏粒含量存在较好的相关性。黄杨胜[23]通过耐崩解试验与室内静态崩解试验对石林隧道软岩的崩解特性与机理进行了分析，研究得出石林隧道软岩崩解的机理为黏土矿物的膨胀、表面吸附的楔裂以及矿物胶结的弱化。刘鹤等[24]针对软岩遇水易崩解的特点，选取 3 组代表性岩样开展了不同浸水时间及多次干湿循环室内崩解试验，分析崩解过程的颗粒级配变化情况，研究耐崩解性指数变化规律；对比分析 3 组软岩崩解性强度，并结合岩矿鉴定结果，探讨软岩崩解强度与矿物组成的关系。潘艺等[25]根据室内软岩静态崩解和软岩碎片浸水试验以及不同浸泡阶段的软岩的成分组构扫描电镜观察试验，揭示了水-软岩界面的细观演化规律：软岩碎片间泥质填充区中水-软岩界面上的黏土颗粒在水作用下发生水化、扩散和流失，致使泥质胶结带缩减，从而引起碎片间凝聚力下降。梁冰等[26]以阜新市海州露天矿粗砾砂岩、泥岩等 4 种弱崩解性软岩为研究对象，进行干湿循环崩解试验，结合试样的 SEM 照片、矿物成分和物理指标研究崩解作用下 4 种软岩的形态、静态崩解指数和崩解比的变化规律。

1.2.2 软岩常规力学性质研究现状

常规力学试验一直是认识软岩在复杂环境(如地下水丰富和地应力高)下力学性能的主要手段。常规力学试验主要包括单轴、三轴、剪切等试验，下面就这三方面试验研究进展进行简要论述。

在软岩单轴力学性能研究方面，Rutter[27]和 Glover 等[28]开展了不同含水状态下岩石的单轴压缩试验，结果表明岩石的各项力学性能指标都随含水率的增加而降低。梁卫国等[29]针对岩盐这一特殊性质的岩石，进行了基本的力学特性试验，包括单轴压缩等试验。通过试验发现，无水芒硝岩盐是一种软岩，强度较低，变形较大，在单轴压缩变形破坏过程中，具有与普通岩石试件不同的四阶段性特征。周翠英等[30]对华南地区广为分布的红色砂岩、泥岩及黑色炭质泥岩等几种不同类型的典型软岩进行了不同饱水状态的力学性质测试，重点探讨了软岩软化的力学规律。试验对各类软岩的天然状态以及饱水 1 个月、3 个月、6 个月、12 个月等的状态进行采样，测定不同饱水时间点的单轴抗压强度等并分析其随饱水时间的变化规律。彭柏兴等[31]建立了湘浏盆地红层软岩单轴天然抗压强度 R_0 与天然密度 ρ_0、弹性模量、旁压特征参数 P_f 和 E_M，以及弹性纵波速度 v_p 之间的相关方程。王立平等[32]通过对兰州地区部分桥梁工程第三系软岩的单轴抗压强度试验统计分析，总结出第三系软岩的性质及变化规律。李尤嘉等[33]利用新型岩石细观力学试验系统，对石家庄—太原铁路专线太行山隧道工程6#斜井的膏溶角砾岩在单轴压缩荷载作用下的岩石细观变化过程进行了实时观测，得到不同含水状态下岩石初始损伤微裂纹的萌生、扩展、连接、贯通直至宏观破裂的数字显微和全场实时图像。闫小波等[34]以泥质粉砂岩和褐红色泥岩为对象，研究单轴压缩条件下软岩干燥和饱和状态时的各向异性力学特征，包括变形各向异性特征和强度各向异性特征。Erguler等[35]对黏土岩展开研究得出，黏土岩的弹性模量、抗拉强度和单轴抗压强度随含水率降低的衰减程度分别高达93%、90%、90%。路新景等[36]对中硬岩石和软岩/硬土进行不同尺寸试件的单轴抗压强度试验研究，结果表明，中硬岩石破坏呈典型脆性劈裂破坏特征，软岩/硬土呈现剪切破坏和部分碎裂破坏形式；无论硬岩还是软岩/硬土，单轴抗压强度的离散性与岩性和试件尺寸密切相关。刘新荣等[37]为了解芒硝的力学特性，在MTS815岩石伺服试验机上对其进行了单轴压缩试验等力学试验，并对其强度和变形特征进行了分析。分析表明，芒硝在单轴压缩下表现应变软化特性，且强度很低，属于软岩的范畴。南水北调中线工程安阳渠段在施工过程中露出大量第三系软岩硬土，在开挖工程中对岩土界限，尤其是软岩和硬岩界限划分、软岩分类存在分歧。对此乔翠平等[38]在分析比较现有岩石分类标准的基础上，将天然状态下的单轴抗压强度作为主要指标，将弹性波速、净钻进速率和天然容重作为补充或次要指标，提出了9级12个亚级的岩石分类体系。刘中华等[39]利用高精度μCT225KVFCB显微CT试验系统和JL型微机控制电液伺服万能试验机，对钙芒硝单轴压缩力学特性进行了研究。研究表明，钙芒硝压密阶段不明显，且存在刚性阶段；钙芒硝单轴抗压强度平均为7.54MPa，属于软岩，其单轴抗压强度随着物质密度的增大而增大，随物质密度不均匀程度增大而减小，且与X射线衰减系数、衰减系数方差呈线性拟合关系。祝艳波等[40]以隧道出露的石膏质围岩为研究对象，开展了不同含水率、不同干湿循环下的石膏质岩单轴压缩试验，探讨其强度软化特性；利用微观电镜扫描石膏质岩遇水及干湿循环后的微观结构，分析其强度劣化机理。刘小红等[41]以三峡库区消落带巴东段某典型岸坡的紫红色粉砂岩为研究对象，通过现场钻探取芯、室内试样加工和“烘干—饱水”循环试验手段，对红层粉砂岩试样进行了单轴压缩和耐崩解试验研究。试验研究成果对三峡库区消落带岸坡岩体的劣化机理和岸坡稳定性分析等具有一定的参考价值。李晓宁等[42]为研究酸性水化学溶液浸蚀作用下红层软岩的细观损伤演化特征；利用声发射技术分析红层软岩在受不同pH化学溶液浸蚀作用后的单轴压缩损伤破坏过程。试验结果可为受腐蚀区域红层软岩的长期稳定性的评价提供参考。李勇飞等[43]以江西境内红砂岩为例，分析了红砂岩的单轴抗压强度变化大的原因，通过实例探讨对红砂岩的试验数据进行统计计算时适用的方法和原则，使单轴抗压强度标准值取值较为合理。刘晓敏[44]针对大海则矿区软岩地层的 4 个层位，进行了 −5℃、−10℃、−15℃条件下单轴抗压强度室内试验，得到各层位的应力-应变曲线和不同降温区间内的强度增长率，分析了该矿区软岩地层单轴抗压强度变化的特点，为该地区冻结法施工提供了参考数据。岳全庆等[45]以巴东组红层软岩为例，选取泥岩、粉砂岩进行浸水崩解试验、单轴抗压强度试验，分析红层软岩在不同含水率的情况下的崩解性、软化性。吕龙龙等[46]通过对甘肃省定西市兰渝铁路夏广段 LYS-1 标胡麻岭隧道的红层软岩进行不同高径比试样单轴抗压强度对比试验，研究红层软岩单轴抗压强度的尺寸效应。韩聪等[47]对宁东马莲台矿区的红层软岩进行了扫描电镜观察及单轴抗压强度试验，由此得出新第三系红层软岩物理力学特性，为进一步研究提供一定的理论基础。单仁亮等[48]为研究氧化带软岩的力学性能，探究微观结构对宏观力学性能的影响，采用微观分析与力学试验结合的方法，对岩石试样分别进行了 X 射线衍射分析、电镜扫描试验和单轴压缩试验。研究结论可以用来指导随后的现场设计与施工，对其他材料的力学性能研究起到了一定的借鉴作用。杨晓杰等[49]为研究深井泥岩的水理性质，利用自主研发的深部软岩水理智能测试系统，对辽宁省大强煤矿的巷道泥岩进行吸水试验，并对不同吸水时间的泥岩进行单轴压缩试验，进一步揭示其遇水后强度软化机理。郑晓卿等[50]针对鄂西北页岩隧道施工中存在的地下水加剧软岩隧道大变形问题，进行页岩饱水软化的微观机制与力学性能研究。通过开展 X 射线衍射试验、自然吸水试验和 SEM 扫描，探索不同饱水时间条件下页岩吸水率和微观结构的变化；进而通过开展单轴压缩试验，分析页岩强度和变形参数随其饱水时间的演化规律。

在软岩三轴力学性能研究方面，Medhurst 等[51]通过对现场含大量微裂隙的煤岩制取不同直径试样，进行一系列常规三轴压缩试验，从试验数据发现，不同煤样(微裂隙分布密度、方向不同)强度和变形特性存在较大差异。廖红建等[52]基于一系列的固结不排水三轴压缩试验测定并分析了正常固结领域和超固结领域硅藻质泥岩的应变软化性状和残留强度特性，研究了断裂面对软岩的应力-应变关系和残留强度特性的影响规律等。王林等[53]利用从地下 50m 深的试验隧洞所采集到的无风化、无扰动的试样，对东京地区常见的约 2 百万年前的沉积软岩(泥岩)变形特性以及强度特性进行了三方位的固有各向异性特性的研究。徐红梅等[54]通过对试验数据进行回归分析，建立了抚州市区红层的饱和重度与饱和单轴抗压强度、饱和单轴抗压强度与割线模量、三轴抗压强度与围压之间的相关方程，分析了现有点荷载试验强度与饱和单轴抗压强度相关方程对抚州市区红层的不适用性，并建立了相应的相关性明显的相关方程。封志军等[55]通过三轴应力-应变全过程试验，研究了不同围压下红层的破坏规律、极限抗压强度和残余强度的变化规律，以及水对几种典型红层软岩的抗剪强度和残余抗剪强度的影响。廖红建等[56]对硅藻质软岩试样进行了不同围压和不同加载速率的应变和应力控制式固结不排水三轴试验。试验结果表明，硅藻质软岩具有明显的应变速率效应，加载速率对软岩的强度变形特性有较大的影响。郭富利等[57,58]对宜万铁路堡镇隧道高地应力大变形段中所揭示的黑色炭质页岩设计了不同饱水状态下的三轴试验方案，并进行了三轴力学性能测试，描述了软岩在饱水时间为1个月的全应力-应变曲线特征，重点探讨了围压和饱水状态对软岩强度的影响规律，详细分析了两者对软岩强度变化的作用机制及特点，并对隧道二次衬砌作用时机进行了分析。张军等[59]根据煤矿现场复杂高应力脆性围岩巷道顶板变形、破坏实际，对其岩石试样进行了卸荷破坏三轴试验研究，研究深部复杂高应力脆性破坏围岩的变形、破坏机理及其力学特性，为深部脆性围岩巷道支护方案设计和优化提供有力支持。宋卫东等[60]对岩样进行了三轴压缩破坏全过程及峰后循环加卸载试验研究，探讨围岩超过峰值强度后的变形破坏特征，研究岩石在压缩状态及循环加卸载条件下的破坏特征及变形机制。杨更社等[61]以陕西彬长矿区胡家河煤矿立井冻结施工工程为背景，以主井井筒穿越的不同类型的砂岩、煤岩和砂质泥岩为对象，进行常温和不同冻结温度条件下的岩石在单轴和不同围压条件下的三轴压缩试验，探讨围压对冻结软岩三轴强度特性的影响和冻结温度对冻结软岩三轴强度特性的影响规律。黄孟云等[62]针对江苏金坛深部所取层状盐岩系统开展了三轴、直剪、劈裂等试验。研究表明：金坛盐岩属于典型软岩，三轴压缩下强度大大提高、塑性变形能力大大增强，满足储气库的变形要求。曹周阳等[63]针对陕西柞水至小河高速公路建设中遇到大量的变质软岩填料，在开展岩石成分分析与力学试验的基础上，对风干与饱和情况下的变质软岩填料进行了大型三轴试验研究。朱杰等[64]针对内蒙古泊江海子矿白垩纪地层中的砂岩和泥岩进行了不同温度(－20～20℃)下的三轴压缩试验，通过对试验结果进行分析，掌握了白垩纪地层软岩在不同低温和围压下的力学特性和规律，为西部地区矿井冻结法设计与施工提供了可靠依据。王磊等[65]在内蒙古鲁新煤矿对典型弱胶结泥岩取样，并对其进行不同状态(天然状态、饱和状态和烘干状态)和不同围压水平的室内三轴压缩试验，分析其强度特征和基本力学指标与围压的变化关系。

在软岩剪切力学性能研究方面，林伟平等[66]对葛洲坝工程成层岩体、层间剪切带和软岩夹层进行了地质结构特征、物理性质以及实验室和原位直剪试验研究。刘雄[67]提出一种软岩抗剪强度测定的单体试验方法，即单体法；并用常规的多体应力分级试验方法，即单点集合法进行了参照对比试验。研究结果表明，单体法有一定的可靠性。孙云志等[68]对南水北调中线工程上第三系泥灰岩和黏土岩进行直剪等试验，获取了泥灰岩和黏土岩主要力学试验指标以及应力-应变全过程曲线；准确记录了软岩试件的破坏形式，为分析其破坏机理提供了条件。Grasselli等[69]基于三维形貌摄影测量技术，通过展开多重岩石节理剪切试验，提出了考虑剪切方向的节理面壁视倾角概念，并探讨了其分布规律。周应华等[70]对红层软岩的大量试验表明，剪切与三轴压缩试验测得的抗剪强度参数值不一致；分别从岩石强度理论和试验方法的角度分析了3种试验所得参数不一致的原因，并提出了岩体抗剪强度参数的选取原则。严秋荣等[71]对含不同比例红层软质岩石的土石混合填料，以四级围压和一级围压两种试验方法进行不同密度、不同含石量状态下的大型三轴剪切试验研究，讨论了一个试样多级围压三轴试验方法的可行性，得出红层软岩填料的抗剪强度随母岩软硬程度、含石量、密实度及含水量的不同而变化的规律。段世忠等[72]对南水北调中线工程河南段上第三系软岩进行室内中型剪切及现场大型剪切试验，试验结果表明，两者测得的抗剪强度接近，均能较真实地反映试验岩体的强度状况。季福全等[73]对乌江银盘水电站大坝基岩体页岩进行岩体变形特性和声波特性，以及岩体本身和混凝土与页岩接触面、结构面的直剪强度试验，提出了页岩的力学参数建议值。王玉川等[74]以室内岩石力学试验为基础，系统研究了马达岭滑坡煤岩的抗剪强度特性。试验表明，煤岩的抗剪强度对斜坡稳定性影响最为直接；受层面控制，煤岩抗剪强度较小，其残余强度较峰值强度降低了60%。郭兵兵等[75]通过对原状试样和重塑试样的直接剪切试验来研究抗剪强度及其与含水量的关系。研究发现，原状试样中，随着含水量的增加，抗剪强度呈指数下降，黏聚力和内摩擦角与含水量的关系可以用指数函数描述；重塑试样中，含水量对黏聚力的影响比对内摩擦角的影响显著。黏聚力随含水量的增加呈先增大后减小的趋势，内摩擦角随含水量的增加呈不稳定波动。聂琼等[76]通过室内小南海坝基软弱夹层慢剪试验，获得性状最差的泥化夹层在饱水状态下的摩擦因数为0.223；按规范用粒度成分定量指标选取的夹层强度明显偏低，相当于接近液限状态时室内剪切峰值强度的72%～86%；类比其他相似地质条件下的工程经验，提出各类软弱夹层强度参数建议值。简文星等[77]以三峡库区巴东县巴东组第二段和第四段软岩为研究对象，在野外调研基础之上，通过不同干湿循环次数下的软岩抗剪强度试验，模拟库水升降对软岩的水岩相互作用过程，探讨了巴东组软岩在库水“干燥—浸湿”循环作用下抗剪强度的劣化规律。

1.2.3 软岩本构关系研究现状

软岩作为土建工程中常见的岩土材料，研究其力学特性，建立合适的力学本构模型，对工程中软岩材料在外力作用下产生的变形及破坏做出合理的预测，具有重要的实际工程意义。

Gens等[78]假定岩土材料的力学和化学特性仅能影响材料自身参量，建立了一个能够模拟自然土和软岩结构性的弹塑性硬化模型。俞茂宏等[79]提出了材料的统一强度理论，并建立了统一强度理论的弹塑性本构模型。Liu等[80]基于修正剑桥模型，提出了一个考虑结构性的弹塑性本构模型，该模型计算结果与钙屑灰岩、Corinth泥灰岩及 La Biche 黏土页岩等软岩的试验结果吻合良好。李杭州等[81]基于统一强度理论，在考虑洛德应力参数的基础上，得到随洛德应力参数和中间主应力系数变化的材料统一强度参数，建立可以考虑中间主应力的统一强度理论平面形式的强度准则；假定软岩微元强度分布统计概率，定义软岩的统计损伤变量，依据统一强度理论建立三轴应力状态下软岩的损伤统计本构模型。廖红建等[82]基于应变空间的基本的弹塑性本构方程式，采用米泽斯屈服准则(Mises yield criterion)及相关联流动法则，导出固结不排水三轴条件下的应力-应变本构关系，并采用不同的硬化函数表达式对软岩在不同围压下的应力-应变曲线进行数值模拟。结果表明，应变空间的弹塑性理论能较好地模拟软岩应变软化特征。张卫中等[83]的研究表明，不同风化程度的砂岩试样，其三轴应力-应变曲线都可以概化出典型的三轴应力-应变曲线，该曲线可以划分为压密变形段、线弹性变形段、塑性变形段、应变软化段和残余塑性段五个阶段。饶锡保等[84]为研究膨胀岩的本构关系及其参数，选取南水北调中线工程新乡段泥灰岩和黏土岩这两种具代表性的膨胀岩，进行了三轴饱和固结排水剪切试验。通过邓肯模型(Duncan model)，即 E-μ 模型与 E-B 模型，对膨胀岩本构关系进行参数计算及曲线拟合对比，评价了在膨胀岩本构关系研究中不同本构模型的优劣及适用性。陈会军[85]以注水开采油田工程中的泥岩岩层为研究对象，通过以控制泥岩含水量变化为基础的试验，分析泥岩含水量的变化对其黏聚力和内摩擦角的影响，归纳出含水量对抗剪强度参数的影响规律。以弹塑性理论和弹黏性理论为理论基础，研究了泥岩非线性体积应变的本质，建立了能反映体积应变本质的新本构方程。张芳枝等[86]选取广东塘厦风化泥质软岩为研究对象，获得风化泥质软岩的应力-应变关系曲线，对其变形特性进行研究。结果发现其应力-应变关系的非线性特征较为显著，可用多项式进行拟合，硬化阶段可用双曲线较好地拟合，岩体的本构关系能较好地通过邓肯模型来反映[40]。叶冠林等[87]为了尽可能完整地描述堆积软岩的主要力学特性，提出一个全新的黏弹塑性本构模型。该模型基于下负荷面和 t_{ij} 概念，以超固结状态与正常固结状态之间的孔隙比差 ρ 为状态变量，并在该状态参量的演化律中引入非齐次函数，使模型能综合描述软岩的应变软化、流变和受中间主应力影响的力学特性。曹文贵等[88]提出确定岩石损伤统计模型参数的新方法，建立了能描述不同围压下岩石应变软化全过程的统一损伤软化统计本构模型；贾善坡等[89]基于连续介质力学与不可逆热力学，建立了泥岩的弹塑性损伤本构模型，并通过损伤势函数导出了损伤演化方程。韦立德等[90]利用细观力学 Eshelby 等效夹杂方法(equivalant inclusion method)建立了考虑损伤相塑性体积变形的亥姆霍兹函数(Helmholtz function)，并推导出考虑损伤相塑性变形的损伤本构模型。宋丽等[91]基于以压为正统一强度理论，利用正常固结和超固结状态软岩的屈服面以及相关流动法则，推导了在真三轴条件下软岩三维弹塑性本构模型。Zhu 等[92]提出的软岩弹塑性本构模型能够很好地描述在 p-q 普通应力空间下软岩强度的围压依存性，但是在考虑中间主应力对软岩强度影响的 t_{ij} 变换应力空间下的软岩强度受围压的影响并没有得到解决。朱杰等[93]从软岩变形机理出发，引入损伤恢复变量，以轴向应变为损伤演化控制量，并服从幂函数分布，建立了裂隙压密阶段的损伤本构方程。弹性阶段后，损伤变量增加，软岩损伤部分应力由残余强度承担，以软岩微元强度为损伤演化变量，并满足Weibull分布，得到可模拟残余强度的损伤方程，将损伤方程对轴向应变求导，建立了白垩系软岩的一种增量型统一损伤本构模型。熊勇林等[94]为了能用统一参数来描述软岩受围压影响的力学性质，对已有的软岩热黏弹塑性本构模型进行修正，修正本构模型的所有参数都具有明确的物理意义且都可通过常规三轴试验确定。通过试验数据与计算结果对比，验证了修正本构模型的正确性。张升等[95]基于上负荷面和温度等效应力概念，提出一个考虑结构性的软岩热弹塑性模型。该模型比上负荷面模型仅多一个参量，即线性热膨胀系数。计算分析及其与试验结果的对比表明，该模型能够统一描述软岩热增强和热减弱现象。

1.2.4 软岩流变力学特性研究现状

在岩石单轴压缩蠕变试验研究方面，Jeager 等[96]对大理岩和花岗岩进行了单轴压缩蠕变试验工作。陶振宇等[97]进行了石灰岩的单轴压缩蠕变试验，试验结果表明，当应力水平为岩石单轴常规峰值强度的 50%时，在 450d 内石灰岩试样轴向压缩减小了 0.014%，此应力水平对试样的蠕变变形影响非常小。杨建辉[98]对砂岩进行了单轴压缩蠕变试验，分析了砂岩纵向变形和横向变形的变化规律，并依据相关岩石应力松弛试验中横向变形随时间的变化规律得出，岩石试样内部裂纹的产生和扩展是由于横向变形的不断增加而产生的。徐平等[99]对三峡大坝坝基的花岗岩开展了单轴压缩蠕变试验，基于试验结果给出了岩石蠕变的经验公式，并指出岩石的蠕变存在一个应力阈值 σ_s，当应力水平低于 σ_s 时，岩石的蠕变力学特性可以用广义开尔文模型(Kelvin model)进行描述，而当应力水平高于 σ_s 时，岩石的蠕变力学特性则可以用西原模型(Nishihara model)进行描述。王贵君等[100]对硅藻岩进行了单轴压缩蠕变试验，揭示了岩石的蠕变力学特性，试验结果表明，硅藻岩层理发育，强度极低，岩石的蠕变量大，与常规强度相比，岩石的长期强度大幅降低。许宏发[101]对软岩进行了单轴压缩蠕变试验研究，结果表明岩石的弹性模量随时间不断降低，具有与强度相似的变化规律。金丰年[102]对安山岩进行了单轴压缩蠕变试验，研究结果表明，随应力水平的增加，试样单轴压缩的蠕变寿命逐渐缩短；单轴拉伸与单轴压缩蠕变试验的对比研究表明，随着应力水平的提高，试样蠕变寿命的变化规律十分相似。Maranini 等[103]对石灰岩进行了单轴压缩蠕变试验，研究结果表明，岩石蠕变是由围压较低时裂隙的扩展以及应力水平条件较高时孔隙的塌陷造成的。张学忠等[104]开展了辉长岩的单轴压缩蠕变试验研究，基于试验曲线拟合得出了辉长岩蠕变的经验公式。王金星[105]对花岗岩进行了单轴拉伸蠕变试验和单轴压缩蠕变试验，分析了岩石的各向异性对其蠕变速率以及蠕变变形的影响，研究了蠕变变形以及应力水平与试样的蠕变寿命之间的关系。朱定华等[106]对南京地区的红层软岩进行了蠕变试验研究，试验结果表明，红层软岩的蠕变特性非常显著，红层软岩的长期强度是单轴常规强度的63%～70%。赵永辉等[107]对润扬长江大桥基础处的岩石进行了单轴压缩蠕变试验，揭示了岩石的单轴压缩蠕变特性，并采用广义开尔文模型来描述岩石的蠕变特性，依据试验曲线对模型参数进行拟合，得到了岩石的蠕变模型参数，但获得的研究成果仅表明了岩石单向应力状态下的蠕变特性。李铀等[108]对风干和饱水两种状态下的花岗岩分别进行了单轴压缩蠕变试验，研究表明，与风干状态下的花岗岩相比，饱水后花岗岩的长期强度大幅降低，并且饱水后花岗岩的蠕变速率和蠕变量显著增大，因此饱水后硬岩的蠕变力学特性对工程实践的影响是不容忽视的。徐素国等[109]在不同的应力水平下进行了长达100d的钙芒硝盐岩单轴压缩蠕变试验，发现钙芒硝盐岩高应力水平蠕变速率高于低应力水平的蠕变速率，其蠕变速率在初期和后期比较大，并随时间大致呈U形分布，与NaCl岩盐相比，钙芒硝盐岩蠕变速率及蠕变量均较小。张耀平等[110]采用单轴分级增量循环加卸载方式，对金川有色金属(集团)公司Ⅲ矿区软弱矿岩进行流变试验，探讨了软弱矿岩的黏弹塑性变形特性，建立了软岩的非线性蠕变模型。汪为巍等[111]对金川Ⅲ矿区软弱复杂矿岩蠕变特性进行单轴分级增量循环加卸载试验研究，分析了5种岩样蠕变变形和破坏特征及破坏形态。范秋雁等[112]以南宁盆地泥岩为研究对象，进行一系列单轴压缩无侧限蠕变试验和有侧限蠕变试验来分析泥岩的蠕变特性，配合扫描电镜分析了泥岩蠕变过程中细观和微观结构的变化，并提出岩石的蠕变机制。

在岩石多轴压缩蠕变试验研究方面，赵法锁等[113,114]进行了石膏角砾岩三轴压缩蠕变力学特性的室内试验研究工作，指出含水量和微观结构对岩石蠕变力学行为有很大的影响，并对石膏角砾岩试样的破裂断口进行了扫描电镜试验，从细微观角度研究了岩石蠕变破坏的机理。Liao等[115-117]通过建立三维黏弹塑性蠕变模型研究了软岩的时间效应。Sun[118]通过试验研究了软岩的蠕变力学特性，根据软岩的非线性蠕变特征，建立了统一的三维黏弹塑性非线性蠕变本构模型，并将该模型用于地下洞室流变分析中。陈渠等[119]对三类沉积软岩在不同围压和不同应力比条件下的三轴压缩蠕变特性进行了系统的长期试验研究，研究了在不同条件下三种沉积软岩的强度与变形特征，分析了软岩的蠕变、蠕变速率、时间依存性等特征，为软弱岩体长期稳定性的预测提供了重要的参考价值。刘光廷等[120]对干燥和饱水两种状态下的砾岩采用岩石双轴流变仪进行了多轴蠕变试验，分析了不同含水率和不同围压条件下砾岩的蠕变力学特性，并基于试验结果分析了拱坝的稳定性。万玲[121]采用自行设计的岩石三轴蠕变试验仪开展了泥岩的三轴蠕变试验研究，依据泥岩的蠕变特性建立了岩石的黏塑性蠕变损伤模型。张向东等[122]采用自行设计的杠杆式岩石三轴蠕变试验仪，进行了泥岩的三轴蠕变试验，并依据泥岩的蠕变特性建立了岩石的非线性蠕变模型。刘建聪等[123]采用 XTR01 型微机控制电液伺服岩石试验机，使用分级加载方式完成了煤岩的三轴蠕变试验，应用西原模型建立了岩石的三维蠕变本构方程。徐卫亚等[124,125]进行了四川锦屏一级水电站绿片岩的三轴压缩蠕变试验，分析了不同围压条件下岩石轴向应变以及侧向应变随时间的变化规律，通过对绿片岩试样破裂断口的扫描电镜试验，得出了岩石的蠕变破裂机理。范庆忠等[126]采用重力加载式岩石三轴蠕变仪，对山东龙口矿区的含油泥岩在低围压条件下的蠕变力学特性开展了三轴压缩蠕变试验研究工作。研究结果表明，含油泥岩的蠕变有起始蠕变应力阈值，低于该阈值时含油泥岩将不发生蠕变，起始蠕变应力阈值与围压之间的关系呈线性变化，随着围压的增加而增大，含油泥岩的蠕变破坏应力与围压也大致呈比例关系。梁玉雷等[127]对大理岩进行了不同温度及温度周期变化下的三轴压缩蠕变试验，研究了大理岩试样在不同温度及温度周期变化下轴向应变随时间的变化规律和岩石蠕变的变形机制。唐明明等[128]对含泥岩夹层盐岩、纯泥岩和纯盐岩 3 种岩芯试样进行了不同围压下三轴压缩蠕变试验，分析了其蠕变变形规律。根据 3 种岩样第 2 蠕变阶段的蠕变特性，基于含泥质夹层盐岩试件中泥质夹层的体积分数，推导了含夹层盐岩蠕变力学参数与纯盐岩及纯泥岩蠕变参数的关系。李萍等[129]对川东气田盐岩、膏盐岩进行了蠕变试验，分析了固有的矿物组分及偏应力、温度、围压对蠕变的影响，结合蠕变曲线和岩石参数，提出了稳态蠕变速率本构方程。杜超等[130]通过对湖北云应的盐岩和泥岩，以及江苏金坛盐岩的单轴、三轴蠕变试验结果的分析，研究了包括应力、围压等外在条件以及内部组成结构对盐岩蠕变特性的影响。张玉等[131]对某大型水电工程破碎带软岩开展流变力学试验研究，分析了长期荷载作用下岩石的流变力学特性。刘志勇等[132]利用三轴压缩全过程试验获得进入残余强度阶段的大理岩试件，以此来模拟工程塑性区岩体，并对其进行不同围压下的三轴蠕变试验，系统研究残余强度阶段大理岩的蠕变特性及其长期强度。梁卫国等[133]采用自主研发的多功能岩石力学试验机，进行了轴压 5MPa、围压 4MPa 条件下，不同渗透压(3MPa，2MPa，1MPa)作用下的三轴蠕变力学试验，研究了钙芒硝岩在原位溶浸开采过程中的蠕变力学特性。张帆等[134]通过一系列黏土岩的单级三轴压缩蠕变试验，获得 Callovo-Oxfordian (CO_x)黏土岩较为精确的蠕变速率阈值。该阈值可用于在稳定蠕变阶段判断黏土岩是否会出现加速蠕变破坏。

目前，国内外岩石流变力学特性与本构模型的研究多建立在加载力学基础上，极少开展卸荷应力路径下岩石蠕变特性的研究。近几年，研究人员开展了不同卸荷路径下岩石蠕变特性方面的研究工作。朱杰兵等[135]以四川雅砻江锦屏二级水电站引水隧洞大理岩为研究对象，采用不同轴压方案下恒轴压、逐级卸围压的应力路径开展室内蠕变试验，研究了卸围压产生的偏差应力作用下大理岩轴向及侧向蠕变特征。闫子舰等[136]结合锦屏水电站引水隧洞的工程实际，采用恒轴压分级卸围压的应力路径对锦屏大理岩开展了室内三轴压缩蠕变试验，对轴向和侧向蠕变规律的差异进行对比分析，研究了卸荷应力路径下应力状态与岩石蠕变变形的关系。王宇等[137]以典型软岩-泥质粉砂岩为研究对象，进行了不同应力水平下的恒轴压、分级卸围压室内蠕变试验，研究了卸荷条件下岩石蠕变变形特征。王军保等[138]对盐岩试件进行了恒围压分级增加轴压、恒轴压分级卸围压、恒轴压循环围压 3 种不同加载路径的蠕变试验，分析了盐岩在不同加载路径下的蠕变变形规律。张龙云等[139]开展大岗山水电站坝区硬脆性辉绿岩的三轴蠕变试验，研究了岩石不同应力路径下加载流变和卸荷蠕变的特征。黄达等[140]以雅砻江锦屏一级水电站大理岩为研究对象，开展相同初始高应力状态条件下恒轴压分级卸围压三轴卸荷蠕变试验，研究了分级卸荷量对岩石卸荷蠕变特性的影响。

1.2.5 软岩隧洞支护模拟研究现状

软岩隧道的支护措施方法多种多样，国内外学者针对软弱围岩隧道的支护措施通过现场试验、室内模型试验、数值模拟等手段开展了一系列的研究，并取得了诸多成果。下面就数值模拟方面的研究现状进行简要介绍。

研究人员首先采用弹塑性模型，对隧道不同支护结构作用下的应力变形等特性进行模拟研究。Everling[141]通过数值模拟手段，模拟开挖和支护后巷道在上覆岩层的荷载下发生的破坏特征。李文秀等[142]通过数值模拟分析，研究了隧道喷射活性粉末混凝土单层衬砌支护技术。结果表明，采用喷射活性粉末混凝土单层衬砌取代复合式衬砌，可提高软岩地层隧道的承载和防水能力，改善隧道环境。姚国圣等[143]采用改进的剪应力滞后模型，对软岩隧道中锚杆的作用机理提出了一种分析方法并应用于工程实例，根据现场监测数据及数值模拟分析，验证通过该模型计算所得的轴向应力的正确性。郑俊杰等[144]采用有限差分程序 FLAC (fast Lagrangian analysis of continua)分析软岩大断面隧道在同类围岩条件下用同一种方式开挖而分别采取不同的锚杆布置方式时围岩应力分布、锚杆受力状态对围岩稳定的影响，确定软岩大断面隧道在一定的围岩级别下最优的布锚方案。戴文革[145]结合太兴铁路太原至静游段向阳村浅埋偏压软岩隧道，对不同支挡方案进行隧道稳定性数值模拟。通过分析不同支挡方案在开挖过程中围岩变形特性、塑性区分布和支护结构力学响应，总结了偏压隧道和支护结构的力学响应、变形特性、破坏区分布特征以及变化规律。付迎春[146]以兰渝铁路客运专线胡麻岭高地应力软岩大断面隧道为依托，采用 FLAC3D 深入研究了喷锚联合支护和掌子面预加固工法施工力学行为，总结了高地应力隧道不同施工工法开挖过程中围岩变形特性、塑性区分布特征、力学响应和能量积聚迁移规律。岳健等[147]通过数值模拟，对湖南长沙湘江大道浏阳河隧道分析不采取任何超前支护措施、仅采取全断面超前预注浆、采取联合超前支护措施 3 种情况下的初衬拱顶沉降和最大轴力；根据应用实践，总结联合超前支护的主要技术参数，分析联合超前支护的作用机理及效果。马波等[148]介绍了四川篮家岩隧道结构设计过程，借助有限元数值模拟方法，采用梁-弹簧模型模拟衬砌结构，进行了隧道结构的力学特性分析，通过对其二次衬砌进行受力计算及稳定性分析，阐述软岩隧道段设计思路及支护手段。任建喜等[149]结合陕西马鞍子梁隧道工程，采用 FLAC 数值模拟方法对该隧道上下台阶法施工全过程进行模拟分析，完成了现场监测研究，与数值模拟预测的结果进行比较，得到了软岩隧道的围岩变形规律，提出合理的支护方案。关岩鹏等[150]结合兰渝铁路桃树坪大断面软岩隧道工程，通过数值模型模拟隧道周边超前支护、掌子面前方围岩加固、拱脚补强 3 种隧道加固方式，得出大断面软岩隧道施工中合理的新意法施工加固参数，并对比桃树坪隧道实际施工参数，结合监测数据对所采用的新意法隧道加固参数进行评价与分析。周艺等[151]为探明强震区千枚岩地层中长大山岭隧道支护参数变化与衬砌结构变形的相互作用关系，对 5 种方案的施工过程进行三维有限元弹塑性模拟，通过对开挖后隧道变形、支护受力与现场监测值的对比分析，对施工过程中隧道结构的安全性和围岩稳定性做出评价。王永红等[152]针对复杂条件下高地应力煤系软岩地层隧道大变形和施工难点，采用数值模拟等多种手段进行综合研究，形成了高地应力煤系软岩地层隧道施工和支护的关键技术方案。实践表明，该方案取得了有效控制围岩大变形的良好效果。宋艳等[153]为了研究钢纤维喷射混凝土在深埋隧道衬砌中的应用，在试验的基础上进行 FLAC3D 模拟。由模拟结果可知：隧道经混凝土初砌后，剪切破坏区明显减少，钢纤维混凝土比普通混凝土有更好的支护效果，顶底及两帮移近量较普通混凝土降低约 7%。邓宗伟等[154]以湖南长沙浏阳河公路隧道段施工为对象，综合运用理论分析、数值模拟等手段，对浏阳河隧道拱部系统锚杆在暗挖法施工时的锚杆轴力、初衬内力、开挖安全系数以及地下水渗流软化围岩对锚杆功效的影响进行系统研究。张德华等[155]结合兰新铁路第二双线 LXS-7 标存在极高地应力的大梁隧道，通过现场试验及三维数值仿真模拟，对施工过程中的围岩位移、初支钢架应力、围岩-初期支护接触压力进行对比分析。结果表明，该支护形式具有较好的经济性，是一种适用于高地应力软岩隧道的支护结构。洪开荣等[156]以某软弱围岩铁路隧道大断面施工为例，针对两种预支护加固——掌子面玻璃纤维锚杆预加固和管棚超前支护，设定了 5 种计算工况，分别进行了开挖过程中掌子面前方的先行位移、掌子面挤出位移和掌子面后方最终位移变化的三维数值模拟，并考察了相应塑性区的分布情况。赵旭峰等[157]以西部某千枚岩软岩隧道为工程背景，采用三维有限元数值模拟手段对不同喷层厚度条件下围岩的洞周位移、喷层混凝土内力进行对比分析，对其随喷层厚度增加的变化规律进行研究。苏培森等[158]结合具体工程实践，对软岩隧道进口段交叉中隔墙法(CRD法)施工过程进行了非线性数值仿真模拟和现场实测分析，在此基础上开展了隧道围岩和支护结构的施工力学行为和变形性状的研究。汤天彩等[159]根据工程实际情况，采用FLAC3D建立模型进行数值模拟，从位移、应力和塑性区等几个方面分析洞型及衬砌厚度对围岩稳定性的影响。何以群[160]依托福建永宁高速石林隧道软岩大变形灾害相关问题，采用流变本构模型对大变形段进行了数值模拟分析，确定了二次衬砌最佳支护时段，并结合工程实际提出了大变形段围岩变形的控制技术。崔柔柔等[161]通过数值计算方法模拟掌子面玻璃纤维锚杆加固参数(加固长度、搭接长度、加固范围)在软岩隧道变形中的作用，得出软岩隧道的变形规律。王开洋等[162]以某公路隧道的围岩大变形预测研究为例，通过三维数值模拟的方法，综合分析和预测可能发生的隧道开挖大变形部位和变形破坏模式。吴学震等[163]根据大变形锚杆的力学和变形特性，建立大变形锚杆-围岩相互作用结构模型，通过数值模拟验证了模型和求解方法的有效性，定量分析了原岩应力、岩体强度以及大变形锚杆安装密度、长度和安装时间对其支护效果的影响规律。王升等[164]基于数值模拟软件，对湖北红岩寺隧道软岩地段从开挖断面、开挖方法、钢拱架、锚杆、注浆加固等方面进行参数优化。对大变形段的补强监测表明，采用此方法处理隧道大变形效果良好。邵珠山等[165]以集呼高速公路金盆湾隧道为例，应用大型通用软件ANSYS建立有限元模型，采用弹塑性方法和Drucker-Prager屈服准则进行二维平面应变模拟。通过分析隧道围岩受力状态、围岩变形、初期支护结构力学性能变化及现场监测结果，初步确定二次衬砌的最佳支护时机。陈发东[166]以深埋软岩隧道为背景，在现场地应力测试基础上，利用FLAC3D分析隧道开挖围岩应力、位移、塑性区分布规律及稳定性。邓斌等[167]结合谷竹高速公路油坊坪隧道在施工过程中多次出现的大变形情况，提出“弱化锚杆+增强初期支护的刚度与强度”的支护方案，并与原方案及“弱化锚杆”的支护方案进行对比研究。通过数值模拟对不同支护方案下位移变形量、锚杆受力情况、塑性区的发展情况、喷射混凝土的应力以及二衬结构的受力情况进行分析。

随着研究的不断深入，研究人员也认识到软岩流变对隧道支护结构的重要性，纷纷采用黏弹塑性模型来模拟研究不同支护结构隧洞的应力和变形特征。朱苦竹等[168]对某水电站引水隧道系统进行了三维黏弹塑性有限元数值模拟和三维弹塑性有限元数值模拟，分析对比了围岩结构的受力、变形演化状况，评价了隧道开挖系统的稳定性。结论表明，软岩流变性对隧道稳定性的影响显著。赵旭峰等[169]对深部软岩隧道工程中施工力学性态和变形时空效应进行了三维非线性黏弹性数值模拟，研究结果表明，由于软岩流变效应显著，必须适时设置二次衬砌以承受来自围岩的后期流变压力，限制围岩大变形。孙洋等[170]考虑软岩变形具有比较明显的时空效应，以十房高速公路通省隧道为工程背景，对3种不同的支护形式进行数值模拟分析，得出3种支护形式下二次衬砌的最佳施作时间分别为16d、12d和15d。乔红彦[171]在室内蠕变试验的基础上，提出了软岩的计算模型，并选用了恰当的本构模型。通过确定的本构模型进行数值建模计算，得到了软岩隧道在开挖过程中考虑时间效应和不考虑时间效应两种情况的应力-应变云图。将隧道在开挖过程中的现场实测数据与数值模拟的结果进行对比，考虑时间效应的数值模拟计算值与实测值较为接近。肖丛苗等[172]结合某实际工程，建立黏-弹-塑性软化模型作为泥岩长期稳定性分析的力学模型，在此基础上对大跨度隧道工程长期稳定性进行预测，分析认为：锚杆和衬砌受力变化总体与岩体蠕变特征相似，支护初期应力加速增加，3～5a后衬砌应力基本无变化，结构总体处于安全范围。杜雁鹏等[173]考虑软岩蠕变效应的特点，以龙镇高速公路软岩隧道为背景，采用FLAC3D对4种支护体系进行数值模拟，根据数值模拟计算结果，深入分析在不同支护条件下隧道周边围岩的位移场、应力场分布，并探讨各种支护体系的支护效果。王明年等[174]运用数值模拟的方法，深入研究了川藏铁路康定至林芝段二郎山隧道蠕变特性。结果表明，隧道的埋深越大，围岩初期的变形速率越大，隧道围岩在开挖完成后2～3个月变形趋于稳定，在埋深为1500m和2000m时，开挖完成后180d，隧道围岩有加速蠕变的趋势。

1.3 研究中存在的不足

已有的软岩特性研究产生了丰富的研究成果，加深了人们对软岩水理性质、常规力学性质以及流变力学特性等方面的认识。然而，关于宁夏固原地区大面积分布的白垩系、第三系典型软岩的研究成果还相对较少。

采用数值模拟方法分析软岩隧洞开挖前后的应力-应变分布特征、评价隧洞支护结构作用效果方面的研究工作已开展较多。然而，在此基础上进一步评价隧洞刚拱架的支护效果、得出刚拱架的较优支护间距等方面的研究成果还相对较少。

1.4 本书主要内容

针对软岩特性以及软岩隧洞支护模拟研究中存在的问题，以宁夏固原饮水安全水源工程输水隧洞的安全与稳定为研究目标，通过选取输水隧洞白垩系、第三系典型软岩，采用试验研究和数值模拟相结合的研究方法，对软岩试样进行了矿化成分测试、膨胀性试验、耐崩解性试验、常规单轴和三轴压缩力学试验、三轴流变力学试验，研究工程软岩的微观成分与结构、物理性质、水理性质、常规力学性质、本构关系以及流变力学特性。以饮水安全水源工程7#大湾隧洞为例，采用有限差分数值软件，分析隧洞支护前后应力、应变和塑性区的分布特征，评价隧洞的支护效果，得出不同围岩类别中钢拱架较优的支护间距。

全书共9章。第1章详细阐述软岩水理性质、常规力学性质、流变力学特性和软岩隧洞支护模拟方面的研究现状，评述了研究中存在的不足。第2章对软岩试样进行镜下岩矿鉴定、全岩X射线粉晶衍射分析、化学成分分析和差热分析；对样品进行岩石分类，分析每一类岩石矿物成分和化学成分；在此基础上研究软岩矿物成分和化学成分对其工程地质性质的影响。第3章开展灰质泥岩、砂质泥岩和长石砂岩的物理力学性质试验，包括岩石物理性质试验、膨胀性试验、耐崩解性试验、室内单轴和三轴压缩试验，得出岩石的物理、水理和常规力学性质。第4章以典型软岩-灰质泥岩为例，分析岩石应力-应变曲线特征，对四段式线性本构关系进行改进，提出均匀化弹性段—双线性弹性—线性软化—残余理想塑性五段式线性本构关系；同时基于邓肯模型，提出弹性抛物线—线弹性—邓肯双曲线—塑性软化—残余理想塑性五段式非线性本构关系。第5章对灰质泥岩进行天然状态和饱水状态下三轴压缩流变试验以及饱水状态下恒轴压逐级卸围压卸荷流变试验，同时对饱水砂质泥岩进行三轴压缩流变试验，分析不同状态下软岩的流变力学特性。第6章介绍饮水安全水源工程7#大湾隧洞的工程地质条件，包括地形地貌、地层岩性、地质构造、物理地质现象和水文地质特征。第7章介绍FLAC3D的基本原理和计算步骤，以7#大湾隧洞为例，对选取的研究区段进行概化，建立数值计算模型、确定地应力、本构模型，选取计算参数。第8章模拟大湾隧洞开挖支护前后隧洞围岩应力场、位移场和塑性区的分布特征，分析隧洞的支护效果，得出隧洞Ⅳ2类和Ⅴ类围岩中钢拱架较优的支护间距。第9章给出宁夏固原饮水安全水源工程软岩特性及输水隧洞支护效果的研究结论。

第 2 章　研究区软岩类型及其成分特征

为了说明研究区软岩的类型、矿物成分、化学成分特征，以及其对工程地质性质的影响，依据所取样品，进行镜下岩矿鉴定、全岩 X 射线粉晶衍射分析、化学成分分析和差热分析等。下面首先依据镜下岩矿鉴定的结果，对样品进行岩石分类；其次，针对每一类岩石进行矿物成分和化学成分分析；最后，分析矿物成分和化学成分对工程地质性质的影响。

2.1　岩 石 类 型

对 12 组岩石样品的分析结果表明，岩石可分为三类。

第一类岩石，野外定名为“泥岩”，岩矿鉴定定名为“灰质泥岩”。所取样品中属于这类岩石的样品共 10 组，样品分组编号分别为 ZK13-1、ZKZ9-1-1、ZK17-1、ZK4-2、ZK4-3、ZK13-2、ZK7-1、ZK1-3、ZK8-1、ZK8-4。这类岩石样品数量多且相对较为复杂，根据岩石构造、所含微量矿物、颜色等因素，可将这类岩石进一步划分为四种：①薄层状含粉砂灰质泥岩(样品分组编号为 ZK13-1、ZKZ9-1-1、ZK17-1、ZK4-3、ZK8-1)；②薄层状灰质泥岩(样品分组编号为 ZK4-2、ZK7-1、ZK8-4)；③灰质泥岩(样品分组编号为 ZK13-2)；④暗红色灰质泥岩(样品分组编号为 ZK1-3)。

第二类岩石，野外定名为“砂质泥岩”，岩矿鉴定定名为“砖红色含砾不等粒砂质泥岩”，所取样品中属于这类岩石的样品只有 1 组，样品分组编号为 ZK1-1。

第三类岩石，野外定名为“砾岩”，岩矿鉴定定名为“钙质胶结砾质岩屑长石砂岩”，所取样品中属于这类岩石的样品只有 1 组，样品分组编号为 ZK1-2。

下面按照上述分类，依据镜下岩矿鉴定、全岩 X 射线粉晶衍射、化学成分和差热分析等分析的结果，对岩样的矿物成分和化学成分特征进行分析。

2.1.1　灰质泥岩

1. *薄层状含粉砂灰质泥岩*

图 2.1、图 2.2 分别为薄层状含粉砂灰质泥岩样品及镜下鉴定照片。

图 2.1　薄层状含粉砂灰质泥岩样品

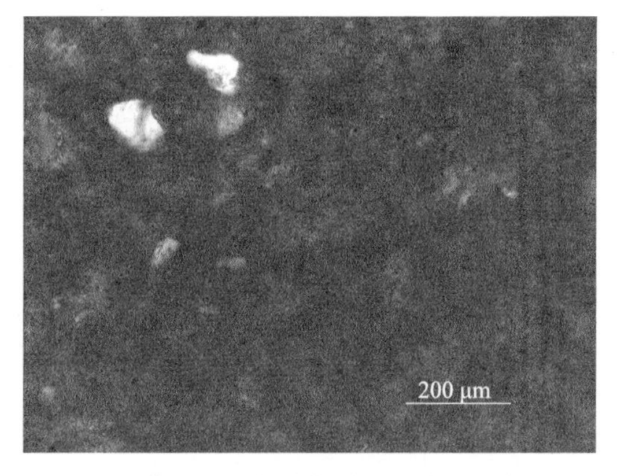

图 2.2　薄层状含粉砂灰质泥岩镜下鉴定照片

根据薄片鉴定结果，该类岩石的矿物组成见表 2.1。

表 2.1　薄层状含粉砂灰质泥岩矿物组成

指标	泥质矿物	方解石	石英碎屑	褐铁矿
含量/%	56	36	6	2

岩石矿物主要由泥质矿物与方解石组成，石英碎屑、褐铁矿少量。泥质矿物，隐晶质-泥状、显微鳞片状，多有隐晶质-胶状褐铁矿渲染，呈微层状相对聚集，弱定向分布。方解石，泥晶状，$d \leqslant 0.004$mm，与以铁染泥质矿物为主的泥质薄层相间，定向分布，构成岩石之薄层状构造。石英碎屑，棱角-次棱角状，$d=0.01 \sim 0.08$mm，多数$d=0.03 \sim 0.06$mm，多次生加大重结晶，长轴弱定向排列，不均匀零散分布，与弱定向分布的泥晶方解石-泥状泥质矿物组成岩石之含粉砂泥晶泥状结构。褐铁矿，隐晶质胶状，部分呈质点状聚集，不均匀弱定向渲染泥质矿物、方解石。

由上述镜下岩矿鉴定结果可知，薄层状含粉砂灰质泥岩为含粉砂泥晶泥状结构、薄层状构造，泥质矿物含量较高。

为了进一步了解薄层状含粉砂灰质泥岩的物质成分，对样品中的薄层状含粉砂灰质泥岩进行化学成分分析和全岩X射线粉晶衍射分析。其中，化学成分分析采用X射线荧光法，所用仪器为X射线荧光光谱仪，如图2.3所示，全岩X射线粉晶衍射分析采用X射线衍射仪进行，如图2.4所示。

图2.3　X射线荧光光谱仪

图2.4　X射线衍射仪

表2.2为化学分析的结果。可以看出：5组薄层状含粉砂灰质泥岩的化学成分基本一致，主要为Si、Ca、Al、Mg、Fe、K、Na等的氧化物，其中SiO_2的含量为31.59%～36.92%。烧失量在20%左右，说明在泥岩中存在一定含量的碳酸盐及水分。$n(SiO_2)/n(Al_2O_3)$均大于2，说明含有不等量的石英，且石英含量较高。根据其中Si、Ca、Al的含量可知，黏土矿物中主要为蒙脱石和伊利石。

表 2.2 薄层状含粉砂灰质泥岩化学分析结果

分组编号	对应深度/m	SiO_2/%	CaO/%	Al_2O_3/%	MgO/%	Fe_2O_3/%	K_2O/%	Na_2O/%	烧失量/%	$n(SiO_2)/n(Al_2O_3)$
ZK13-1	19.1～19.3	34.624	18.829	11.435	5.555	3.607	2.704	0.815	20.99	5.141
ZKZ9-1-1	28.0～28.1	31.794	22.241	10.494	4.720	3.671	2.488	0.695	22.55	5.144
ZK17-1	36.7～37.0	36.915	21.152	11.391	5.284	3.625	2.482	0.682	17.19	5.502
ZK8-1	167.6～167.8	31.587	17.688	10.842	4.890	3.831	2.179	1.910	25.12	5.143
ZK4-3	84.2～84.4	33.777	21.696	10.680	4.077	3.483	2.547	1.198	21.50	5.369

表2.3为薄层状含粉砂灰质泥岩全岩X射线粉晶衍射分析的结果。试验条件为：RD-2700，CuKα，40kV，30mA。从表中可知，构成泥岩的非黏土矿物主要有石英、斜长石、方解石和白云石；黏土矿物的含量占全岩的23.5%～35.7%。

表 2.3 薄层状含粉砂灰质泥岩全岩X射线粉晶衍射分析结果

分组编号	对应深度/m	黏土矿物总量/%	石英/%	钾长石/%	斜长石/%	方解石/%	白云石/%	方沸石/%
ZK13-1	19.1～19.3	28.8	10.8	0.0	9.1	33.8	14.5	3.0
ZKZ9-1-1	28.0～28.1	35.7	10.9	0.0	9.5	39.3	2.6	2.0
ZK17-1	36.7～37.0	23.5	16.7	6.3	9.2	40.1	2.2	2.0
ZK8-1	167.6～167.8	33.4	12.0	0.0	10.9	6.8	27.9	9.0
ZK4-3	84.2～84.4	26.6	12.6	0.0	14.4	37.6	4.8	4.0

进一步对样品中黏土矿物进行X射线粉晶衍射分析，其结果见表2.4。从表中可知，样品中黏土矿物的主要矿物成分为蒙脱石和伊利石，且含有少量的绿泥石，其中伊利石所占百分比较大。

表 2.4 薄层状含粉砂灰质泥岩黏土矿物X射线粉晶衍射分析结果

分组编号	对应深度/m	黏土矿物总量/%	蒙脱石/%	伊利石/%	绿泥石/%
ZK13-1	19.1～19.3	28.8	10.62	13.52	4.69
ZKZ9-1-1	28.0～28.1	35.7	10.93	19.42	5.35
ZK17-1	36.7～37.0	23.5	5.89	8.83	8.80
ZK4-3	84.2～84.4	26.6	8.82	8.15	9.63

注：该伊利石含量为伊利石+伊利石/蒙脱石混层的含量。

差热分析(differential thermal analysis，DTA)采用差示扫描量热仪进行，见图2.5。图2.6为薄层状含粉砂灰质泥岩的热分析结果，从DTA曲线中可以看出，在546.9℃时存在明显的吸热峰，应为蒙脱石和伊利石共同作用的脱羟反应，720℃时的放热峰较为明显，应是矿物的重结晶。热重法(thermogravimetry，TG)曲线上标注了三个阶段的样品失重量：0～340℃样品失重量为

3.03%，该失重的原因是样品中吸附水和结晶水的丢失；340～620℃样品失重量为2.55%，620～800℃样品失重量为11.81%，这两个阶段样品失重的原因是样品中黏土矿物中结构水的丢失和碳酸盐分解。微商热重法(derivative thermogravimetry，DTG)曲线体现样品相对应失重的快慢，可以看出，在89.2℃和538.1℃存在两个明显的峰，表明在对应温度下样品丢失质量较其他温度下快。

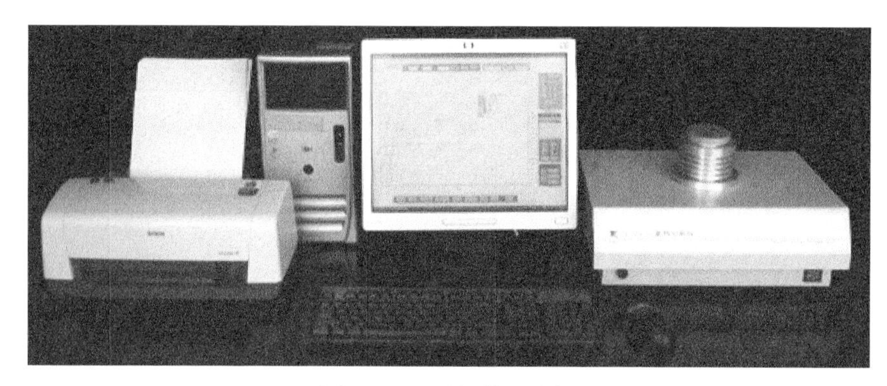

图2.5 差示扫描量热仪

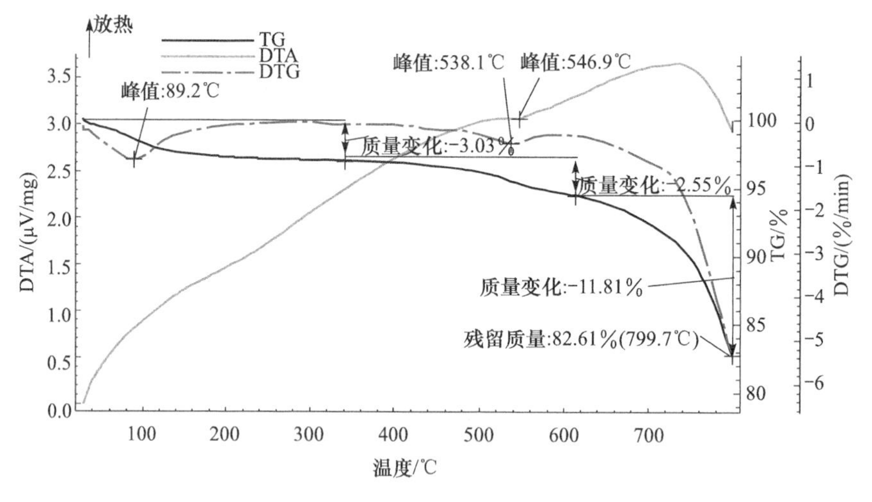

图2.6 薄层状含粉砂灰质泥岩热分析结果

2. 薄层状灰质泥岩

图2.7、图2.8分别为薄层状灰质泥岩样品及镜下鉴定照片。根据薄片鉴定结果，该类岩石的矿物组成见表2.5。

图 2.7　薄层状灰质泥岩样品

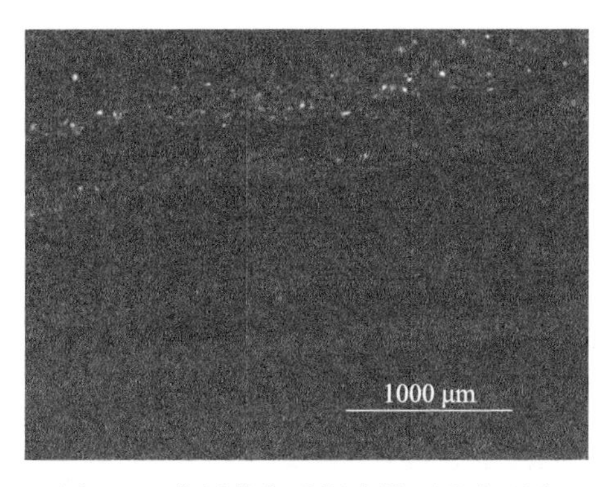

图 2.8　薄层状灰质泥岩镜下鉴定照片

表 2.5　薄层状灰质泥岩矿物组成

指标	泥质矿物	方解石	石英碎屑	褐铁矿
含量/%	60	35	3	2

岩石矿物主要由泥质矿物与方解石组成，石英碎屑、褐铁矿少量。泥质矿物，隐晶质-泥状、显微鳞片状、片状，多呈隐晶质-泥状，有隐晶质-胶状褐铁矿渲染，呈 0.1～0.2mm 微层状相对聚集，弱定向分布；部分呈 0.1～1.0mm 的片状，片状黏土矿物呈不规则状相对聚集，零散分布。方解石，泥晶状，$d\leqslant 0.004$mm，与以铁染泥质矿物为主的泥质薄层呈 0.1～0.2mm 薄层相间，定向分布。石英碎屑，次棱角-棱角-尖棱角状，$d=0.01\sim 0.1$mm，多数 $d=0.03\sim 0.06$mm，多次生加大重结晶，长轴弱定向排列，多呈微纹状相对聚集，与泥晶方解石-泥状泥质矿物薄层相间，组成岩石之泥晶泥状结构，薄层状构造。褐铁矿，隐晶质胶状，部分呈质点状聚集，不均匀弱定向渲染泥质矿物、方解石。

由上述岩矿鉴定结果可知，薄层状灰质泥岩为泥晶泥状结构、薄层构造，泥质矿物和方解石为该类岩石的主要组成成分，且泥质矿物含量较高。

为了进一步了解薄层状灰质泥岩的物质成分，对样品中的薄层状灰质泥岩进行化学分析，其结果见表 2.6。可以看出，与薄层状含粉砂灰质泥岩化学成分相似，化学成分主要为 Si、Ca、Al、Mg、Fe 等的氧化物，但是其中 Si、Ca 含量比薄层状含粉砂灰质泥岩的高。烧失量为 15%左右，说明在泥岩中存在一定含量的遇热分解为 CO_2 的碳酸盐，但含量比薄层状含粉砂灰质泥岩的低。$n(SiO_2)/n(Al_2O_3)$均大于 2，说明含有不等量的石英，且石英含量较高。根据其中 Si、Ca、Al 的含量可知，黏土矿物中主要为蒙脱石和伊利石。

表 2.6 薄层状灰质泥岩化学分析结果

分组编号	对应深度/m	SiO_2/%	CaO/%	Al_2O_3/%	MgO/%	Fe_2O_3/%	K_2O/%	Na_2O/%	烧失量/%	$n(SiO_2)/n(Al_2O_3)$
ZK4-2	75.8～76.0	31.452	23.559	9.502	8.845	3.394	1.850	1.382	10.15	5.620
ZK7-1	117.0～117.1	39.985	14.636	13.563	4.229	3.745	2.843	1.507	17.53	5.005
ZK13-2	88.0～88.3	40.733	12.604	13.431	5.709	4.499	3.042	1.885	16.24	5.149

表 2.7 为薄层状灰质泥岩全岩 X 射线粉晶衍射分析结果。从表中可知，构成泥岩的非黏土矿物主要有石英、斜长石、方解石和白云石，部分岩样中含有含量较高的石膏，黏土矿物的含量占全岩的 24.3%～37.0%。

表 2.7 薄层状灰质泥岩全岩 X 射线粉晶衍射分析结果

分组编号	对应深度/m	黏土矿物总量/%	石英/%	斜长石/%	方解石/%	白云石/%	石膏/%	黄铁矿/%	方沸石/%
ZK4-2	75.8～76.0	24.3	12.2	8.4	10.2	3.5	38.2	0.0	3.0
ZK7-1	117.0～117.1	37.0	12.4	12.1	19.5	4.8	0.0	2.9	11.0
ZK13-2	88.0～88.3	36.5	15.0	10.2	7.2	23.8	0.0	0.0	7.0

进一步对样品中黏土矿物进行 X 射线粉晶衍射分析，其结果见表 2.8。可以看出，样品中黏土矿物的主要矿物成分为蒙脱石和伊利石，且含有少量的绿泥石，其中伊利石所占比例较大。

表 2.8 薄层状灰质泥岩黏土矿物 X 射线粉晶衍射分析结果

分组编号	对应深度/m	黏土矿物总量/%	蒙脱石/%	伊利石/%	绿泥石/%
ZK4-2	75.8～76.0	24.3	11.70	8.47	5.80
ZK7-1	117.0～117.1	37.0	12.16	19.02	4.12
ZK13-2	88.0～88.3	36.5	8.37	18.63	9.48

注：该伊利石含量为(伊利石+伊利石/蒙脱石混层)的含量。

图 2.9 为薄层状灰质泥岩热分析结果，从 DTA 曲线中可以看出，160.1℃时存在明显的吸热峰，这是由于该样品中含较多石膏，石膏中的结晶水在该温度下

会吸热分解。TG 曲线上标注了四个阶段的样品失重量：0～270℃样品失重量为 4.85%，该阶段失重的原因是样品中吸附水和结晶水的丢失；370～390℃样品失重量为 0.26%，该阶段样品失重量很小，原因复杂，不能确定；390～610℃样品失重量为 2.28%，610～800℃样品失重量为 7.45%，这两个阶段样品失重是由于样品中黏土矿物结构水的丢失和碳酸盐分解。DTG 曲线体现样品相对失重的快慢，可以看出在 147.2℃和 771.0℃存在两个明显的峰，这表明在对应温度下样品丢失质量较其他温度下快。

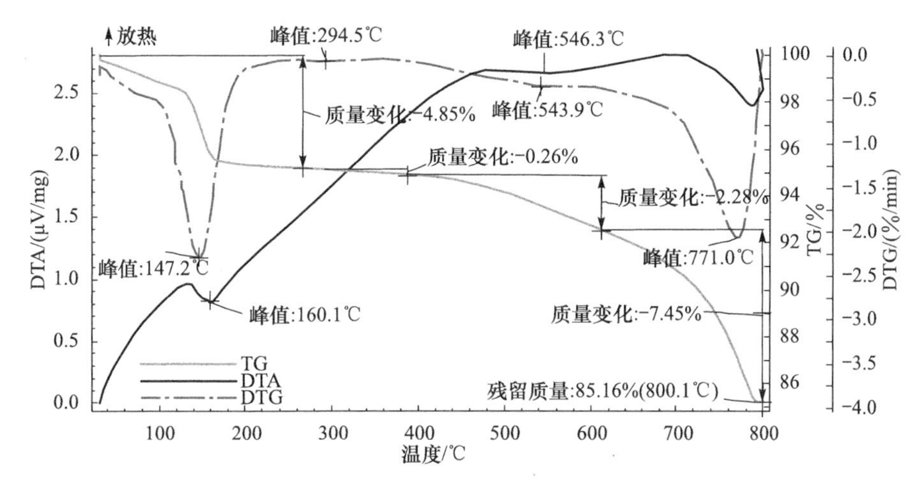

图 2.9　薄层状灰质泥岩热分析结果

3. 灰质泥岩

图 2.10、图 2.11 分别为灰质泥岩样品及镜下鉴定照片。

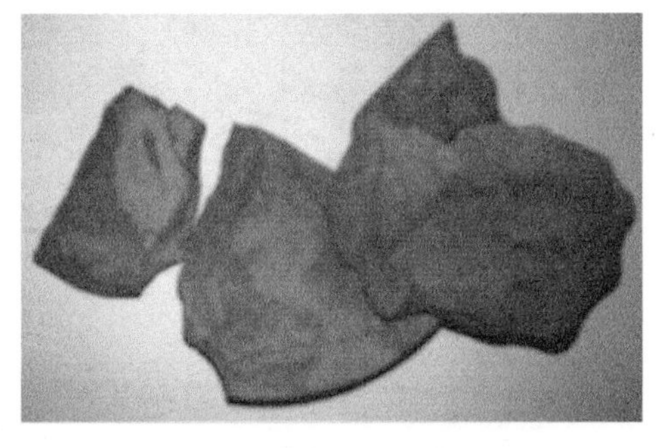

图 2.10　灰质泥岩样品

图 2.11　灰质泥岩镜下鉴定照片

根据薄片鉴定结果，该类岩石的矿物组成见表 2.9。

表 2.9　灰质泥岩矿物组成

指标	泥质矿物	方解石	石英碎屑	褐铁矿
含量/%	60	35	4	1

岩石矿物主要由泥质矿物与方解石组成，石英碎屑和褐铁矿少量。泥质矿物，隐晶质-泥状，多有隐晶质-胶状褐铁矿渲染，呈斑点状相对聚集。方解石，泥晶状，$d \leqslant 0.004$mm，与斑点状铁染泥质矿物相间，弱定向分布，构成岩石之弱定向构造。石英碎屑，呈棱角-次棱角状，$d=0.01 \sim 0.08$mm，多数 $d=0.03 \sim 0.05$mm，多次生加大重结晶，不均匀零散分布。褐铁矿，隐晶质胶状，部分呈质点状聚集，不均匀弱定向渲染泥质矿物、泥晶方解石。

由上述岩矿鉴定结果可知，灰质泥岩为泥晶泥状结构、弱定向构造，泥质矿物及方解石含量占全岩的 95%，且泥质矿物含量较高，达 60%。

为了进一步了解灰质泥岩的物质成分，对样品中的灰质泥岩进行化学分析，其结果见表 2.10。从表中可知，构成灰质泥岩的化学成分为 Si、Ca、Al、Mg、Fe 等的氧化物，烧失量为 16.24%，说明样品中含有中等含量的碳酸盐。其中，Si 含量高达 40.73%。$n(SiO_2)/n(Al_2O_3)$ 为 5.15，说明含有一定量的石英，且根据其中 Si、Ca、Al 含量可知，黏土矿物中主要为伊利石和蒙脱石。

表 2.10　灰质泥岩化学分析结果

分组编号	对应深度/m	SiO_2/%	CaO/%	Al_2O_3/%	MgO/%	Fe_2O_3/%	K_2O/%	Na_2O/%	烧失量/%	$n(SiO_2)/n(Al_2O_3)$
ZK13-2	88.0～88.3	40.733	12.604	13.431	5.709	4.499	3.0423	1.885	16.24	5.146

表 2.11 为灰质泥岩全岩 X 射线粉晶衍射分析结果。从表中可知，构成泥岩的非黏土矿物主要有石英、斜长石、方解石和白云石，黏土矿物的含量较高，达 36.5%。

表 2.11　灰质泥岩全岩 X 射线粉晶衍射分析结果

分组编号	对应深度/m	黏土矿物总量/%	石英/%	斜长石/%	方解石/%	白云石/%	方沸石/%
ZK13-2	88.0～88.3	36.5	15.0	10.2	7.2	24.1	7.0

表 2.12 为灰质泥岩黏土矿物 X 射线粉晶衍射分析结果。分析结果显示，样品中黏土矿物的矿物成分主要为伊利石和蒙脱石，且含有少量的绿泥石。

表 2.12　灰质泥岩黏土矿物 X 射线粉晶衍射分析结果

分组编号	对应深度/m	黏土矿物总量/%	蒙脱石/%	伊利石/%	绿泥石/%
ZK13-2	88.0～88.3	36.5	8.37	18.63	9.48

图 2.12 为灰质泥岩热分析结果。从 DTA 曲线中可以看出，在 760℃时存在明显的吸热峰，应是蒙脱石和伊利石共同作用的脱羟反应。TG 曲线上标注了四

个阶段样品的失重量：0～260℃样品失重量为3.42%，该阶段失重的原因是样品中吸附水和结晶水的丢失；260～410℃样品失重量为0.57%，该阶段样品失重量很小，原因复杂，不能确定；410～560℃样品失重量为2.93%，560～710℃样品失重量为10.53%，这两个阶段样品失重是由于样品中黏土矿物中结构水的丢失和碳酸盐分解。DTG曲线体现样品相对失重的快慢，从图中可以明显看出，86.7℃和730.3℃存在两个明显的峰，表明在对应温度下样品丢失质量较其他温度下快。

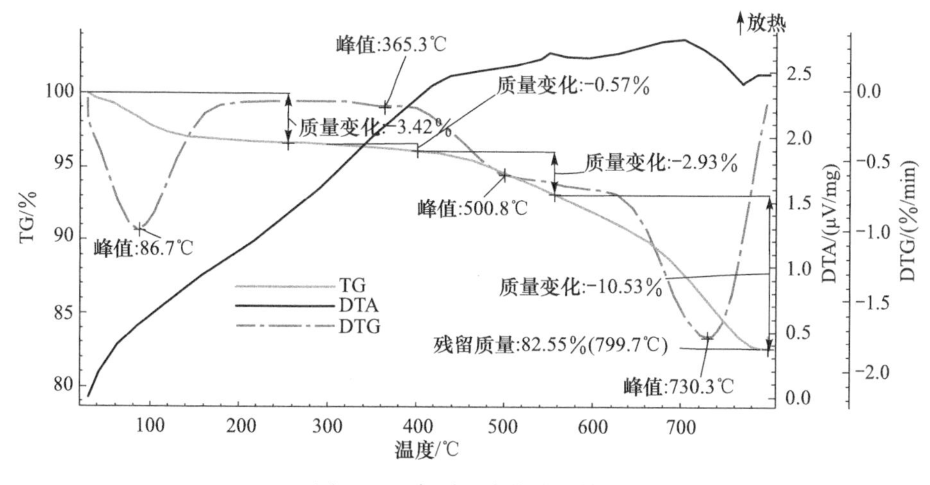

图2.12　灰质泥岩热分析结果

4. 暗红色灰质泥岩

图2.13为暗红色灰质泥岩样品照片。

图2.13　暗红色灰质泥岩样品

根据薄片鉴定结果，该类岩石的矿物组成见表 2.13。

表 2.13 暗红色灰质泥岩矿物组成

指标	泥质矿物	方解石	石英碎屑	褐铁矿
含量/%	60	33	5	2

岩石矿物主要由泥质矿物与方解石组成，石英碎屑和褐铁矿少量。泥质矿物，隐晶质-泥状、显微鳞片状，多呈隐晶质泥状，有隐晶质-胶状赤铁矿渲染。方解石，泥晶状，$d \leqslant 0.004$mm，与以铁染泥质矿物互为渲染。石英碎屑，次棱角-棱角-尖棱角状，$d=0.01 \sim 0.06$mm，零散分布。赤铁矿，隐晶质胶状，部分呈质点状聚集，较均匀渲染泥质矿物、方解石。

由上述岩矿鉴定结果可知，暗红色灰质泥岩为泥晶泥状结构、块状构造，泥质矿物及方解石含量占全岩的 93%，且泥质矿物含量较高，达 60%，构成泥岩的非黏土矿物主要有石英、斜长石、方解石。

为了进一步了解暗红色灰质泥岩的物质成分，对样品中的暗红色灰质泥岩进行化学分析，其结果见表 2.14。从表中可知，构成暗红色灰质泥岩的化学成分主要为 Si、Ca、Al、Mg、Fe 等的氧化物，其中 SiO_2 含量高达 44.47%，烧失量为 14.23%。$n(SiO_2)/n(Al_2O_3)$大于 2 说明含有一定量的石英，且根据其中 Si、Ca、Al 的含量可知，黏土矿物中主要为伊利石。

表 2.14 暗红色灰质泥岩化学分析结果

分组编号	SiO_2 /%	CaO /%	Al_2O_3 /%	MgO /%	Fe_2O_3 /%	K_2O /%	Na_2O /%	SO_3 /%	烧失量 /%	$n(SiO_2)/n(Al_2O_3)$
ZK1-3	44.467	9.052	15.723	5.236	6.070	3.340	0.882	0.118	14.23	8.610

表 2.15 为暗红色灰质泥岩全岩 X 射线粉晶衍射分析结果。从表中可知：构成泥岩的非黏土矿物主要有石英、斜长石、方解石，白云石，黏土矿物高达 60.0%。

表 2.15 暗红色灰质泥岩全岩 X 射线粉晶衍射分析结果

分组编号	黏土矿物总量/%	石英/%	斜长石/%	方解石/%	白云石/%
ZK1-3	60.0	13.2	7.4	14.6	4.8

表 2.16 为暗红色灰质泥岩黏土矿物 X 射线粉晶衍射分析结果。分析结果显示，样品中主要的黏土矿物为伊利石，含有少量的绿泥石，其中伊利石含量高达 52.0%。

表 2.16 暗红色灰质泥岩黏土矿物 X 射线粉晶衍射分析结果

分组编号	黏土矿物总量/%	蒙脱石/%	伊利石/%	绿泥石/%
ZK1-3	60.0	0	52.0	8.0

图2.14为暗红色灰质泥岩热分析结果。可以看出，该谱形类似于伊利石谱形，从热分析方面可以证明伊利石的存在，且含量较大。DTA曲线中，在780℃时存在明显的吸热峰，应是伊利石的脱羟反应。TG曲线上，标注了五个阶段样品的失重量：0～180℃样品失重量为5.65%，该失重的原因是样品中的吸附水和结晶水的丢失；180～260℃样品失重量为0.32%，该阶段样品失重量很小，原因复杂，不能确定；260～400℃样品失重量为0.37%，该阶段样品失重量仍然较小，原因复杂不能确定；400～620℃样品失重量为2.82%，710～800℃样品失重量为5.78%，这两个阶段样品失重是由于样品中黏土矿物中结构水的丢失和碳酸盐分解。DTG曲线体现样品相对失重的快慢，从该图中可以明显看出，在95.7℃和774.1℃左右存在两个明显的峰，表明在对应温度下样品丢失质量较其他温度快。

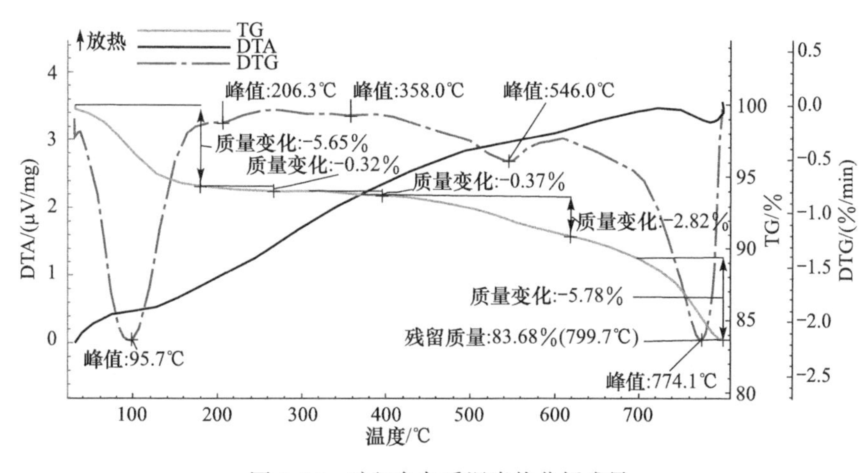

图2.14　暗红色灰质泥岩热分析成果

5. 小结

上述前三种泥岩为研究区灰质泥岩类型，从成分上看，研究区灰质泥岩泥质矿物含量均在60%左右，黏土矿物含量为23.5%～37.0%，其矿物成分主要为蒙脱石和伊利石，相对而言，伊利石含量较高，其次为蒙脱石。

暗红色灰质泥岩黏土矿物含量高达60.0%，其中伊利石高达52.0%，无蒙脱石。

2.1.2　砖红色含砾不等粒砂质泥岩

图2.15、图2.16分别为砖红色含砾不等粒砂质泥岩样品及镜下鉴定照片。

图 2.15 砖红色含砾不等粒砂质泥岩样品

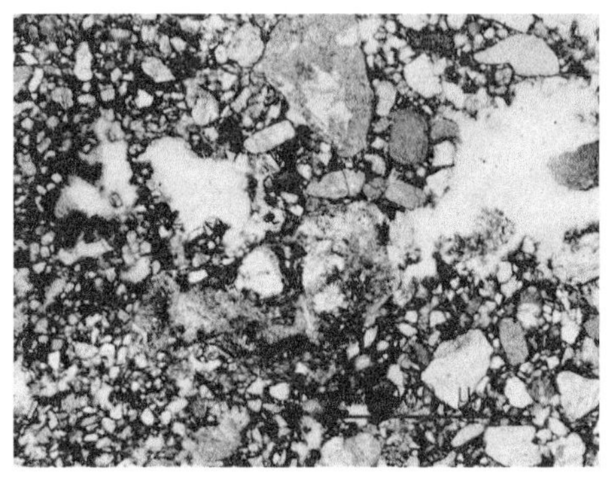

图 2.16 砖红色含砾不等粒砂质泥岩镜下鉴定照片

根据薄片鉴定结果，该类岩石的矿物组成见表 2.17。

表 2.17 砖红色含砾不等粒砂质泥岩矿物组成

指标	含铁泥质	石英碎屑	长石碎屑	方解石	花岗岩岩屑	浅粒岩岩屑	云母片岩岩屑
含量/%	50	12	11	11	8	6	2

岩石主要由含铁泥质矿物碎屑及岩屑组成，方解石少量。含铁泥质，隐晶质-泥状，由隐晶质-胶状褐-赤铁矿渲染、胶结泥质矿物组成，部分赤铁矿局部相对聚集，零散分布。方解石，泥微晶状，部分与含铁泥质矿物混染，部分胶结碎屑，零散分布。矿物碎屑主要为石英碎屑、长石碎屑。石英碎屑，棱角-次棱角状，d=0.01～1.0mm，多数 d=0.2～0.8mm。长石碎屑，由钾长石碎屑与斜长石碎屑组成，棱角-尖棱角状，d=0.01～1.5mm，多数 d=0.2～1.5mm，斜长石碎屑不均匀绢云-绿帘石化，部分完全绿帘石化仅呈假象，零散分布。岩屑主要为花岗岩岩屑、浅粒岩岩屑和云母片岩岩屑，呈次棱角-棱角状，长轴弱定向排列，d=0.1～2.8mm，其中多数 d=0.2～1.5mm，少量 d=2～2.8mm。

由上述岩矿鉴定结果可知，砖红色含砾不等粒砂质泥岩为含砾不等粒砂状泥状结构，泥质矿物含量较高，达 50%，且含有大量的铁，使岩石呈现砖红色。

为了进一步了解砖红色含砾不等粒砂质泥岩的物质成分，对送检样品中的砖红色含砾不等粒砂质泥岩进行化学分析，其结果见表 2.18。从表中可知，构成砖红色含砾不等粒砂质泥岩的化学成分中主要为 Si、Ca、Al、Mg、Fe 等的氧化物，其中 SiO_2 含量高达 53.45%。烧失量为 7.76%，说明送检样品含有一定量的碳酸盐，但其含量较灰质泥岩要少。$n(SiO_2)/n(Al_2O_3)$ 达到 6.5，说明样品中含有一定量的石英，且其含量较前述的灰质泥岩要多。根据其中 Si、Ca、Al 的含量可知，黏土矿物中主要为蒙脱石和伊利石。

表 2.18 砖红色含砾不等粒砂质泥岩化学分析结果

分组编号	对应深度/m	SiO_2/%	CaO/%	Al_2O_3/%	MgO/%	Fe_2O_3/%	K_2O/%	Na_2O/%	烧失量/%	$n(SiO_2)/n(Al_2O_3)$
ZK1-1	78.55～78.75	53.453	15.197	13.944	2.947	3.025	1.741	1.233	7.76	6.504

表 2.19 为砖红色含砾不等粒砂质泥岩全岩 X 射线粉晶衍射分析结果。从表中可知：构成砖红色含砾不等粒砂质泥岩的非黏土矿物主要有石英、钾长石、斜长石、方解石和白云石，总体来说黏土矿物的含量相对较低。除泥质矿物中含铁外，钾长石的存在也是该样品呈现砖红色的原因。

表 2.19 砖红色含砾不等粒砂质泥岩全岩 X 射线粉晶衍射分析结果

分组编号	对应深度/m	黏土矿物总量/%	石英/%	钾长石/%	斜长石/%	方解石/%	白云石/%
ZK1-1	78.55～78.75	17.1	25.5	12.0	32.0	12.8	0.6

为进一步了解样品中黏土矿物的矿物成分，对样品中的黏土矿物进行了 X 射线粉晶衍射分析，其结果见表 2.20。分析结果显示，样品中黏土矿物的主要矿物成分为蒙脱石和伊利石，且蒙脱石的含量较伊利石多，同时含有少量的绿泥石。

表 2.20 砖红色含砾不等粒砂质泥岩黏土矿物 X 射线粉晶衍射分析结果

分组编号	对应深度/m	黏土矿物总量/%	蒙脱石/%	伊利石/%	绿泥石/%
ZK1-1	78.55～78.75	17.1	10.64	4.35	2.11

总体上，砖红色含砾不等粒砂质泥岩泥质矿物含量相对较低，但含铁泥质仍然在 50%左右，黏土矿物总量相对较低，其中蒙脱石为主要黏土矿物，含量在 10%以上。

图 2.17 为砖红色含砾不等粒砂质泥岩热分析结果。DTA 曲线显示，在 770℃时存在明显的吸热峰，应是蒙脱石和伊利石共同作用的脱羟反应。TG 曲线上标注了四个阶段的样品失重量：0～180℃样品失重量为 1.85%，该阶段失重的原因是样品中吸附水和结晶水的丢失；180～260℃样品失重量为 0.24%，该阶段样品失重量很小，原因复杂，不能确定；260～540℃样品失重量为 0.31%，该阶段样品失重量仍然较小，原因复杂，不能确定；540～800℃样品失重量为 4.84%，该阶段样品失重是由于样品中黏土矿物中结构水的丢失和碳酸盐分解。DTG 曲线体现样品相对应失重的快慢，从该图中可以明显看出在 97.0℃和 762.2℃存在两个明显的峰，表明在对应温度下样品丢失质量较其他温度下快。

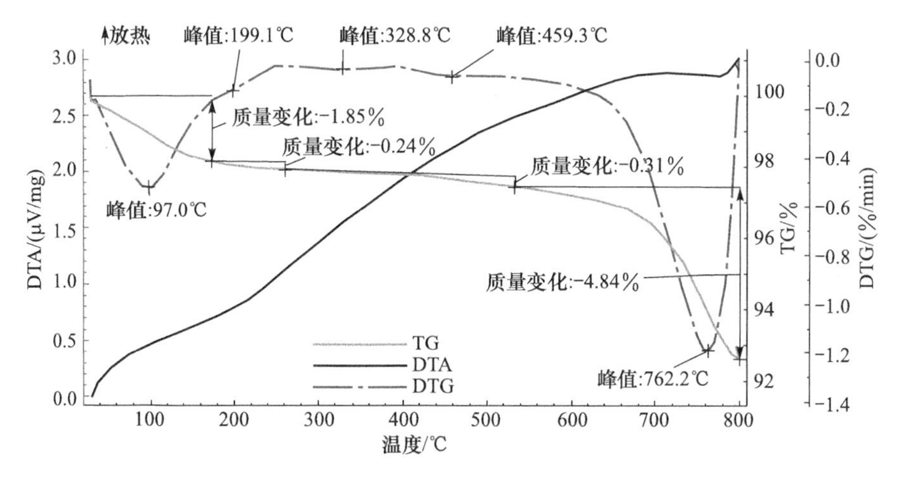

图 2.17　砖红色含砾不等粒砂质泥岩热分析结果

2.1.3　钙质胶结砾质岩屑长石砂岩

图 2.18、图 2.19 分别为钙质胶结砾质岩屑长石砂岩样品及镜下鉴定照片。

图 2.18　钙质胶结砾质岩屑长石砂岩样品

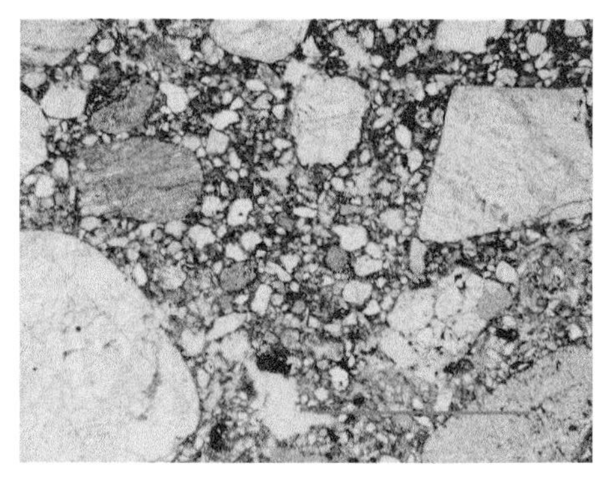

图 2.19　钙质胶结砾质岩屑长石砂岩镜下鉴定照片

根据薄片鉴定结果，该类岩石的矿物组成见表 2.21。

表 2.21　钙质胶结砾质岩屑长石砂岩矿物组成

指标	碎屑										填隙物		
	石英岩屑	花岗岩屑	灰岩屑	英安岩屑	石英碎屑	花岗岩屑	石英碎屑	长石碎屑	粉砂岩屑	泥晶灰岩屑	方解石	赤铁矿	泥质
含量/%	7	4	4	5	12	10	7	8	3	2	28	2	8

岩石由胶结物与陆源碎屑组成。陆源碎屑由长石碎屑、石英碎屑、英安岩屑、花岗岩屑等组成，长轴弱定向排列。长石碎屑由斜长石碎屑与钾长石碎屑组成，呈棱角-次棱角状，d=0.05～3mm，多数 d=0.1～1mm。石英碎屑、石英岩屑，呈次棱角-棱角状，d=0.05～4.5mm，多数 d=0.2～4.5mm。花岗岩屑，呈次棱角状，d = 0.5 ～ 3mm，零散分布。英安岩屑，呈棱角-次棱角状，d=0.2～2.8mm,零散分布。泥晶灰岩屑，呈次棱角-棱角状，d=0.1～2.8mm，零散分布。粉砂岩屑，呈次棱角-次圆状，d=0.2～2.2mm，零散分布。碎屑间填隙物主要由赤铁矿染泥晶方解石胶结物组成，铁染泥质杂基少量。碎屑与填隙物间胶结类型为孔隙-基底式胶结。

由上述岩矿鉴定结果可知，钙质胶结砾质岩屑长石砂岩为砾质不等粒砂状结构、定向构造，长石碎屑、石英碎屑、英安岩屑、花岗岩屑等为构成岩石的主要碎屑，碎屑间填隙物主要由赤铁矿染泥晶方解石胶结物胶结而成。

为进一步了解钙质胶结砾质岩屑长石砂岩的物质成分，对样品进行化学分析，其结果见表 2.22。从表中可知：构成钙质胶结砾质岩屑长石砂岩的化学成分主要为 Si、Ca、Al、Mg、Fe 等的氧化物，其中 SiO_2 含量高达 56.81%。烧失量为 9.21%。$n(SiO_2)/n(Al_2O_3)$ 为 8.61，说明含有大量的石英。根据其中 Si、Ca、Al 的含量可知，黏土矿物中主要为蒙脱石和伊利石。

表 2.22　钙质胶结砾质岩屑长石砂岩化学分析结果

分组编号	对应深度/m	SiO_2/%	CaO/%	Al_2O_3/%	MgO/%	Fe_2O_3/%	K_2O/%	Na_2O/%	烧失量/%	$n(SiO_2)/n(Al_2O_3)$
ZK1-2	103.40～103.53	56.805	14.416	11.201	2.045	2.006	1.929	1.698	9.21	8.605

表 2.23 为砖红色含砾不等粒砂质泥岩全岩 X 射线粉晶衍射分析结果。从表中可知，构成泥岩的非黏土矿物主要有石英、斜长石、方解石，且石英和方解石的含量较大；黏土矿物含量较小，仅为 13.0%。

表 2.23　钙质胶结砾质岩屑长石砂岩全岩 X 射线粉晶衍射分析结果

分组编号	对应深度/m	黏土总量/%	石英/%	斜长石/%	方解石/%
ZK1-2	103.40～103.53	13.0	31.3	9.4	26.0

表 2.24 为砖红色含砾不等粒砂质泥岩黏土矿物 X 射线粉晶衍射分析结果。分析结果显示，样品中主要的黏土矿物为蒙脱石和伊利石，其含量均较低，还含有少量的绿泥石。

表 2.24　钙质胶结砾质岩屑长石砂岩黏土矿物 X 射线粉晶衍射分析结果

分组编号	对应深度/m	黏土总量/%	蒙脱石/%	伊利石/%	绿泥石/%
ZK1-2	103.40～103.53	13.0	5.61	5.18	2.17

图 2.20 为钙质胶结砾质岩屑长石砂岩热分析结果。DTA 曲线显示，在 770℃时存在明显的吸热峰。TG 曲线上标注了四个阶段样品的失重量：0～180℃样品失重量为 1.26%，该失重的原因是样品中的吸附水和结晶水的丢失；180～260℃样品失重量为 0.23%，该阶段样品失重量很小，原因复杂不能确定；260～500℃样品失重量为 0.65%，该阶段样品失重量仍然较小，原因复杂不能确定；500～800℃样品失重量为 6.38%。最后一个阶段样品失重是由于样品中黏土矿物中结构水的丢失和碳酸盐分解。DTG 曲线为样品相对失重的快慢，从图中可以明显看出在 94.4℃和 800℃左右存在两个明显的峰，表明在对应温度下样品丢失质量较其他温度快。

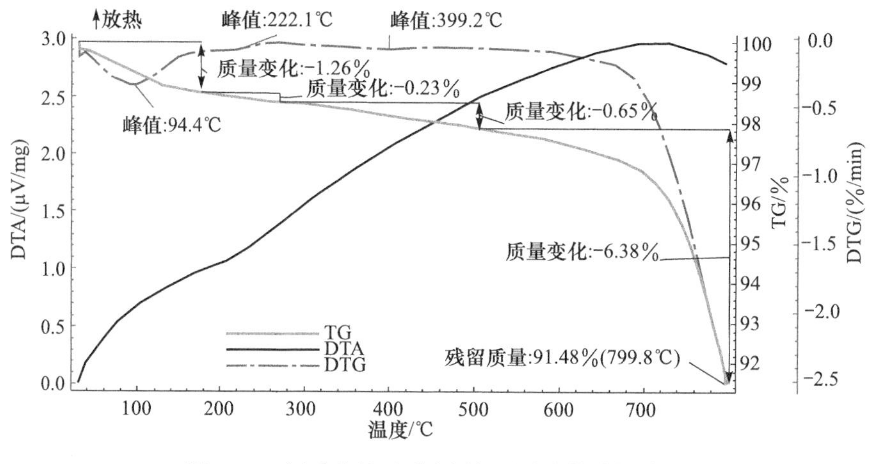

图 2.20 钙质胶结砾质岩屑长石砂岩热分析结果

2.2 研究区软岩成分对其工程性质影响分析

地壳中的泥岩是经过复杂的地质环境变化而形成的，不同区域的泥岩可能经历了不同的造山运动且有不同的沉积环境；不同成因类型的泥岩，其成分、结构和构造是不同的。泥岩的成分不仅是影响岩石物理力学性质的主要因素，而且还可以反映泥岩的形成环境，是决定工程地质性质的重要因素。

泥岩的矿物成分包括矿物成分和化学成分，对工程地质性质影响比较大的是矿物成分。泥岩中的矿物成分包括碎屑矿物和黏土矿物，影响工程性质的主要成分是黏土矿物。黏土矿物的含量影响泥岩的力学性质，一般而言，随着泥岩中黏土矿物含量的增加，其力学强度降低；同时，黏土矿物的含量及成分也影响泥岩的水理性质。黏土矿物主要包括蒙脱石、伊利石、高岭石等，三者均为亲水性矿物，但其亲水性又有差别，蒙脱石最强，高岭石最弱，伊利石介于两者之间。因此，泥岩中的蒙脱石常常使泥岩表现出较强的胀缩性、崩解性等。

灰质泥岩中黏土矿物含量较高，一般含量为 23.5%～37.0%，其中暗红色灰质泥岩黏土矿物含量高达 60%，伊利石为主要黏土矿物，蒙脱石次之。蒙脱石和伊利石属于层状和层-链状硅酸盐矿物，硅氧四面体和八面体晶片是矿物结晶结构的基础，这种结构具有刚性晶格，阳离子交换量很小，层间不能水化，其水化作用仅靠水分子和晶体外层表面相互作用进行，它们的晶体结构沿厚度方向不发生变化，在测试样品中，都是由两层四面体加一层八面体构成。蒙脱石构造的明显特征是，水和其他极性分子进入晶层中，引起晶格沿厚度方向膨胀并具有很大的离子交换能力，亲水性强。伊利石晶层间的平衡阳离子主要是 K^+，单位晶层比较稳固，水和极性分子不易进入层间引起膨胀。伊利石和蒙脱石的亲水性较强，两者是泥岩水稳性差、易崩解软化的主要因素。一般来说，蒙脱石与伊利石含量之和大于 20%的泥岩崩解性强烈，含量之和为 20%～5%的泥岩也具有明显崩解性，含量之和为 5%以下的为不崩解的红层泥岩。这是红层岩体遇水膨胀、崩解，失水干缩开裂的物质基础。固原地区灰质泥岩蒙脱石和伊利石总量均在 20%以上，因此遇水后表现出较为明显的崩解软化等现象。在水稳性方面，暗红色灰质泥岩会比其他灰质泥岩表现得更差，相同含水率的情况下，其力学强度也低。

胶结物成分对泥岩性质的影响是非常明显的。胶结物是在一定的环境因素(如温度、湿度、地下水以及地下水的矿物成分)下经过复杂的物理-化学作用后形成的，是受环境因素强烈影响的，那么在不同的环境下泥岩所表现出来的性状是不同的。特别是泥岩在干燥后二次浸水作用下，其工程性质的变化存在巨大的差异。根据胶结物不同可把泥岩分为有机质胶结、硅质胶结、泥质胶结、钙质胶结等泥岩。根据其胶结程度可分为强胶结、弱胶结和中等程度的胶结，胶结程度的强弱对泥岩的水理性质、结构特征、物化性质有较大的影响，并且最终使其力学性质有明显的差别。通过以上的岩矿鉴定、岩石化学成分分析、X 射线衍射分析、差热分析等试验结果表明，研究区泥岩及砂岩的主要胶结方式为泥质胶结及钙质胶结，胶结程度为弱胶结到中等胶结。

第3章　研究区软岩物理力学性质试验研究

3.1　灰质泥岩物理力学性质试验研究

本节开展灰质泥岩物理力学性质试验研究，试验项目包括岩石物理性质试验、岩石膨胀性试验、岩石耐崩解性试验、岩石室内单轴和三轴压缩试验。

所有试验均在华北水利水电大学“河南省岩土力学与结构工程省级重点实验室”内完成，各项试验内容严格按照《工程岩体试验方法标准》（GB/T 50266—2013）[175]和《水利水电工程岩石试验规程》（SL/T 264—2020）[176]的要求进行，以确保每项试验指标的准确性和真实性。

3.1.1　物理性质试验

1. 试验方法

为获取岩石的基本物理性质指标，对现场采集的岩石进行了岩石块体密度、颗粒密度、含水率、孔隙率、吸水率和饱和吸水率试验。

采用量积法测定岩石块体密度，对加工成圆柱体的试样量测试件两端和中间断面上的3个直径，量测端面中心点的2个高度，同时称量试样质量，得出岩石块体密度。采用比重瓶法测定岩石颗粒密度，进行两次平行测定，两次测定的差值小于0.02g/cm^3，取两次测值的平均值作为岩石颗粒密度。采用烘干法测定岩石含水率，每个试件的质量大于40g，每组试验试件的数量3～5个。采用自由浸水法测定岩石吸水率，采用真空抽气法测定岩石饱和吸水率，试件为边长40～60mm的浑圆状岩块，每组试验试件的数量3个。依据试样的密度、比重与含水率，计算得出岩石的孔隙率。

2. 试验结果与分析

试验共测定了23组灰质泥岩的块体密度、颗粒密度、含水率、孔隙率、吸水率和饱和吸水率等物理性质指标，试验结果见表3.1。

表 3.1　灰质泥岩物理性质试验结果

岩芯编号	分组编号	对应深度/m	试样编号	块体密度 $\rho/(g/cm^3)$	颗粒密度 $\rho_s/(g/cm^3)$	含水率 $\omega/\%$	孔隙率 $n/\%$	吸水率 $\omega_a/\%$	饱和吸水率 $\omega_{sa}/\%$
ZK7	ZK7-1	108.80～127.36	①	2.44	2.75	3.37	13.97	4.44	5.22
			②	2.42	2.73	4.47	15.46	5.24	6.16
			③	2.43	2.74	2.72	13.63	3.84	4.52
			④	—	—	—	—	—	—
			⑤	—	—	—	—	—	—
			平均值	2.43	2.74	3.52	14.35	4.51	5.30
ZKZ9-1	ZKZ9-1-1	26.20～32.40	①	2.41	2.76	7.49	18.40	9.86	11.60
			②	2.37	2.74	6.92	19.40	9.00	10.59
			③	2.41	2.75	5.99	17.30	8.61	10.13
			④	—	—	—	—	—	—
			平均值	2.40	2.75	6.80	18.37	9.16	10.77
ZK4XL-2	ZK4-1	30.50～32.05	①	2.36	2.76	3.77	17.33	7.35	8.65
			②	2.44	2.75	7.07	17.30	8.27	9.73
			③	2.37	2.76	5.58	18.48	7.91	9.31
			④	—	—	—	—	—	—
			⑤	—	—	—	—	—	—
			平均值	2.39	2.76	5.47	17.70	7.84	9.23
ZK4XL-2	ZK4-2	74.40～75.40	①	2.47	2.74	3.57	12.89	6.31	7.43
			②	2.40	2.73	6.09	17.31	9.39	11.05
			③	2.45	2.73	6.63	15.87	7.42	8.72
			④	—	—	—	—	—	—
			⑤	—	—	—	—	—	—
			平均值	2.44	2.73	5.43	15.36	7.71	9.07
ZK4XL-2	ZK4-3	81.20～90.00	①	2.55	2.71	4.00	10.00	6.93	8.16
			②	2.56	2.73	5.45	12.20	8.24	9.70
			③	2.53	2.72	3.94	11.40	5.09	5.99
			④	—	—	—	—	—	—
			⑤	—	—	—	—	—	—
			平均值	2.55	2.72	4.46	11.20	6.75	7.95
ZK-8	ZK8-1	105.67～167.80	①	2.51	2.77	5.50	13.78	8.13	9.57
			②	2.35	2.75	3.58	17.88	6.55	7.71
			③	2.61	2.77	4.45	9.72	7.36	8.66
			④	—	—	—	—	—	—
			平均值	2.49	2.76	4.51	13.79	7.35	8.65

续表

岩芯编号	分组编号	对应深度/m	试样编号	块体密度 ρ/(g/cm^3)	颗粒密度 ρ_s/(g/cm^3)	含水率 ω/%	孔隙率 n/%	吸水率 ω_a/%	饱和吸水率 ω_{sa}/%
ZK-8	ZK8-2	170.45～175.28	①	2.60	2.73	1.55	5.99	1.85	2.17
			②	2.55	2.72	3.94	9.91	5.77	6.79
			③	2.63	2.72	4.23	7.35	6.06	7.13
			④	—	—	—	—	—	—
			平均值	2.59	2.72	3.24	7.75	4.56	5.36
ZK-8	ZK8-3	179.40～184.20	①	2.68	2.78	0.54	3.96	0.59	0.75
			②	2.65	2.76	1.11	5.32	1.82	2.14
			③	2.58	2.78	1.71	8.56	2.14	2.52
			④	—	—	—	—	—	—
			⑤	—	—	—	—	—	—
			平均值	2.64	2.77	1.12	5.95	1.52	1.80
ZK-8	ZK8-4	185.00～195.15	①	2.61	2.79	3.54	9.26	4.23	4.98
			②	2.66	2.77	1.47	5.75	1.90	2.24
			③	2.56	2.79	2.51	10.22	3.30	3.89
			④	—	—	—	—	—	—
			⑤	—	—	—	—	—	—
			平均值	2.61	2.78	2.51	8.41	3.14	3.70
ZK-8	ZK8-5	197.00～204.60	①	2.61	2.76	3.31	8.16	4.47	5.26
			②	2.61	2.74	3.24	8.03	4.37	5.15
			③	2.51	2.75	4.57	12.67	6.38	7.51
			④	—	—	—	—	—	—
			⑤	—	—	—	—	—	—
			平均值	2.58	2.75	3.71	9.62	5.07	5.97
ZK13	ZK13-1	16.00～24.60	①	2.33	2.74	4.05	18.00	9.46	11.13
			②	2.29	2.72	4.84	20.00	7.13	8.38
			③	2.32	2.74	3.07	17.50	8.52	10.02
			④	—	—	—	—	—	—
			⑤	—	—	—	—	—	—
			平均值	2.31	2.73	3.99	18.50	8.37	9.84
ZK13	ZK13-2	86.70～88.30	①	2.41	2.75	3.16	14.79	5.65	6.56
			②	2.44	2.73	4.21	14.47	6.11	7.18
			③	2.49	2.73	5.05	13.30	7.05	8.29
			④	—	—	—	—	—	—
			⑤	—	—	—	—	—	—
			平均值	2.45	2.74	4.14	14.19	6.27	7.34

续表

岩芯编号	分组编号	对应深度/m	试样编号	块体密度 ρ/(g/cm^3)	颗粒密度 ρ_s/(g/cm^3)	含水率 ω/%	孔隙率 n/%	吸水率 ω_a/%	饱和吸水率 ω_{sa}/%
ZK13	ZK13-3	95.50～97.00	①	2.48	2.74	4.76	13.40	7.28	8.57
			②	2.48	2.73	3.99	12.72	5.89	6.93
			③	2.45	2.74	4.10	13.91	6.62	7.79
			④	—	—	—	—	—	—
			⑤	—	—	—	—	—	—
			平均值	2.47	2.74	4.28	13.34	6.60	7.76
ZK2	ZK2-1	110.30～111.80	①	2.40	2.74	4.02	15.69	8.91	9.89
			②	2.50	2.73	3.72	11.92	8.33	9.25
			③	2.45	2.74	3.82	13.77	7.85	8.72
			④	—	—	—	—	—	—
			⑤	—	—	—	—	—	—
			平均值	2.45	2.74	3.85	13.79	8.36	9.29
ZK3 (ZK4XL-3)	ZK3-1	77.30～83.50	①	2.59	2.75	3.03	8.25	4.79	5.32
			②	2.57	2.74	2.06	8.10	4.39	4.87
			③	2.58	2.73	2.63	8.25	4.61	5.12
			④	—	—	—	—	—	—
			⑤	—	—	—	—	—	—
			平均值	2.58	2.74	2.57	8.20	4.60	5.10
ZK5	ZK5-1	30.50～40.30	①	2.60	2.73	3.44	7.93	4.33	4.81
			②	2.62	2.74	3.11	6.93	4.41	4.90
			③	2.61	2.72	3.23	7.38	4.84	5.38
			④	—	—	—	—	—	—
			⑤	—	—	—	—	—	—
			平均值	2.61	2.73	3.26	7.41	4.53	5.03
ZK6	ZK6-2	60.70～78.22	①	2.55	2.75	2.84	10.05	4.02	4.47
			②	2.54	2.76	2.64	10.23	3.05	3.39
			③	2.60	2.76	2.53	8.01	5.09	5.66
			④	—	—	—	—	—	—
			⑤	—	—	—	—	—	—
			平均值	2.56	2.76	2.67	9.43	4.05	4.51
ZK7	ZK7-2	295.92～308.56	①	2.65	2.75	2.88	5.99	4.13	4.59
			②	2.69	2.73	2.44	4.16	3.81	4.23
			③	2.70	2.74	2.34	3.72	3.64	4.05
			④	—	—	—	—	—	—
			⑤	—	—	—	—	—	—
			平均值	2.68	2.74	2.55	4.62	3.86	4.29

续表

岩芯编号	分组编号	对应深度/m	试样编号	块体密度 $\rho/(g/cm^3)$	颗粒密度 $\rho_s/(g/cm^3)$	含水率 $\omega/\%$	孔隙率 $n/\%$	吸水率 $\omega_a/\%$	饱和吸水率 $\omega_{sa}/\%$
ZKZ9-2	ZKZ9-2-1	27.90～35.00	①	2.38	2.74	4.73	16.76	8.20	9.11
			②	2.31	2.72	4.14	18.75	6.51	7.23
			③	2.44	2.73	4.11	14.15	5.91	6.57
			④	—	—	—	—	—	—
			⑤	—	—	—	—	—	—
			平均值	2.38	2.73	4.33	16.55	6.87	7.64
ZK10	ZK10-1	233.40～235.88	①	2.43	2.73	1.43	12.03	4.36	4.84
			②	2.45	2.72	2.48	12.21	4.96	5.51
			③	2.50	2.72	3.02	10.89	5.60	6.23
			④	—	—	—	—	—	—
			⑤	—	—	—	—	—	—
			平均值	2.46	2.72	2.31	11.71	4.97	5.53
ZK10	ZK10-2	235.88～237.30	①	2.47	2.73	3.17	12.52	7.47	8.30
			②	2.39	2.75	2.19	14.54	6.36	7.07
			③	2.52	2.73	4.26	11.68	7.10	7.89
			④	—	—	—	—	—	—
			⑤	—	—	—	—	—	—
			平均值	2.46	2.74	3.21	12.91	6.98	7.44
ZK10	ZK10-3	237.63～239.82	①	2.44	2.72	3.16	13.15	5.10	5.67
			②	2.44	2.73	3.37	13.33	5.65	6.28
			③	2.43	2.72	2.92	13.30	4.26	4.73
			④	—	—	—	—	—	—
			⑤	—	—	—	—	—	—
			平均值	2.44	2.72	3.15	13.26	5.00	5.56
ZK14	ZK14-2	88.00～99.00	①	2.46	2.76	6.09	15.79	8.79	9.77
			②	2.35	2.75	5.56	19.14	7.64	8.49
			③	2.44	2.75	5.85	16.28	8.19	9.10
			④	—	—	—	—	—	—
			⑤	—	—	—	—	—	—
			平均值	2.42	2.75	5.83	17.07	8.20	9.12

试验结果表明：灰质泥岩的块体密度为2.31～2.68g/cm³，颗粒密度为2.72～2.78g/cm³，含水率为1.12%～6.80%，孔隙率为4.62%～18.50%，吸水率为1.52%～9.16%，饱和吸水率为1.80%～10.77%。

3.1.2 膨胀性试验

膨胀性试验包括自由膨胀率试验、侧向约束膨胀率试验和膨胀压力试验。

1. 试件制备

考虑到灰质泥岩遇水崩解的特点，试样现场采取，并保持天然含水状态。试件采用干法加工，天然含水率的变化不超过 1%。

膨胀试样制作过程中，先切割两端面，然后对两切割端面进行手工打磨到符合《工程岩体试验方法标准》(GB/T 50266—2013)[175]的要求。自由膨胀率试验的试件：圆柱形试件的直径为 50～60mm，试件高度等于直径，两端面平行，试件数量为 3 个。侧向约束膨胀率试验的试件：高度为 20mm，直径为 50mm，两端面平行，试件数量为 3 个。膨胀压力试验的试件：高度 20mm，直径为 50mm，两端面平行，试件数量为 3 个。岩石膨胀试样如图 3.1 所示。

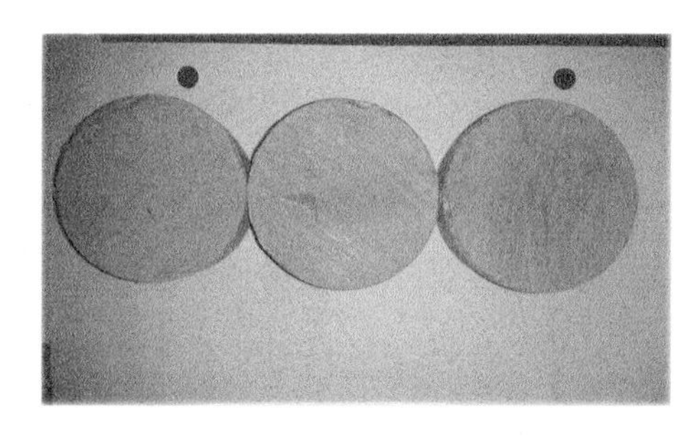

(a) 自由膨胀率试样

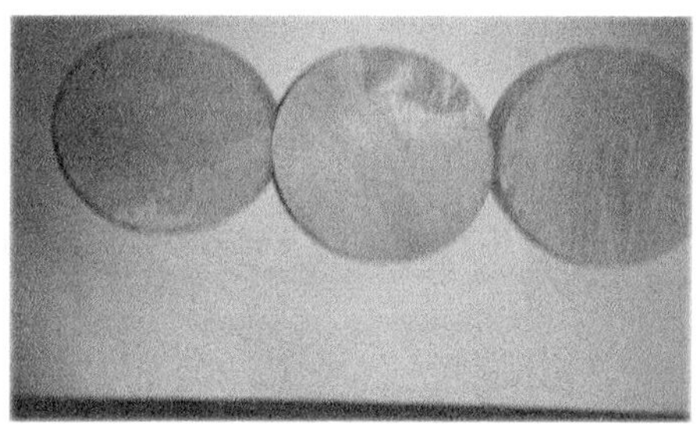

(b) 侧向约束膨胀率试样

(c) 膨胀压力试样

图 3.1 岩石膨胀试件

2. 自由膨胀率试验

自由膨胀率试验的目的是确定岩石不受约束情况下轴向膨胀率和径向膨胀

率。加载方式如图 3.2(a)所示。试验后试件如图 3.2(b)所示。由自由膨胀率试验求岩石自由膨胀率：

$$V_H=\frac{\Delta H}{H}\times 100\%$$
$$V_D=\frac{\Delta D}{D}\times 100\% \tag{3.1}$$

式中，V_H 为岩石轴向自由膨胀率，%；V_D 为岩石径向自由膨胀率，%；ΔD 为试件径向平均变形值，mm；D 为试件直径，mm；ΔH 为试件轴向变形，mm；H 为试件高度，mm。

该试验在 XDP-1 自由膨胀仪上进行，如图 3.2(a)所示。

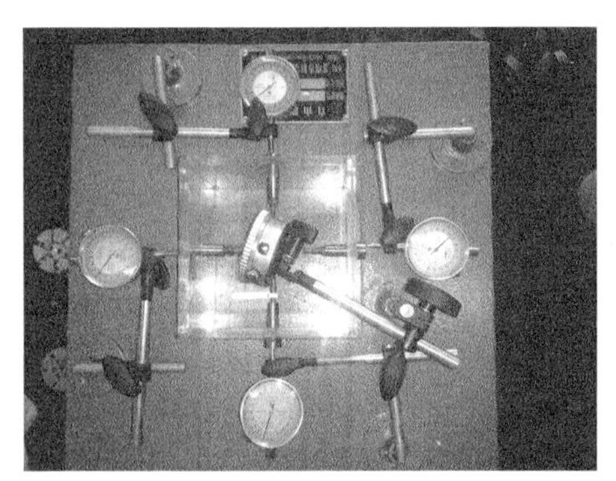

(a) 试验加载情形

(b) 试验后的试件

图 3.2 自由膨胀率试验

自由膨胀率试验结果见表 3.2。

表 3.2 自由膨胀率试验结果

岩芯编号	分组编号	试样编号	径向膨胀率/%	轴向膨胀率/%	径向膨胀率平均值/%	轴向膨胀率平均值/%
ZK8	ZK8-5	ZK8-5-1	0.2464	0.8317	0.3414	0.6765
		ZK8-5-2	0.0082	0.6578		
		ZK8-5-3	0.7695	0.5400		
ZK13	ZK13-1	ZK13-1-1	0.2410	1.1810	1.3630	0.1504
		ZK13-1-2	0.0597	1.5440		
ZK2	ZK2-1	ZK2-1-1	0.2756	2.4360	0.3454	2.1230
		ZK2-1-2	0.4783	3.0990		
		ZK2-1-3	0.2824	0.8328		
ZK3	ZK3-1	ZK3-1-1	1.0010	3.3960	0.7512	2.9240
		ZK3-1-2	0.6312	1.9870		
		ZK3-1-3	0.6213	3.3900		

续表

岩芯编号	分组编号	试样编号	径向膨胀率/%	轴向膨胀率/%	径向膨胀率平均值/%	轴向膨胀率平均值/%
ZK6	ZK6-2	ZK6-2-1	0.2409	1.2380	0.9344	0.1820
		ZK6-2-2	0.0986	0.7220		
		ZK6-2-3	0.2066	0.8432		
ZK6	ZK6-3	ZK6-3-1	0.0553	0.0625	0.0364	0.0257
		ZK6-3-2	0.0503	0.0028		
		ZK6-3-3	0.0035	0.0116		
ZK7	ZK7-1	ZK7-1-1	0.2115	1.5563	0.2293	1.2093
		ZK7-1-2	0.3633	1.1388		
		ZK7-1-3	0.1132	0.9327		
ZK7	ZK7-2	ZK7-2-1	0.2003	0.4018	0.1026	0.3489
		ZK7-2-2	0.0258	0.2918		
		ZK7-2-3	0.0818	0.3530		
ZK10	ZK10-1	ZK10-1-1	0.2995	2.2290	1.5630	0.1853
		ZK10-1-2	0.0331	0.7694		
		ZK10-1-3	0.2233	1.6910		
ZK10	ZK10-2	ZK10-2-1	0.0000	0.2821	0.8490	0.0199
		ZK10-2-2	0.0000	0.2088		
		ZK10-2-3	0.0596	2.0560		
ZK10	ZK10-3	ZK10-3-1	0.0000	0.4886	0.0748	0.5749
		ZK10-3-2	0.1233	0.5349		
		ZK10-3-3	0.1012	0.7012		
ZK10	ZK10-4	ZK10-4-1	0.0000	0.1702	0.0000	0.1864
		ZK10-4-2	0.0000	0.2363		
		ZK10-4-3	0.0000	0.1527		
ZK10	ZK10-5	ZK10-5-1	0.0000	0.3132	0.0000	0.2360
		ZK10-5-2	0.0000	0.2381		
		ZK10-5-3	0.0000	0.1568		
ZK10	ZK10-6	ZK10-6-1	0.0038	0.0687	0.0037	0.2645
		ZK10-6-2	0.0000	0.2546		
		ZK10-6-3	0.0074	0.4702		
ZK10	ZK10-7	ZK10-7-1	0.1295	0.5256	0.0811	0.5649
		ZK10-7-2	0.0000	0.5679		
		ZK10-7-3	0.1139	0.6012		
ZK10	ZK10-8	ZK10-8-1	0.1033	0.1622	0.0719	0.1733
		ZK10-8-2	0.1125	0.2143		
		ZK10-8-3	0.0000	0.1435		

3. 侧向约束膨胀率试验

侧向约束膨胀率试验的目的是确定岩石侧向约束情况下的膨胀率。加载方式如图 3.3(a)所示。加水后试件侧向受圆环约束不产生变形，轴向发生膨胀。试验后试件如图 3.3(b)所示。由侧向约束膨胀率试验求岩石膨胀率的公式为

$$V_{HP}=\frac{\Delta H_1}{H}\times 100\% \tag{3.2}$$

式中，V_{HP}为岩石侧向约束膨胀率，%；ΔH_1 为有侧向约束试件的轴向变形，mm；H 为试件高度，mm。

该试验在 SBD-1 侧向约束膨胀仪上进行，如图 3.3(a)所示。

(a) 试验加载情形

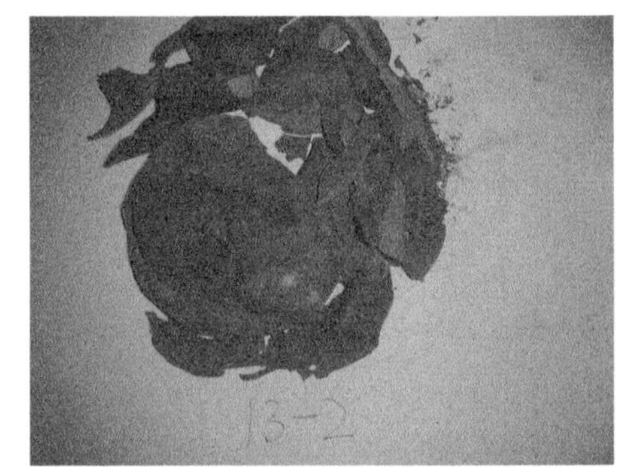

(b) 试验后的试件

图 3.3 侧向约束膨胀率试验

侧向约束膨胀率试验结果见表 3.3。

表 3.3 侧向约束膨胀率试验结果

岩芯编号	分组编号	试样编号	侧向约束膨胀率/%	平均值/%
ZK4XL-2	ZK4-2	ZK4-2-1	0.8500	0.6567
		ZK4-2-2	0.0000	
		ZK4-2-3	1.1200	
ZK4XL-2	ZK4-3	ZK4-3-1	1.1720	0.7563
		ZK4-3-2	1.0970	
		ZK4-3-3	0.0000	
ZK8	ZK8-5	ZK8-5-1	1.0500	0.8333
		ZK8-5-2	0.6500	
		ZK8-5-3	0.8000	
ZK13	ZK13-2	ZK13-2-1	1.8000	1.0830
		ZK13-2-2	0.6500	
		ZK13-2-3	0.8000	

续表

岩芯编号	分组编号	试样编号	侧向约束膨胀率/%	平均值/%
ZK13	ZK13-3	ZK13-3-1	0.7079	0.2931
		ZK13-3-2	0.1232	
		ZK13-3-3	0.0482	
ZK7	ZK7-2	ZK7-2-1	0.6070	0.4579
		ZK7-2-2	0.6091	
		ZK7-2-3	0.1576	
ZKZ9-2	ZK9-2-1	ZK9-2-1-1	0.7820	1.0050
		ZK9-2-1-2	1.6850	
		ZK9-2-1-3	0.5502	
ZK14	ZK14-2	ZK14-2-1	0.9460	1.0400
		ZK14-2-2	2.0350	
		ZK14-2-3	0.1377	
ZK3	ZK3-1	ZK3-1-1	0.5263	0.3888
		ZK3-1-2	0.3170	
		ZK3-1-3	0.3231	
ZK10	ZK10-1	ZK10-1-1	0.7249	0.6041
		ZK10-1-2	0.3820	
		ZK10-1-3	0.7054	
ZK10	ZK10-2	ZK10-2-1	0.9259	0.7768
		ZK10-2-2	0.5915	
		ZK10-2-3	0.8131	
ZK10	ZK10-3	ZK10-3-1	0.5734	0.3133
		ZK10-3-2	0.1298	
		ZK10-3-3	0.2367	
ZK10	ZK10-4	ZK10-4-1	0.2687	0.3370
		ZK10-4-2	0.5336	
		ZK10-4-3	0.2086	
ZK10	ZK10-5	ZK10-5-1	0.0399	0.0418
		ZK10-5-2	0.0000	
		ZK10-5-3	0.0855	
ZK10	ZK10-6	ZK10-6-1	0.1707	0.3264
		ZK10-6-2	0.0728	
		ZK10-6-3	0.7357	
ZK10	ZK10-7	ZK10-7-1	0.4164	0.3689
		ZK10-7-2	0.2775	
		ZK10-7-3	0.4128	

续表

岩芯编号	分组编号	试样编号	侧向约束膨胀率/%	平均值/%
ZK6	ZK6-3	ZK6-3-1	0.3710	0.3997
		ZK6-3-2	0.4926	
		ZK6-3-3	0.3357	

4. 膨胀压力试验

膨胀压力试验的目的是确定岩石的膨胀压力。试件加载方式如图 3.4(a)所示。试件安装完毕后将千分表清零，然后加水，调整千分表保持千分表读数不变，测定试件的膨胀压力，如图 3.4(b)所示。试验后试件如图 3.4(c)所示。由膨胀压力试验求岩石膨胀压力的公式为

$$P_s = \frac{F}{A} \tag{3.3}$$

式中，P_s 为岩石膨胀压力，MPa；F 为轴向荷载，N；A 为试件截面积，mm^2。

该试验在 YRP-2 压力膨胀仪上进行，如图 3.4(a)所示。

(a) 试验加载情形

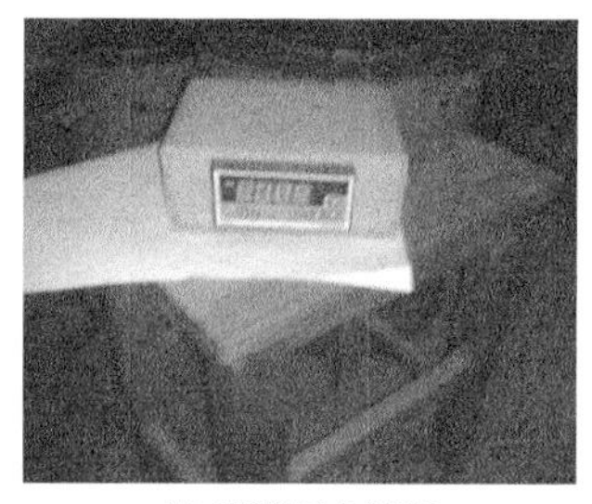

(b) 膨胀压力读数

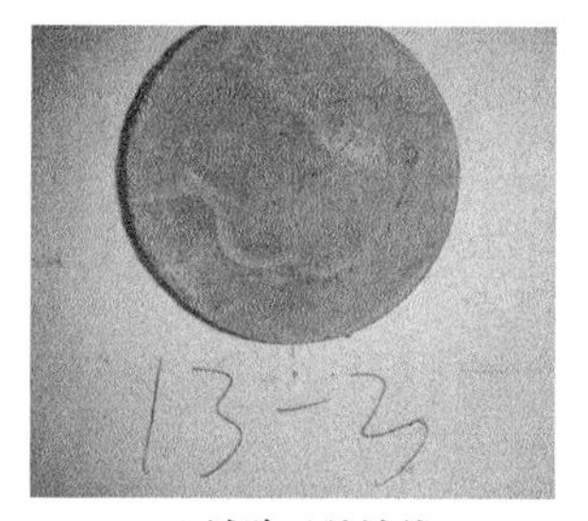

(c) 试验后的试件

图 3.4　压力膨胀试验

膨胀压力试验结果见表 3.4。

表 3.4　膨胀压力试验结果

岩芯编号	分组编号	试样编号	膨胀压力/kPa	平均值/kPa
ZKZ9-1	ZKZ9-1	ZKZ9-1-1-1	43.51	23.91
		ZKZ9-1-1-2	16.22	
		ZKZ9-1-1-3	12.00	
ZK4XL-2	ZK4-1	ZK4-1-1	3.80	7.67
		ZK4-1-2	3.80	
		ZK4-1-3	15.41	
ZK4XL-2	ZK4-2	ZK4-2-1	15.30	29.04
		ZK4-2-2	40.00	
		ZK4-2-3	31.82	

续表

岩芯编号	分组编号	试样编号	膨胀压力/kPa	平均值/kPa
ZK8	ZK8-4	ZK8-4-1	5.00	9.25
		ZK8-4-2	18.40	
		ZK8-4-3	4.34	
ZK8	ZK8-5	ZK8-5-1	5.00	31.71
		ZK8-5-2	45.08	
		ZK8-5-3	45.04	
ZK13	ZK13-2	ZK13-2-1	72.62	37.89
		ZK13-2-2	35.60	
		ZK13-2-3	5.45	
ZK10	ZK10-1	ZK10-1-1	15.30	13.91
		ZK10-1-2	5.64	
		ZK10-1-3	20.80	
ZK10	ZK10-2	ZK10-2-1	117.02	62.20
		ZK10-2-2	57.12	
		ZK10-2-3	12.47	
ZK10	ZK10-3	ZK10-3-1	14.30	14.59
		ZK10-3-2	11.60	
		ZK10-3-3	17.88	
ZK10	ZK10-4	ZK10-4-1	13.10	6.42
		ZK10-4-2	2.65	
		ZK10-4-3	3.50	
ZK10	ZK10-5	ZK10-5-1	3.50	7.68
		ZK10-5-2	15.55	
		ZK10-5-3	4.00	
ZK10	ZK10-6	ZK10-6-1	2.20	5.34
		ZK10-6-2	11.16	
		ZK10-6-3	2.65	
ZK10	ZK10-7	ZK10-7-1	13.10	14.29
		ZK10-7-2	4.44	
		ZK10-7-3	25.34	
ZK14	ZK14-2	ZK14-2-1	38.17	27.48
		ZK14-2-2	14.94	
		ZK14-2-3	28.80	
ZK7	ZK7-1	ZK7-1-1	5.13	27.80
		ZK7-1-2	4.00	
		ZK7-1-3	74.26	

续表

岩芯编号	分组编号	试样编号	膨胀压力/kPa	平均值/kPa
ZK7	ZK7-2	ZK7-2-1-1	13.68	20.00
		ZK7-2-1-2	12.00	
		ZK7-2-1-3	34.30	
ZK7	ZK7-2	ZK7-2-6-1	3.83	4.40
		ZK7-2-6-2	4.95	
		ZK7-2-6-3	4.42	
ZK6	ZK6-2	ZK6-2-6-1	7.13	20.29
		ZK6-2-6-2	14.32	
		ZK6-2-6-3	39.42	

5. 试验结果分析

(1) 岩石径向自由膨胀率为0%～1.94%，轴向自由膨胀率为0.02%～12.73%，径向自由膨胀率变幅较小，轴向自由膨胀率相对变幅较大。岩石侧向约束膨胀率为0.04%～1.88%。

(2) 膨胀压力是膨胀岩土评价的重要指标之一，它是指岩土体的体积受限制情况下吸水后所产生的最大应力。在水利工程中，岩体的侧向膨胀压力直接作用在水工结构物上，对建筑物可能形成破坏作用。研究区灰质泥岩膨胀压力为4.4～62.2kPa，因此在水工结构设计和施工时，应考虑膨胀力因素的影响，确定相应的处理措施，以消除或减弱岩石膨胀对工程的影响。

(3) 研究区中灰质泥岩多具有弱膨胀趋势。泥岩本身具有网状裂隙，遇水膨胀，失水收缩开裂，这使渠坡衬砌等结构易遭到破坏；岩石在附加应力的作用下易产生蠕动和滑坡，影响渠道基础和建筑物底板的稳定。

3.1.3 耐崩解性试验

泥岩崩解现象是其水敏性行为的重要特征之一，在大量的工程实践中发现，泥岩遇水快速崩解给泥岩地区基坑开挖、隧道施工、坡面处理、地基稳定性等造成了诸多困扰。

本节主要对宁夏固原饮水安全水源工程中灰质泥岩的崩解特性进行试验研究。

1. 试件制备

(1) 在现场采取保持天然含水量的试样并密封。

（2）试样制成每块质量为 40～60g 的浑圆状岩块试件，每组试验试件的数量不应少于 10 个。

2. 试验仪器

（1）烘箱及干燥器。

（2）天平。

（3）耐崩解性试验仪。由动力装置、圆柱形筛筒和水槽组成，其中圆柱形筛筒长 100mm、直径 140mm、筛孔直径 2mm。

（4）温度计。

3. 试验步骤

（1）将试件装入耐崩解试验仪的圆柱形筛筒内，在 105～110℃的温度下烘干至恒量后，在干燥器内冷却至室温称量。

（2）将装有试件的圆柱形筛筒放在水槽内，向水槽内注入纯水，使水位在转动轴下约为 20mm。圆柱形筛筒以 20r/min 的转速转动 10min 后，将圆柱形筛筒和残留试件在 105～110℃的温度下烘干至恒量，在干燥器内冷却至室温称量。

（3）重复第(2)项的程序，求得第二次循环后的圆柱形筛筒和残留试件质量。

（4）试验过程中，水温应保持在 20℃±2℃范围内。

（5）称量精确至 0.1g。

4. 试验结果与分析

按下列公式计算岩石耐崩解性指数：

$$I_{d2}=\frac{m_r}{m_s}\times 100\% \tag{3.4}$$

式中，I_{d2} 为岩石(二次循环)耐崩解性指数,%；m_s 为原试件烘干质量，g；m_r 为残留试件烘干质量，g。

试验数据见表 3.5，岩石耐崩解性试验试样样貌如图 3.5～图 3.19 所示。

表 3.5　岩石耐崩解性试验结果

分组编号	原始烘干质量/g	第一循环烘干质量/g	第二循环烘干质量/g	耐崩解性指数/%
ZK7-1	644.91	604.90	584.50	90.63
ZK4-1	549.70	489.52	446.01	81.14
ZK4-3	428.01	413.55	408.90	95.53
ZK8-2	563.14	558.76	556.52	98.82

续表

分组编号	原始烘干质量/g	第一循环烘干质量/g	第二循环烘干质量/g	耐崩解性指数/%
ZK8-3	690.52	687.45	670.42	97.09
ZK8-4	546.09	529.11	520.13	95.25
ZK8-5	856.53	842.95	790.79	92.32
ZK13-1	492.73	487.16	479.00	97.21
ZK13-2	467.88	461.59	453.10	96.84
ZK13-3	491.16	484.98	443.12	90.22
ZK10-1	538.46	501.16	484.70	90.02
ZK10-2	626.10	556.78	498.90	79.68
ZK10-3	416.48	408.70	395.40	94.93
ZK2-1	626.60	534.53	308.10	49.17
ZK6-2	726.50	690.69	578.80	79.67

(a) 第一循环烘干

(b) 第二循环烘干

图 3.5 ZK7-1 岩石耐崩解性试验试样样貌

(a) 第一循环烘干

(b) 第二循环烘干

图 3.6 ZK4-1 岩石耐崩解性试验试样样貌

(a) 第一循环烘干

(b) 第二循环烘干

图 3.7　ZK4-3 岩石耐崩解性试验试样样貌

(a) 第一循环烘干

(b) 第二循环烘干

图 3.8　ZK8-2 岩石耐崩解性试验试样样貌

(a) 第一循环烘干

(b) 第二循环烘干

图 3.9　ZK8-3 岩石耐崩解性试验试样样貌

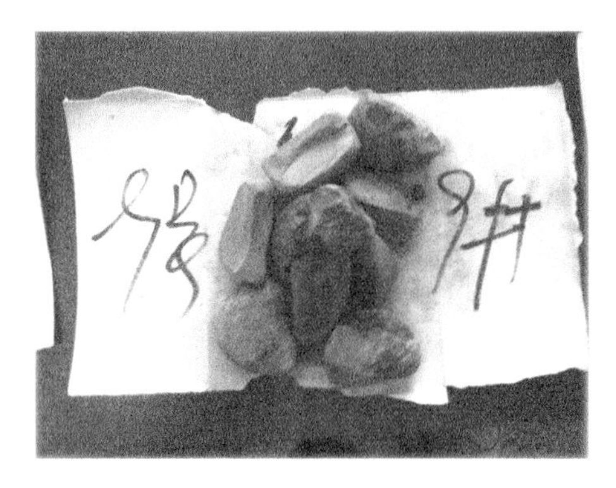

(a) 第一循环烘干

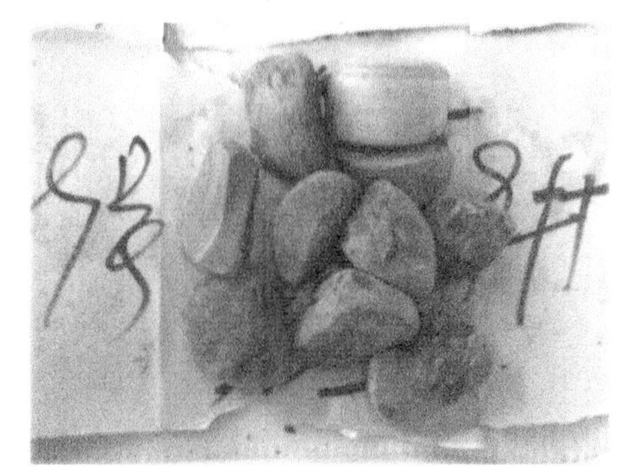

(b) 第二循环烘干

图 3.10　ZK8-4 岩石耐崩解性试验试样样貌

(a) 第一循环烘干

(b) 第二循环烘干

图 3.11　ZK8-5 岩石耐崩解性试验试样样貌

(a) 第一循环烘干

(b) 第二循环烘干

图 3.12　ZK13-1 岩石耐崩解性试验试样样貌

(a) 第一循环烘干

(b) 第二循环烘干

图 3.13　ZK13-2 岩石耐崩解性试验试样样貌

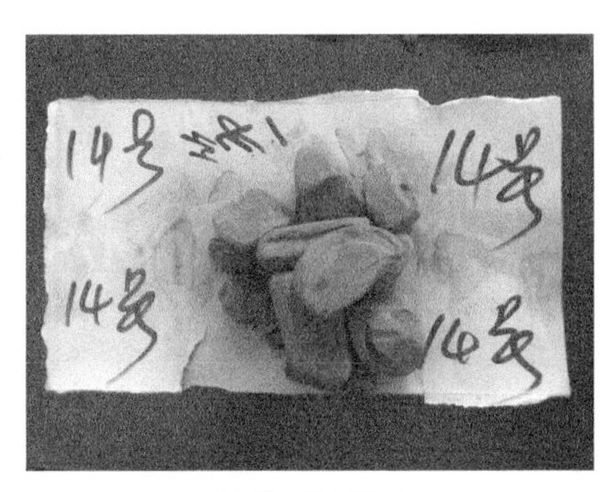

(a) 第一循环烘干

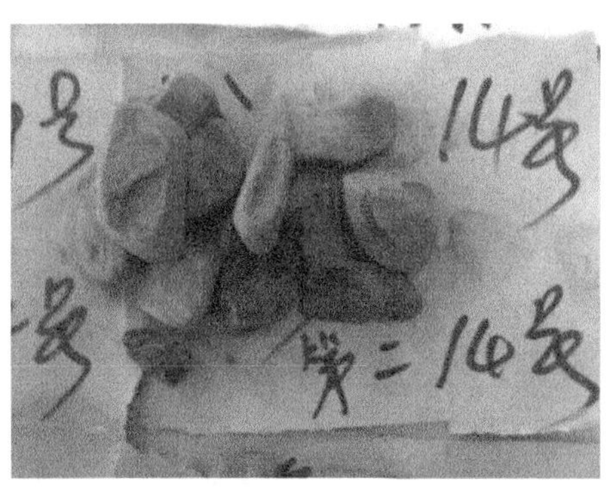

(b) 第二循环烘干

图 3.14　ZK13-3 岩石耐崩解性试验试样样貌

(a) 第一循环烘干

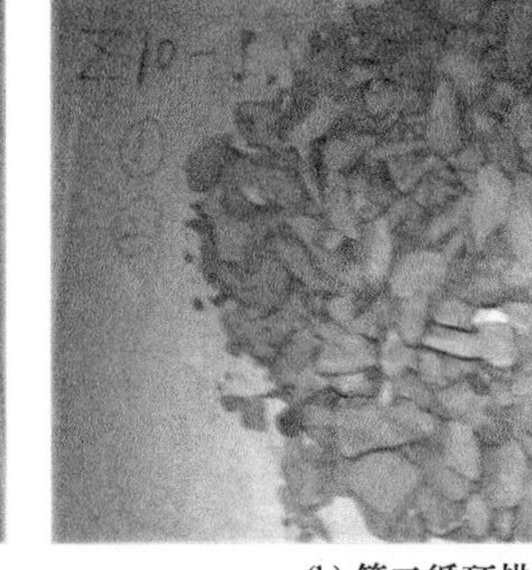

(b) 第二循环烘干

图 3.15　ZK10-1 岩石耐崩解性试验试样样貌

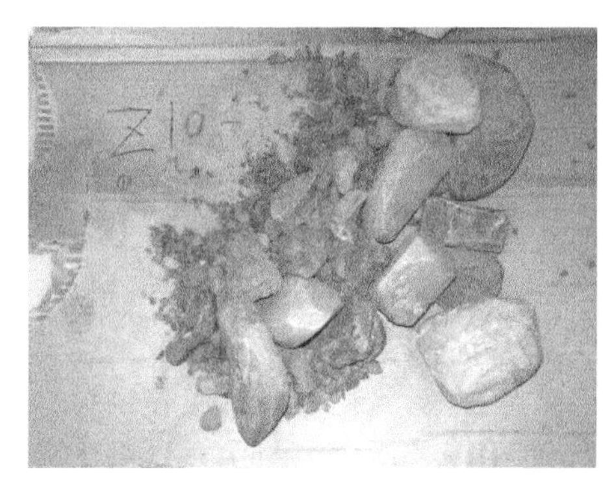

(a) 第一循环烘干

(b) 第二循环烘干

图 3.16　ZK10-2 岩石耐崩解性试验试样样貌

(a) 第一循环烘干

(b) 第二循环烘干

图 3.17　ZK10-3 岩石耐崩解性试验试样样貌

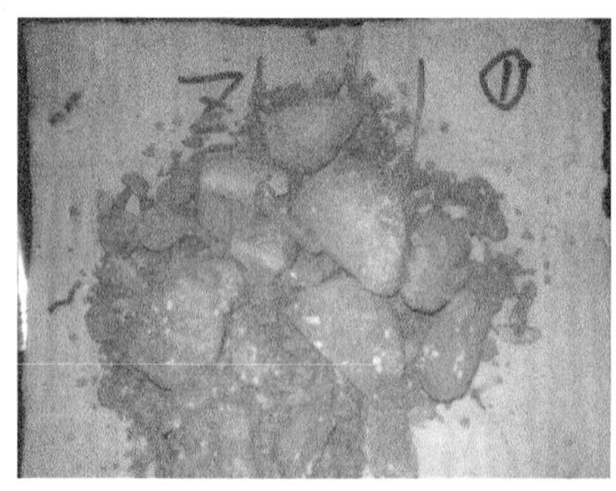

(a) 第一循环烘干

(b) 第二循环烘干

图 3.18　ZK2-1 岩石耐崩解性试验试样样貌

(a) 第一循环烘干

(b) 第二循环烘干

图 3.19　ZK6-2 岩石耐崩解性试验试样样貌

泥岩的崩解性与岩石矿物成分、内部结构、化学成分等有极大的关系。灰质泥岩耐崩解指数大部分大于 90%，但个别组的耐崩解指数较低，如 ZK4-1 的为 81.14%、ZK10-2 的为 79.68%、ZK6-2 的为 79.67%，而 ZK2-1 的低至 49.17%，这些组的岩石遇水崩解比较严重，工程施工设计中应考虑耐崩解指数较低岩石的崩解特性。

3.1.4　单轴压缩试验

单轴压缩试验是测定试样在单轴压缩应力条件下的单轴抗压强度、纵向及横向应变，据此计算试样的弹性模量和泊松比。

1. 试样制备

采用 2S-100 型立式钻石机对岩石进行钻芯取样，钻头直径 50mm，拟制成尺寸为直径 50mm、高度 100mm 的标准圆柱形试样。当采用湿钻法时，由于有水的影响，钻取得到的岩芯已经从中部断裂，无法获取长度为 100mm 的圆柱形试样。当采用干钻法时，由于岩粉的摩擦作用，钻取的试样在钻头内无法取出，无法获取长度为 100mm 的圆柱形试样。采用干钻法一般可以钻取直径为 50mm，高度为 20～30mm 的试样，可作为膨胀性试验试样使用。基于以上情况，同时考虑到试样直径较大，更能反映试样内部微裂隙对岩石宏观力学性质的影响，采用工程岩芯制备岩石试样，即岩石试样直径以原始岩芯直径为准。采用锯石机将试样切割后，在磨石机上采用干磨法，进一步将试样上下端面磨平(图 3.20)，以避免试样遇水开裂，确保试样加工质量。制成的试样长径比为 2∶1，试样的端面不平整度偏差小于 0.05mm，沿试件高度的直径误差小于 0.3mm，端面对试件轴线的垂直度偏差小于±0.25°，满足《工程岩体试验方法标准》(GB/T 50266—2013)规范的要求。

图 3.20　灰质泥岩试样加工

制备成试样后，为减少试样的离散性，尽可能使不同试样物理力学性质保持一致，首先将表观上有缺陷的试样(图 3.21)剔除，将剩余的试样(图 3.22)用于单轴与三轴压缩试验。

图 3.21　表观有缺陷试样

图 3.22　部分岩石试样

岩石浸水易于崩解破坏，因此在试样饱水过程中，将试样用透明胶带缠紧后，在试样侧面的胶带上均匀打出直径 3～5mm 的小孔，如图 3.23(a)所示，然后采用饱和器对试样进行饱和，如图 3.23(b)所示，饱和后的试样用于岩石的单轴与三轴力学试验。

(a)试样表面缠胶带打孔

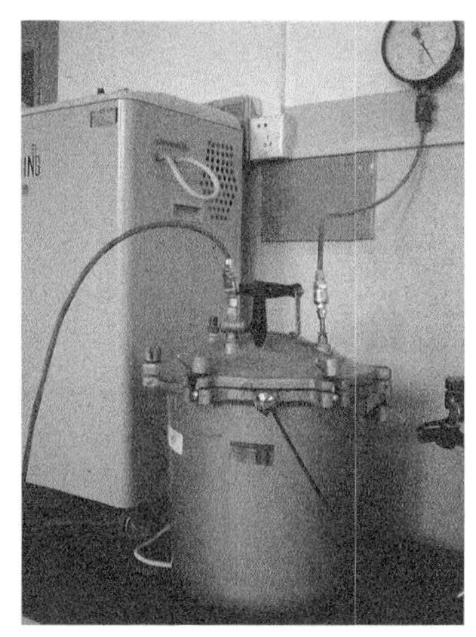

(b)岩石饱和器

图 3.23　岩石试样饱和

2. 试验仪器

（1） YAW6206 微机控制电液伺服压力试验机，如图 3.24 所示。

（2） 惠斯顿通电桥、万用表、兆欧表。

（3） 电阻应变仪。

3. 试验步骤

（1） 选择电阻应变片时，电阻片阻栅长度大于岩石颗粒的 10 倍，并小于试件的半径；同一试件所选定的工作片与补偿片的规格、灵敏系数等相同，电阻相差小于±0.2Ω。

（2） 将电阻应变片牢固地粘贴在试件中部的表面，粘贴时避开裂隙或斑晶。纵向与横向的电阻应变片数量分别为 2 片，其绝缘电阻值大于 200MΩ。

图 3.24　YAW6206 微机控制电液伺服压力试验机

(3) 将试件置于试验机承压板中心，调整球形座，使试件受力均匀。

(4) 以每秒0.5～1.0MPa的速度增加荷载，逐级测读荷载与应变，直至试样破坏。

(5) 记录加荷过程及破坏时出现的现象，并对破坏后的试样进行描述。

4. 试验结果与分析

1)单轴试验规律分析

由试验结果可以看出：

(1) 单轴压缩应力-应变曲线一般可以分为压密阶段、弹性变形阶段、塑性变形、破坏变形4个阶段。在压密阶段，试样中原有张开性结构面或微裂隙逐渐闭合，岩石被压密。在弹性变形阶段，随着加载进行，应力-应变曲线保持线性关系，说明这时试样所受应力不足以产生新的裂纹。在塑性变形阶段，试样中开始产生新的裂纹，当应力继续增加，裂隙开始扩展连接，某些微裂纹发生聚合，导致破裂面的形成。在破坏阶段，试样在应力到达峰值之后均表现出脆性破坏，应力在很短时间内降低到较低水平。

(2) 试样破坏主要表现为单斜面剪切破坏和劈裂破坏两种形式。

2)力学参数求取与分析

岩石单轴抗压强度计算公式如下：

$$R=\frac{P}{A} \tag{3.5}$$

式中，R为岩石单轴抗压强度，MPa；P为试件破坏荷载，N；A为试件截面积，mm^2。

各级应力计算公式如下：

$$\sigma=\frac{P}{A} \tag{3.6}$$

式中，σ为各级应力，MPa；P为与所测各组应变相应的荷载，N；A为试件截面积，mm^2。

岩石平均弹性模量和平均泊松比计算公式如下：

$$E_{av}=\frac{\sigma_b-\sigma_a}{\varepsilon_{lb}-\varepsilon_{la}} \tag{3.7}$$

$$\mu_{av}=\frac{\varepsilon_{db}-\varepsilon_{da}}{\varepsilon_{lb}-\varepsilon_{la}} \tag{3.8}$$

式中，E_{av}为岩石平均弹性模量，MPa；μ_{av}为岩石平均泊松比；σ_a为应力与纵向应变关系曲线上直线段始点的应力，MPa；σ_b为应力与纵向应变关系曲线上直线段终点的应力，MPa；ε_{la}为应力为σ_a时的纵向应变；ε_{lb}为应力为σ_b时的纵向应变；ε_{da}为应力为σ_a时的横向应变；ε_{db}为应力为σ_b时的横向应变。

根据试验结果对数据进行处理，得出灰质泥岩的力学指标见表 3.6。

表 3.6　灰质泥岩单轴压缩试验结果

岩芯编号	分组编号	对应深度/m	天然状态			湿状态		
			抗压强度/MPa	弹性模量/GPa	泊松比	抗压强度/MPa	弹性模量/GPa	泊松比
ZK4XL-2	ZK4-1	30.80～31.00	8.71	4.10	0.33	—	—	—
		31.00～31.30	11.1	3.11	0.20	—	—	—
		31.30～31.55	17.0	5.59	0.18	—	—	—
		平均值	12.3	4.27	0.24	—	—	—
ZK-8	ZK8-5	199.55～199.80	15.7	12.3	0.10	—	—	—
		202.65～202.90	17.4	3.51	0.13	—	—	—
		204.30～204.60	44.1	17.8	0.20	—	—	—
		平均值	25.7	11.2	0.14	—	—	—
ZK10	ZK10-1	233.40～233.70	12.5	2.58	0.12	—	—	—
		234.80～235.00	7.07	3.28	0.23	—	—	—
		235.64～235.88	12.8	9.29	0.18	—	—	—
		平均值	10.8	5.05	0.18	—	—	—
ZK10	ZK10-2	235.88～236.13	17.1	5.86	0.17	—	—	—
		236.40～236.60	16.7	8.51	0.12	—	—	—
		237.00～237.15	8.01	3.79	0.25	—	—	—
		平均值	13.9	6.05	0.18	—	—	—
ZK2	ZK2-1	108.45～108.65	23.5	2.11	0.24	—	—	—
		108.65～108.85	27.3	3.19	0.22	—	—	—
		平均值	25.4	2.65	0.23	—	—	—
ZK2	ZK2-1	111.30～111.50	—	—	—	3.27	1.30	0.24
		111.50～111.80	—	—	—	2.00	0.60	0.27
		115.20～115.40	—	—	—	12.5	3.10	0.23
		平均值	—	—	—	5.92	1.67	0.25
ZK7	ZK7-2	304.50～305.00	14.7	6.54	0.20	—	—	—
		305.00～305.30	32.0	8.00	0.19	—	—	—
		306.80～307.00	10.1	5.02	0.21	—	—	—
		平均值	18.9	6.52	0.20	—	—	—

续表

岩芯编号	分组编号	对应深度/m	天然状态			湿状态		
			抗压强度/MPa	弹性模量/GPa	泊松比	抗压强度/MPa	弹性模量/GPa	泊松比
ZK5	ZK5-1	30.80～30.95	40.5	12.1	0.21	—	—	—
		30.50～30.65	33.9	18.0	0.20	—	—	—
		31.55～31.70	61.3	17.4	0.19	—	—	—
		平均值	45.2	15.8	0.20	—	—	—
ZK3	ZK3-1	61.00～61.40	21.6	7.20	0.22	—	—	—
		61.40～61.60	45.4	18.3	0.20	—	—	—
		61.90～62.20	51.0	17.5	0.21	—	—	—
		平均值	39.3	14.3	0.21	—	—	—
ZK9-2	ZK9-2-1	30.80～31.00	—	—	—	6.69	2.07	0.25
		39.80～40.00	—	—	—	饱和后破坏	—	—
		31.80～32.00	—	—	—	6.87	1.80	0.25
		平均值	—	—	—	6.78	1.94	0.25
ZK9-2	ZK9-2-1	33.20～33.50	30.1	4.80	0.21	—	—	—
		33.50～33.80	29.0	6.10	0.22	—	—	—
		34.00～34.20	29.0	5.20	0.22	—	—	—
		平均值	29.36	5.37	0.22	—	—	—
ZK14	ZK14-2	88.00～88.27	—	—	—	6.00	1.80	0.23
		88.27～88.54	—	—	—	5.52	1.70	0.24
		89.00～89.32	—	—	—	4.10	1.70	0.24
		平均值	—	—	—	5.21	1.73	0.24
ZK14	ZK14-2	98.60～98.80	21.0	5.60	0.23	—	—	—
		98.80～99.00	26.3	7.00	0.21	—	—	—
		99.00～99.20	17.5	5.00	0.23	—	—	—
		平均值	21.6	5.87	0.22	—	—	—

试验结果表明，天然状态下灰质泥石试样的单轴抗压强度为10.8～45.2MPa，弹性模量为2.65～15.8GPa，泊松比为0.14～0.24；湿状态下试样的单轴抗压强度为5.21～6.78MPa，弹性模量为1.73～1.94GPa，泊松比0.24～0.25。试验中的灰质泥岩湿单轴抗压强度(R_c)均小于15MPa，根据《工程岩体分级标准》(GB/T 50218—2014)，灰质泥岩属于软岩。岩石的湿抗压强度较天然状态下急剧降低，在工程设计施工中应给予着重关注。

3.1.5　三轴压缩试验

三轴压缩试验是测定一组岩石试件在不同围压条件下的三向压缩强度，据此计算岩石在三轴压缩条件下的强度参数。

1. 试验仪器

三轴压缩试验是在 TAW-2000 微机控制岩石伺服三轴压力试验机上完成的，如图 3.25 所示。该试验机由华北水利水电学院与长春市朝阳试验仪器有限公司共同联合研制。试验机控制系统采用德国原装进口 DOLI 全数字伺服控制器，控制精度高、保护功能全、可靠性能强。该试验机可以在不同围压下测量岩石的弹性参数；进行全应力-应变试验，获得峰值强度和残余强度；获取在不同水压下岩石(体)的强度变化及渗透特性；在－50～200℃范围内测量温度对岩体力学性质的影响。

图 3.25　TAW-2000 微机控制岩石伺服三轴压力试验机

试验数据采集软件在 Windows 环境下运行，具有友好的人机界面，采用双屏显示，可以同时显示试验力、位移、变形(轴向、径向)、围压、控制方式、加载速率等多种试验和测量参数以及多种试验曲线。

2. 试验方案

试验采用等围压条件下的三轴压缩试验，即常规三轴试验($\sigma_2=\sigma_3$)。每组岩石试样不少于 3 个，进行弹性模量、黏聚力及摩擦角的测量与计算。根据取样点的埋藏深度，岩石试验围压选定在 1～5MPa 之间。为了避免油液渗入试件而影响试验成果，在试件外部套一层热缩管，起到防油的作用。

试验中，先对岩石试样施加围压，围压加载速率为 0.05MPa/s，待围压加至预定值后，再施加轴向压力。采用轴向变形控制，轴向变形加载速率为

0.01mm/min，直至试样破坏，得出试件破坏整个过程的全应力-应变曲线[177]。

试验所用岩石试样尺寸见表 3.7。

表 3.7　试验试样及尺寸

序号	岩芯编号	分组编号	对应深度/m	试样直径/mm	试样高度/mm
1	ZK8	ZK8-1	105.67～105.87	68.51	142.23
			167.40～167.60	67.05	141.48
			165.50～165.70	67.09	139.80
2	ZK7	ZK7-1	108.80～109.00	69.05	135.31
			117.35～117.47	63.10	127.16
			127.20～127.36	66.91	138.36
3	ZK4	ZK4-2	75.40～75.60	71.96	124.96
			75.20～75.40	71.98	125.72
			74.80～75.00	71.89	147.60
4	ZK8	ZK8-3	179.40～179.70	67.43	126.70
			181.52～181.75	67.15	138.80
			182.75～183.00	67.42	142.72
5	ZK8	ZK8-4	195.60～195.80	67.06	155.42
			188.00～188.25	67.23	160.70
			191.80～192.05	67.09	158.99
6	ZK4XL	ZK4-3	81.80～82.00	71.20	166.30
	ZK13	ZK13-3	96.80～97.00	68.89	115.89
			96.10～96.40	68.28	132.83
7	ZK10	ZK10-2	236.66～237.00	67.24	142.19
			235.88～236.13	67.26	152.79
			237.45～237.63	66.22	148.68
8	ZK10	ZK10-3	238.41～238.73	66.57	135.10
			238.73～238.95	66.61	145.70
			239.29～239.63	66.38	141.92
9	ZK7	ZK7-1	286.40～286.62	67.92	148.41
			287.40～287.70	68.23	141.27
			283.40～283.75	68.29	145.45
10	ZK13	ZK13-3	95.80～96.10	66.99	136.21
			95.50～95.80	66.28	141.99
			96.60～96.80	67.83	139.36
11	ZK10	ZK10-3	239.63～239.82	66.40	138.81
		ZK10-2	236.66～237.00	67.24	142.19
			236.13～236.40	67.26	146.62

续表

序号	岩芯编号	分组编号	对应深度/m	试样直径/mm	试样高度/mm
12	ZK10	ZK10-3	238.41～238.73	66.55	145.85
			238.95～239.29	66.48	138.61
			239.29～239.63	66.33	133.66
13	ZK7	ZK7-1	287.40～287.70	68.37	144.46
			288.35～288.56	68.28	140.24
			283.40～283.75	68.37	144.46

3. 试验结果与分析

1)三轴全应力-应变曲线特征分析

从不同围压下灰质泥岩三轴全应力-应变曲线中可以概化出典型灰质泥岩三轴压缩应力-应变全过程曲线(图 3.26)。图中 O 点表示初始点，A 点表示压密点，B 点表示屈服强度，C 点表示峰值强度，D 点表示残余强度。从图中可以看出，泥岩三轴压缩试验应力-应变全过程曲线可以划分为 OA、AB、BC、CD、DE 等 5 段，以 C 点为界可将应力-应变曲线分为峰前与峰后 2 个区域，峰前岩石产生弹性变形，峰后岩石产生塑性变形。

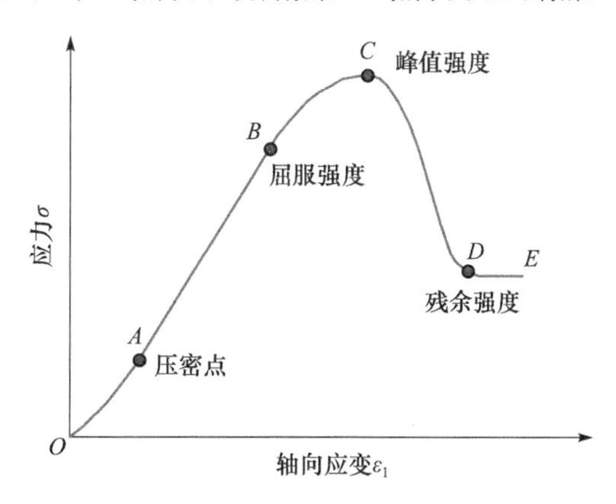

图 3.26　典型灰质泥岩三轴压缩应力-应变全过程曲线

(1) 压密阶段(OA 段)。试样中存在的大部分原生微裂缝或节理面都被压密闭合，试样在轴向作用下被压密，形成早期的非线性变形，应力-应变曲线呈上凹型，曲线斜率随应力增加而逐渐增大。

(2) 弹性变形阶段(AB 段)。此阶段岩石的应力-应变曲线基本为直线。变形随应力呈正比例增加，试样结构无明显变化，该段可以用胡克定律来描述，属于线弹性变形阶段。由于绝大部分原生裂纹在上一阶段已经压缩密实，而此阶段的应力水平虽然会使裂纹面之间产生相对滑动的趋势，但其大小并不足以使裂纹开始扩展，岩石试样可视为线弹性变形体。轴向应变曲线的斜率保持不变，处于均匀的变形状态，是一种平衡状态。

(3) 屈服阶段(BC 段)。此阶段是岩石微裂隙开始产生、扩展、累积的阶段。岩石内部的裂隙开始逐渐扩展并释放能量，这一阶段称为屈服阶段，为非弹性变形。该试样岩石内部的裂隙开始逐渐扩展并释放能量。随着应力的增加，当达到起裂应力后，一些已经被压密闭合的裂纹开始张开乃至扩展，在一些相对较为软弱的颗粒边界之间会出现新的裂纹由体积压缩转为扩容，试样承载力达到最大，以峰值点为界分为破坏前阶段和破坏后阶段。

(4) 应变软化阶段(CD 段)。岩石达到峰值强度后，随着应变的增加，应力不断降低，发生应变软化。当围压较低时，最终形成平行于最大主应力方向的宏观裂纹，即岩样发生劈裂破坏；当围压较高时，最终形成的宏观裂纹与最大主应力成一定角度的交角。轴向应力使试样形成破裂面，导致试样强度降低，应变增长。这种强度随应变增长而逐渐降低的破坏形式称为渐进式破坏。

(5) 塑性流动阶段(DE 段)。应力在这一阶段基本不变，而应变随时间不断增加，随着岩石塑性变形的不断增长，岩石的强度最终不再降低，试样已经完全破坏，达到破碎、松动的残余强度，可以将该阶段看作理想的塑性阶段。

2)围压对三轴全应力-应变曲线变化特征的影响分析

围压对灰质泥岩的力学特性影响比较明显，随着围压的升高，岩石的塑性特征逐渐明显，峰值强度和弹性模量都有相应的提高，应力峰值附近的塑性变形也增大。围压可以限制岩石的裂隙产生和扩展，提高了灰质泥岩的强度和延性变形能力。

3)力学参数求取与分析

根据每组试样的极限轴向应力 σ_1 与围压 σ_3，在 $\sigma_1-\sigma_3$ 坐标中利用最小二乘法可以绘出 σ_1 和 σ_3 的最佳关系曲线。采用下列公式计算抗剪断强度指标 c 和 φ：

$$c=\frac{\sigma_k(1-\sin\varphi)}{2\cos\varphi},\quad \varphi=\arcsin\frac{m-1}{m+1} \tag{3.9}$$

式中，c 为岩石的黏聚力，MPa；φ 为岩石的内摩擦角，(°)；σ_k 为最佳关系曲线纵坐标的应力截距，MPa；m 为最佳关系曲线的斜率。

灰质泥岩三轴压缩试验结果如表 3.8 所示。

表 3.8 灰质泥岩三轴压缩试验结果

序号	岩芯编号	分组编号	对应深度/m	围压 σ_3 /MPa	峰值强度 $(\sigma_1-\sigma_3)$/MPa	弹性模量/GPa	天然状态		湿状态	
							c/MPa	φ/(°)	c/MPa	φ/(°)
1	ZK8	ZK8-1	105.67～105.87	1	14.8	7.772	1.88	41.5	—	—
			167.40～167.60	3	17.8	11.233				
			165.50～165.70	5	30.2	15.223				
2	ZK7	ZK7-1	108.80～109.00	1	14.9	3.091	2.19	40.3	—	—
			117.35～117.47	3	18.6	4.898				
			127.20～127.36	5	29.3	12.616				

续表

序号	岩芯编号	分组编号	对应深度/m	围压 σ_3/MPa	峰值强度 $(\sigma_1-\sigma_3)$/MPa	弹性模量/GPa	天然状态		湿状态	
							c/MPa	φ/(°)	c/MPa	φ/(°)
			75.40～75.60	1	17.1	8.745				
3	ZK4	ZK4-2	75.20～75.40	3	27.2	13.178	2.98	42.3	—	—
			74.80～75.00	5	33.6	15.778				
			179.40～179.70	1	23.1	13.748				
4	ZK8	ZK8-3	181.52～181.75	3	32.9	15.598	4.19	42.8	—	—
			182.75～183.00	5	40.1	27.898				
			195.60～195.80	1	16.7	8.712				
5	ZK8	ZK8-4	188.00～188.25	3	32.9	13.597	2.84	44.3	—	—
			191.80～192.05	5	37.0	17.897				
	ZK4XL	ZK4-3	81.80～82.00	1	13.4	8.131				
6	ZK13	ZK13-3	96.80～97.00	3	20.9	9.390	2.08	41.6	—	—
			96.10～96.40	5	29.2	12.367				
			95.80～96.10	1	2.6	1.267				
7	ZK13	ZK13-4	95.50～95.80	3	3.0	1.679	—	—	0.94	8.2
			96.60～96.80	5	3.9	2.912				
			236.66～237.00	1	27.8	6.617				
8	ZK10	ZK10-2	235.88～236.13	3	38.1	14.722	4.97	44.2	—	—
			237.45～237.63	5	46.2	27.764				
		ZK10-3	239.63～239.82	1	4.2	3.994				
9	ZK10	ZK10-2	236.66～237.00	3	7.1	7.786	—	—	0.82	25.7
			236.13～236.40	5	10.3	10.256				
			238.41～238.73	1	28.2	9.986				
10	ZK10	ZK10-3	238.73～238.95	3	37.4	11.577	4.89	44.6	—	—
			239.29～239.63	5	47.1	15.986				
			238.41～238.73	1	5.2	2.620				
11	ZK10	ZK10-3	238.95～239.29	3	8.8	4.119	—	—	1.06	27.5
			239.29～239.63	5	12.1	6.286				
			286.40～286.62	1	29.3	13.530				
12	ZK7	ZK7-1	287.40～287.70	3	38.3	20.730	5.01	45.0	—	—
			283.40～283.75	5	48.6	23.060				
			287.40～287.70	1	6.4	8.940				
13	ZK7	ZK7-1	288.35～288.56	3	12.8	19.870	—	—	1.19	33.3
			283.40～283.75	5	16.2	21.710				

注：序号为 6 和 7 的试样遇水开裂。

试验结果表明，天然状态下岩石抗剪强度参数 c 为 1.88～5.01MPa、φ 为

40.3°～45.0°，湿状态下岩石抗剪强度参数 c 为 0.817～1.19MPa、φ 为 8.2°～33.3°。灰质泥岩各组试样的峰值强度和弹性模量均随围压的增加而增大。随埋藏深度的增加，试样的抗剪强度呈增大趋势，埋藏深度＞200m 的岩石抗剪强度普遍高于埋藏深度＜100m 岩石的抗剪强度。天然状态下试样的抗剪强度较大，而湿状态下试样强度较低，尤其是分组编号 ZK13-3 的灰质泥岩试样遇水开裂，抗剪强度较天然状态下急剧降低，在工程设计施工中应给予着重关注。

3.2　ZK1-1 砂质泥岩物理力学性质试验研究

ZK1-1 砂质泥岩呈棕红色，如图 3.27 所示，来自第三系形成的岩层。为了解 ZK1-1 砂质泥岩的物理力学性质，依据《土工试验方法标准》(GB/T 50123—2019)[178]对 ZK1-1 砂质泥岩试样进行物理力学性质试验研究。

图 3.27　ZK1-1 砂质泥岩试样

1. 物理性质试验

1)密度

ZK1-1 砂质泥岩试样的密度试验采用环刀法，取试样 3 个，试验得出试样的密度见表 3.9。

表 3.9　ZK1-1 砂质泥岩试样密度

试样编号	天然密度/(g/cm³)	饱和密度/(g/cm³)
1	2.08	2.14
2	2.06	2.11
3	2.04	2.09
平均值	2.06	2.11

2)比重

采用比重瓶法测定ZK1-1试样的比重，共取样2个，测得试样的平均比重为2.66。

3)含水率

含水率试验共取样3个，采用烘干法进行试验。计算得出ZK1-1试样天然含水率平均值为11.6%。

4)吸水率与饱和吸水率

采用自由浸水法测定岩石吸水率，采用真空抽气法测定岩石饱和吸水率，每组试验试件数量为3个，测得试样的平均吸水率为14.3%，平均饱和吸水率为17.9%。

2. 颗粒分析试验

颗粒大小分析试验，是用以明确颗粒大小分布情况，试验采用筛分法，试验结果见表3.10。

表3.10　ZK1-1试样颗粒分析试验结果

粒径/mm	>2.0	0.5～2.0	0.25～0.5	0.075～0.25	0.005～0.075
土粒含量/%	1.0	9.3	18.3	61.5	9.9

颗粒分析试验结果表明，ZK1-1可定名为细砂岩。

3. 膨胀性试验

采用干钻法制样，共取试样3组，每组试样的数量为3个，分别进行自由膨胀率试验和侧向约束膨胀率试验，试验所用试样尺寸和试验方法与3.1节灰质泥岩的膨胀性试验相同，自由膨胀率试验结果见表3.11，侧向约束膨胀率试验结果见表3.12。

表3.11　ZK1-1试样自由膨胀率试验结果

分组编号	试样编号	径向膨胀率/%	轴向膨胀率/%	径向膨胀率平均值/%	轴向膨胀率平均值/%
ZK1-1	ZK1-1-1	3.656	2.549	1.365	1.456
	ZK1-1-2	0.3977	0.8578		
	ZK1-1-3	0.3152	0.6875		

表3.12　ZK1-1试样侧向约束膨胀率试验结果

分组编号	试样编号	膨胀率/%	膨胀率平均值/%
ZK1-1	ZK1-1-1	3.603	1.877
	ZK1-1-2	0.150	

依据试验结果，得出试样径向自由膨胀率 1.37%，轴向自由膨胀率 1.46%，侧向约束膨胀率 1.88%。试样的自由膨胀率和侧向约束膨胀率不大，依据 X 射线衍射试验结果，ZK1-1 岩芯黏土矿物的含量相对较低，因此，试样的膨胀性较小。

4. 耐崩解性试验

采用耐崩解性试验仪对 ZK1-1 试样进行耐崩解性试验，进行两次循环后，由于岩石成岩时间短，颗粒间胶结弱，试样完全破碎松散，测得岩石的耐崩解指数为 0。

5. 无侧限抗压试验

采用土制样器制样，采用无侧限抗压仪对试样进行单轴压缩试验，在试样顶部施加轴向力，使试样受剪，直至试验破坏，在试验过程中同时测量试样的轴向压缩量。试样制作如图 3.28 所示，试验过程如图 3.29 所示。依据试验结果得出，天然状态试样的抗压强度 σ_f 为 257kPa，弹性模量 E_t 为 15.3MPa；湿状态试样的抗压强度 σ_f 为 61kPa，弹性模量 E_t 为 2.7MPa。

图 3.28　ZK1-1 砂质泥岩试样制作

6. 快剪试验

为了测定 ZK1-1 试样的抗剪强度指标 c 和 φ，采用 SDJ-1 型等应变直剪仪对天然状态和湿状态的试样进行快剪试验，试验仪器见图 3.30。每种含水状态下取试样 3 个，分别施加 100kPa、200kPa、300kPa 的垂直压力，测得试样破坏时的剪应力，然后根据莫尔-库仑定律确定 ZK1-1 试样的抗剪强度参数，计算得出

图 3.29　ZK1-1 砂质泥岩试样无侧限抗压试验

天然状态试样抗剪强度参数为黏聚力 c122kPa、内摩擦角 φ44.5°，湿状态试样抗剪强度参数为黏聚力 c26kPa、内摩擦角 φ35.1°。

图 3.30　SDJ-1 型等应变直剪仪

7. 试验结果分析

ZK1-1 砂质泥岩黏土矿物含量相对较低，膨胀性较弱，由于成岩时间短，岩石颗粒间泥质胶结力弱，遇水完全崩解。岩石力学性质较差，天然状态下无侧限抗压强度 257KPa、黏聚力 c122kPa、内摩擦角 φ44.5°，湿状态下无侧限抗压强度 61kPa、黏聚力 c26kPa、内摩擦角 φ35.1°，岩石遇水后力学参数降低较大，对工程的稳定性有较大的影响。

3.3　ZK1-2 长石砂岩物理力学性质试验研究

ZK1-2 长石砂岩呈棕红色，如图 3.31 所示，来自第三系形成的岩层。为了解 ZK1-2 长石砂岩的物理力学性质，对 ZK1-2 长石砂岩试样进行物理力学性质试验研究。

1. 物理性质试验

1)密度

ZK1-2 试样的密度试验采用量积法，取试样 3 个，试验得出试样的密度为

2.18g/cm^3。

图 3.31　ZK1-2 长石砂岩试样

2)比重

采用比重瓶法测定 ZK1-2 试样的比重，共取样 2 个，测得试样的平均比重为 2.67。

3)含水率

含水率试验共取样 3 个，采用烘干法进行试验。计算得出 ZK1-2 试样天然含水率平均值为 5.41%。

4)吸水率与饱和吸水率

采用自由浸水法测定岩石吸水率，采用真空抽气法测定岩石饱和吸水率，每组试验试件数量为 3 个，测得试样的平均吸水率为 11.81%，平均饱和吸水率为 13.97%。

2. 耐崩解性试验

采用耐崩解性试验仪对 ZK1-2 试样进行耐崩解性试验，两次循环后，由于岩石成岩时间短，颗粒间胶结弱，试样已完全破碎松散，测得岩石耐崩解指数为 0。

3. 无侧限抗压试验

采用无侧限抗压仪对试样进行单轴压缩试验，在试样顶部施加轴向力，使试样受剪，直至试样破坏，在试验过程中同时测量试样的轴向压缩量。试样制作如图 3.32 所示，试验过程如图 3.33 所示。由于试样数量限制，仅进行了泡水试样的无侧限抗压试验。试样的湿状态无侧限试验结果见表 3.13。

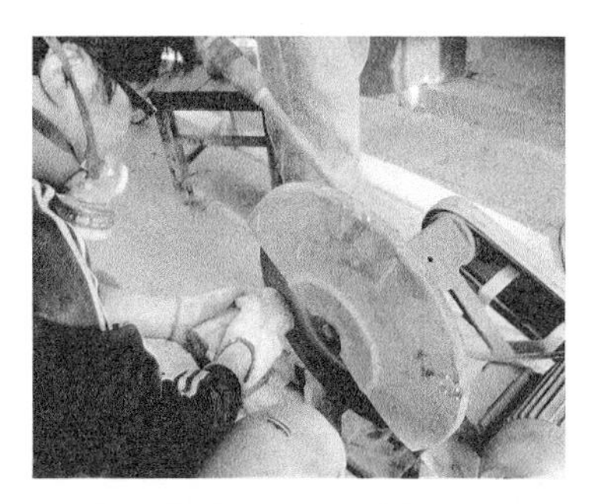

图 3.32　ZK1-2 长石砂岩试样制作

图 3.33　ZK1-2 长石砂岩试样无侧限抗压试验

表 3.13 湿状态 ZK1-2 试样无侧限抗压试验结果

对应深度/m	抗压强度 σ_f/kPa	弹性模量 E_t/MPa
103.18～103.34	128	10.6
103.34～103.53	160	13.2
103.53～103.70	142	11.6
平均值	143	11.8

4. 三轴压缩试验

为了测定 ZK1-2 试样的抗剪强度指标 c 和 φ，采用 TAW-2000 微机控制岩石伺服三轴压力试验机对湿状态的试样进行三轴压缩试验，围压设置为三种状态，分别施加 1MPa、3MPa、5MPa 的压力，测得试样破坏时的轴向偏应力，然后根据莫尔-库仑定律确定 ZK1-2 试样的抗剪强度参数。三轴压缩试验程序：将试样两端加上压头然后用密封套密封，安装应变传感器，放入压力室；先向试样施加围压达到预设定值，在保持围压不变的条件下向试样施加轴向压力直至试样破坏，在试验过程中记录试样的荷载和应变。三轴压缩试验后试样如图 3.34 所示。依据莫尔-库仑定律，计算得出湿试样抗剪强度参数(表 3.14)。

图 3.34 三轴压缩试验后试样破坏形态

表 3.14 湿状态 ZK1-2 试样三轴压缩试验结果

对应深度/m	围压 σ_3/MPa	峰值强度 $(\sigma_1-\sigma_3)$/MPa	弹性模量 /GPa	c/kPa	φ/(°)
103.54～103.71	1	0.874	0.0378		
103.96～104.21	3	2.176	0.0647	53	15.0
104.21～104.41	5	3.678	0.11		

5. 试验结果分析

ZK1-2 岩长石砂岩由于成岩时间短，岩石颗粒间泥质胶结力弱，试样遇水完全崩解。湿状态下岩石无侧限抗压强度为 143kPa、黏聚力 c 为 53kPa、内摩擦角 φ 为 15.0°，岩石的力学性质较差，对工程的稳定性有不利的影响。

3.4　ZK1-3 灰质泥岩物理力学性质试验研究

为了解 ZK1-3 灰质泥岩的物理力学性质，对 ZK1-3 试样进行物理力学性质试验研究。对试样进行编号，见表 3.15。

表 3.15　ZK1-3 试样编号

岩芯编号	分组编号	对应深度/m	试样编号	试样颜色
ZK1	ZK1-3	120.2～120.5	17-1	黄灰色
		120.5～120.7	17-2	
		130.7～130.9	17-3	暗红色
		130.9～131.2	17-4	
		140.3～140.5	17-5	
		140.5～140.7	17-6	
		140.7～141.0	17-7	深灰色
		141.0～141.3	17-8	暗红色

制作试样过程中发现，试样间性质差别较大，其中编号为 17-7 的试样呈深灰色，强度较高，并且仅此一块，如图 3.35 所示，由于试样数量限制，暂未对该试样进行相关试验。编号为 17-3～17-6、17-8 的试样呈暗红色，如图 3.36 所示，其他试样呈黄灰色，如图 3.37 所示。因此，将试样分成两组，分别为黄灰色灰质泥岩和暗红色灰质泥岩。

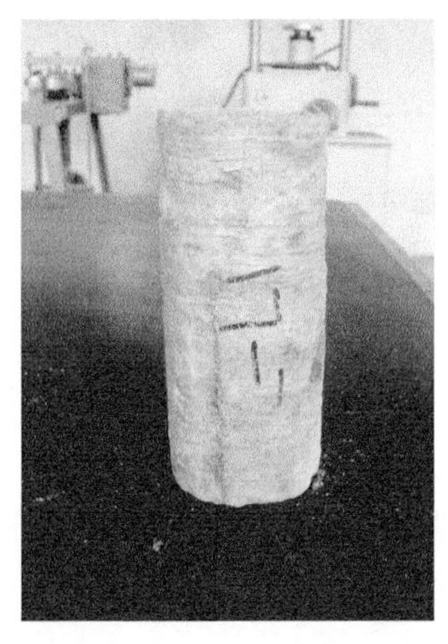

图 3.35　深灰色灰质泥岩试样

图 3.36　暗红色灰质泥岩试样

图 3.37　黄灰色灰质泥岩试样

1. 物理性质试验

1)密度

黄灰色灰质泥岩试样和暗红色灰质泥岩试样的密度试验采用环刀法，取 3 个试样，试验得出试样的密度见表 3.16、表 3.17。

表 3.16　黄灰色灰质泥岩试样密度

试样编号	天然密度/(g/cm^3)	饱和密度/(g/cm^3)
1	2.21	2.25
2	2.16	2.20
3	2.20	2.24
平均值	2.19	2.23

表 3.17　暗红色灰质泥岩试样密度

试样编号	天然密度/(g/cm^3)	饱和密度/(g/cm^3)
1	2.34	2.37
2	2.31	2.35
3	2.31	2.30
平均值	2.32	2.34

2)比重

采用比重瓶法测定黄灰色灰质泥岩和暗红色灰质泥岩试样的比重，每种岩石取样 2 个，测得黄灰色灰质泥岩试样的平均比重为 2.75，暗红色灰质泥岩试样的平均比重为 2.74。

3)含水率

对黄灰色灰质泥岩和暗红色灰质泥岩进行含水率试验，每种岩石取样 3 个，采用烘干法进行试验。计算得出黄灰色灰质泥岩含水率平均值为 13.81%，暗红色灰质泥岩含水率平均值为 10.84%。

4)吸水率与饱和吸水率

采用自由浸水法测定岩石吸水率，采用真空抽气法测定岩石饱和吸水率，每组试验试件数量为 3 个，测得黄灰色灰质泥岩试样的平均吸水率为 28.22%，平均饱和吸水率为 35.26%，测得暗红色灰质泥岩试样的平均吸水率为 22.52%，平均饱和吸水率为 27.76%。

2. 膨胀性试验

采用干钻法制样，对黄灰色灰质泥岩进行自由膨胀率试验，试样的数量为 3 个，试验所用试样尺寸与试验方法与 3.1 节灰质泥岩的膨胀性试验相同，自由膨胀率试验结果见表 3.18。

表 3.18　黄灰色灰质泥岩试样自由膨胀率试验结果

分组编号	试样编号	径向膨胀率/%	轴向膨胀率/%	径向膨胀率平均值/%	轴向膨胀率平均值/%
ZK1-3	ZK1-3-1	3.852	16.05	1.937	12.73
	ZK1-3-2	0.6386	10.23		
	ZK1-3-3	1.32	11.91		

试验结果表明，黄灰色灰质泥岩径向自由膨胀率较小、轴向自由膨胀率较大，工程中应对岩石这一特性予以关注。

3. 耐崩解性试验

采用耐崩解性试验仪对黄灰色灰质泥岩进行耐崩解性试验，进行两次循环后，测得岩石的耐崩解指数为 54.46%，见表 3.19。岩石遇水崩解强烈，如图 3.38 所示。

4. 无侧限抗压试验

采用土制样器制样，采用无侧限抗压仪对黄灰色灰质泥岩和暗红色灰质泥岩试样进行单轴压缩试验，在试样顶部施加轴向力，使试样受剪，直至试样破坏，在试验过程中同时测量试样的轴向压缩量。依据试验结果，得出黄灰色灰质泥岩试样天然状态的轴向抗压强度 σ_f 为 5.30MPa、弹性模量 E_t 为 1.12GPa，湿状态的轴向抗压强度 σ_f 为 0.93MPa、弹性模量 E_t 为 2.6MPa。得出暗红色灰质泥岩试样天然状态的轴向抗压强度 σ_f 为 2.6MPa、弹性模量 E_t 为 20.2MPa，湿状态的轴向抗压强度 σ_f 为 35kPa、弹性模量 E_t 为 0.8MPa。

表 3.19　黄灰色灰质泥岩试样耐崩解性试验结果

分组编号	原始烘干质量/g	第一循环烘干质量/g	第二循环烘干质量/g	耐崩解指数/%
ZK1-3	357.60	259.11	194.78	54.46

(a) 第一循环烘干

(b) 第二循环烘干

图 3.38　岩石耐崩解性试验

5. 快剪试验

为了测定黄灰色灰质泥岩和暗红色灰质泥岩的抗剪强度指标 c 和 φ，采用 SDJ-1 型等应变直剪仪对天然状态和湿状态的两种试样进行快剪试验，每种含水状态下取试样 3 个，分别施加 100kPa、200kPa、300kPa 的垂直压力，测得试样破坏时的剪应力，然后根据莫尔-库仑定律确定黄灰色泥岩和暗红色泥岩的抗剪强度参数。计算得出黄灰色灰质泥岩试样天然状态下黏聚力 c 为 1.54MPa、内摩擦角 φ 为 34.8°，湿状态下黏聚力 c 为 125kPa、内摩擦角 φ 为 6.3°。计算得出暗红色灰质泥岩试样天然状态下黏聚力 c 为 129kPa、内摩擦角 φ 为 23.1°，湿状态下黏聚力 c 为 16kPa、内摩擦角 φ 为 3.0°。

6. 试验结果分析

ZK1-1 岩芯中暗红色灰质泥岩天然状态下无侧限抗压强度为 2600kPa、黏聚力 c 为 129kPa、内摩擦角 φ 为 23.1°，湿状态下无侧限抗压强度为 35kPa、黏聚力 c 为 16kPa、内摩擦角 φ 为 3.0°，岩石力学性质差，属于软弱夹层，对工程稳定性将有较大的影响。黄灰色灰质泥岩力学参数相对较高，天然状态下无侧限抗压强度为 5300kPa、黏聚力 c 为 1540kPa、内摩擦角 φ 为 34.8°，湿状态下无侧限抗压强度为 930kPa、黏聚力 c 为 125kPa、内摩擦角 φ 为 6.3°。试验过程中发现黄灰色灰质泥岩层理面胶结弱，岩石易沿层理面发生滑动，如图 3.39 所示。因此，工程建设中应对黄灰色灰质泥岩这一特性给予重点关注。

图 3.39　黄灰色泥岩层理面

第 4 章　软岩本构关系研究

研究岩石本构关系的方法主要有两类：唯象学法和细观力学机理法。前者是从宏观出发，侧重于描述所获得的结果的特征，忽略引起结果的细观机理；后者从细观的角度出发，考虑初始状态下岩石存在的微小缺陷，并把由缺陷引起的影响也考虑到本构理论中。

唯象本构关系的建立，首先宏观上假设岩石材料为连续介质，运用宏观上的变量描述岩石材料的特性，具体方法可分为三类：①经验公式法，即通过大量的室内外试验，利用试验条件的改变近似模拟岩石材料实际受力状况，运用数学方法对获得的数据进行拟合，建立岩石材料的经验本构关系；②力学原理法，利用连续介质力学的基本原理，建立某种理想化材料的本构模型，结合弹塑性力学、流变力学的理论对模型进行改进，建立岩石材料的理论本构关系模型；③综合法，将经验公式法结合力学原理，以大量各种应力路径下的试验结果为基础，以力学基本原理为依据，建立岩石材料的本构关系。

细观力学机理的研究方法，从岩石材料的细观结构角度出发，假设岩石类材料为一种松散刚性或弹性的介质颗粒，原始状态下的材料内存在一定的缺陷，如岩石内部存在的大量微裂隙、节理、结构面等，通过研究岩石类材料的细观结构特性，考虑材料存在缺陷对本构关系的影响，应用力学的基本原理，如塑性力学、损伤力学等基本原理，结合概率统计学的理论，引入平均应力、平均应变及其应力增量、应变增量，建立岩石类介质颗粒集合体本构关系模型。其特点是充分考虑岩石类材料的细观结构物理量及其变化对宏观力学响应的影响，它更符合颗粒状岩石类材料的实际情况[179-181]。

本章在经典本构关系的基础上，以典型软岩——灰质泥岩为例，分析岩石应力-应变曲线，对四段式线性本构关系进行改进，提出均匀化弹性—双线性弹性—线性软化—残余理想塑性五段式线性本构关系；同时，吸取邓肯模型的优势，提出弹性抛物线—线弹性—邓肯双曲线—塑性软化—残余理想塑性五段式非线性本构关系。

4.1　岩石材料弹性理论本构关系研究

材料弹性本构关系的提出是基于以下两个假设：

(1) 材料的特性是与时间无关的。因此，特性中不包括蠕变和松弛，即材料的本构方程中不直接出现时间变量。

(2) 忽略力学和热力学的相互作用。因此，不考虑温度对本构方程的影响。

在弹性理论基础上，按照广义胡克定律进行推广，按推广中采用的基本假设的不同，又可分为线弹性本构关系、超弹性本构关系与亚弹性本构关系[182]。

4.1.1 线弹性本构关系

线弹性本构关系的一般表达式为

$$\sigma_{ij}=F_{ij}(\varepsilon_{kl}),\quad \varepsilon_{ij}=F'_{ij}(\sigma_{kl}) \tag{4.1}$$

式(4.1)表明应力-应变的函数关系，其特点为：①应力 σ_{ij} 和应变 ε_{ij} 是可逆的并且与应力路径或应变路径无关；②应变能密度函数 W 和余能密度函数 Ω 的可逆性与路径无关，一般不能总有保证，即因模型对某些加载-卸载应力路径可能产生能量，故可能违反热力学定律；③材料的割线刚度矩阵和柔度矩阵都是对称的；④通常，当应力唯一由应变决定或应变唯一由应力决定时，反过来却不一定成立，因为要满足热力学定律和应力、应变的唯一性，必须添加附加条件；⑤最普遍使用的模型是通过简单地修改基于割线模量的各向同性线弹性应力-应变关系而得来的。模型中的参数与所观察的材料应力-应变特性常常有很确定的物理关系，且很容易由试验数据确定。

Murray 在 1979 年运用八面体理论提出了线弹性本构关系，其中的弹性常数参数，如 E、ν 或者 K、G，可以修改成取决于当前应力(或应变)状态的割线模量 E_s、ν_s 或者 K_s、G_s，写成如下关系：

$$\begin{cases}\sigma_{kk}=3K_s\varepsilon_{kk}\\ s_{ij}=2G_se_{ij}\end{cases} \tag{4.2}$$

式中，$K_s=K_s(\varepsilon_{kk})$，为线弹性关系中的割线体积变形模量；$G_s=G_s(e_{kk})$，为线弹性关系中的割线剪切变形模量。

将式(4.2)分别与对应应变微分可得

$$\begin{cases}\sigma_{kk}=3\left(K_s+\varepsilon_{kk}\dfrac{\mathrm{d}K_s}{\mathrm{d}\varepsilon_{kk}}\right)\varepsilon_{kk}\\ s_{ij}=2\left(G_s+e_{ij}\dfrac{\mathrm{d}G_s}{\mathrm{d}e_{ij}}\right)e_{ij}\end{cases} \tag{4.3}$$

则有

$$\begin{cases}K_t=K_s+\varepsilon_{kk}\dfrac{\mathrm{d}K_s}{\mathrm{d}\varepsilon_{kk}}\\ G_t=G_s+e_{ij}\dfrac{\mathrm{d}G_s}{\mathrm{d}e_{ij}}\end{cases} \tag{4.4}$$

式中，K_t 为线弹性关系中的切线体积变形模量；G_t 为线弹性关系中的切线剪切变形模量。

由式(4.4)可知，其就是增量型线弹性本构方程关系式。因此，线弹本构关系实际上就是将弹性常数参数写成应力或应变的函数关系。这就是广义胡克定律的直接推广。

式(4.4)可以写成本构关系方程的一般形式：

$$\{d\sigma\}=[D_t(\varepsilon)]\{d\varepsilon\},\quad \{d\varepsilon\}=[C_t(\sigma)]\{d\sigma\} \tag{4.5}$$

式中，$\{d\sigma\}$ 和 $\{d\varepsilon\}$ 分别为应力增量和应变增量；$[D_t(\varepsilon)]$ 和 $[C_t(\sigma)]=[D_t(\varepsilon)]^{-1}$ 分别为材料的刚度矩阵和柔度矩阵。

4.1.2 超弹性本构关系

超弹性本构关系是在材料的应变能密度函数 $W(\varepsilon_{ij})$ 和余能密度函数 $\Omega(\sigma_{ij})$ 的基础上建立的本构关系。它在线弹性本构关系的基础上，对弹性应变能函数做了进一步的限制。对于弹性材料，应力可由当前的应变唯一确定，那么就可以假设弹性应变能与应力或应变总量之间存在一一对应的函数关系[183]，则有下列关系方程式的一般形式：

$$\sigma_{ij}=\frac{\partial W}{\partial\varepsilon_{ij}},\qquad \varepsilon_{ij}=\frac{\partial\Omega}{\partial\sigma_{ij}} \tag{4.6}$$

其特点是：①应力 σ_{ij} 和应变 ε_{ij} 是可逆的并且与应力路径或应变路径无关；②应变能密度函数 W 和余能密度函数 Ω 的可逆性和应力路径无关，故此类模型满足热力学定律；③尽管基于假设函数 W 和 Ω 的本构关系方程具有极好的数学特性，并且能够导出不同的通用关系式，其包含的材料常数在大多数情况下没有直接的物理意义，这些常数确定也需要复杂的试验程序；④W 或 Ω 的函数形式容易假定，以再现所期望的材料特性的物理现象；⑤通过施加能量函数 W 和 Ω 外凸约束，在一般的 Green 材料中，应力应变总可满足 Drucker 稳定性假设；⑥材料的割线刚度矩阵和柔度矩阵都是对称的。

对式(4.6)进行积分可得

$$\begin{cases} W=\int\sigma_{ij}\,d\varepsilon_{ij} \\ \Omega=\int\varepsilon_{ij}\sigma_{ij}\,d\sigma_{ij} \end{cases} \tag{4.7}$$

其中，增量型的本构关系可由上述的公式得出

$$\begin{cases} d\sigma_{ij}=\dfrac{\partial W}{\partial\varepsilon_{ij}\partial\varepsilon_{kl}}d\varepsilon_{kl}=D_{ijkl}\,d\varepsilon_{kl} \\ d\varepsilon_{ij}=\dfrac{\partial\Omega}{\partial\sigma_{ij}\partial\sigma_{kl}}d\sigma_{kl}=C_{ijkl}\,d\sigma_{kl} \end{cases} \tag{4.8}$$

式(4.8)可以写成本构关系方程的一般形式：

$$\{d\sigma\}=[D_t(\varepsilon)]\{d\varepsilon\},\quad \{d\varepsilon\}=[C_t(\sigma)]\{d\sigma\} \tag{4.9}$$

式中，$\{d\sigma\}$和$\{d\varepsilon\}$分别为应力增量和应变增量；$[D_t(\varepsilon)]$和$[C_t(\sigma)]=[D_t(\varepsilon)]^{-1}$分别为材料的刚度矩阵和柔度矩阵。

4.1.3　亚弹性本构关系

亚弹性本构关系减少了对应力总量与应变总量之间唯一对应关系的要求，其描述的应力状态是当前应力状态以及达到这种状态的应力路径的函数。其本构方程一般可表达如下：

$$d\sigma_{ij}=F(d\varepsilon_{kl},\ \sigma_{mn}) \tag{4.10}$$

式中，$d\sigma_{ij}$为应力率(或增量)张量；$d\varepsilon_{kl}$为应变率(或增量)张量；$F(d\varepsilon_{kl},\ \sigma_{mn})$为弹性响应函数。

其特点是：①路径相关性，应力状态一般依赖当前应变状态和达到这种状态所经过的应力路径；②增量可逆特性，材料在初始应力下的微小变形是可逆的；③不同的应力路径和初始条件将导致不同的应力-应变关系；④通常亚弹性模型在某些加载-卸载循环中有可能产生能量，违背热力学定律；⑤经典亚弹性模型中材料常数的确定要求比较复杂的测定程序[184]。

对于各向同性的材料，亚弹性本构关系如果与时间效应无关，则应力增量和应变增量之间为线性关系，可写成

$$\begin{cases}d\sigma_{ij}=D_{ijkl}(\varepsilon_{pq})d\varepsilon_{kl}\\ d\varepsilon_{ij}=C_{ijkl}(\sigma_{pq})d\sigma_{kl}\end{cases} \tag{4.11}$$

最简单的次弹性模型，只要将弹性常数参数中的E、ν或者K、G修改为亚弹性本构关系中的切线弹性系数E_t、ν_t或者K_t、G_t即可得到，因而这些参数都是随着应力或应变路径变化而变化的。

式(4.11)可以写成本构关系方程的一般形式：

$$\{d\sigma\}=[D_t(\varepsilon)]\{d\varepsilon\},\ \{d\varepsilon\}=[C_t(\sigma)]\{d\sigma\} \tag{4.12}$$

式中，$\{d\sigma\}$和$\{d\varepsilon\}$分别为应力增量和应变增量，$[D_t(\varepsilon)]$和$[C_t(\sigma)]$分别为材料与应变路径或应力路径有关的切线刚度矩阵和切线柔度矩阵。

4.2　岩石材料塑性理论本构关系研究

塑性是岩石类材料的一种变形性质或岩石类材料变形的某一个阶段，岩石类材料进入塑性状态的特征是，荷载增大较小或者荷载不变的情况下，岩石材料的变形明显增大，产生卸载以后不可恢复的永久性变形。因此，岩石类材料的塑性本构关系中的应力-应变关系具有多值性的特点，本构关系比较复杂[185]。

弹塑性本构模型是在弹性理论的基础上建立弹性本构模型，并结合塑性理论对本构模型改进而发展建立起来的。在塑性变形过程中材料的总应变ε分为两部

分：弹性应变 ε_e和塑性应变 ε_p。其中，弹性应变满足广义胡克定律。对塑性状态下的本构关系研究有全量理论和增量理论两种理论体系。全量理论又称为形变理论，认为塑性状态下材料的应力-应变关系仍可认为是应力分量和应变分量之间的关系；增量理论认为塑性状态下材料的应力-应变关系应该是应力增量和应变增量之间的关系，也称为流动理论。

材料的塑性变形是不可恢复的永久性变形，从本质上讲，它与材料受力的历史过程有关，因此一般情况下岩石材料的应力-应变关系用应力分量和应变分量形式进行描述更符合实际、更合理。在应用塑性增量理论计算材料的塑性应变时，一般需要确定弹塑性材料的屈服面与后继屈服面[186]，加载过程中服从的流动准则和硬化规律将在下面进行讨论。

4.2.1 岩石材料的屈服面和后继屈服面

一般情况下，材料受到外荷载作用时的响应与荷载的大小有直接关系。当外荷载足够小时，材料表现为弹性体材料，随着外荷载继续增加，应力大小超过材料的弹性极限，应力-应变关系就会产生变化，不再是理想弹性状态，而是材料的某一点或某些点的应力状态开始进入塑性状态。判断材料是否进入塑性状态的依据，称为屈服条件或屈服准则。通过材料在不同应力路径下进行的试验，可以得出其从弹性状态进入塑性状态的各个屈服应力，在应力空间中将这些屈服点连接起来就形成一个分界面，这个分界面称为屈服面[187]。它能够区分材料在应力空间上的各点是弹性状态还是塑性状态。那么，岩石类材料第一次从弹性状态进入塑性状态发生屈服时的条件就称为初始屈服条件，可表示为

$$f(\sigma_{ij})=0 \tag{4.13}$$

式中，f 为反映岩石类材料受力产生塑性变形的某一函数。

在荷载不断增大的条件下，岩石材料从一种塑性状态进入另一种塑性状态的过程中，将形成一系列的后继屈服面。屈服条件的形式也会随之产生相应的变化，此时岩石类材料的屈服条件又称为后继屈服条件，本构关系的形式就变为

$$f(\sigma_{ij}, \sigma_{ij}^{p}, \chi)=0 \tag{4.14}$$

式中，σ_{ij} 为总应力；σ_{ij}^{p} 为塑性应力；χ 为岩石类材料标量的内变量。岩石类材料的初始屈服面和后继屈服面，可以统一称为屈服面。屈服面数学表达式称为屈服函数。

在相对简单的荷载作用下，岩石材料受力变形的弹性极限可以由试验直接测得，可用岩石的屈服条件判定其弹性极限。而对于大多数工程中的岩石材料，所处的应力环境较为复杂，一般试验很难求得岩体的屈服面与后继屈服面的形状。在不同的本构模型中，其定义的屈服面形状也各自不同，不仅屈服准则或屈服函数与岩石材料的力学性质有关，而且岩石材料力学特性决定其具体形式[188]。因

此，对于复杂应力环境条件下的岩体，确定岩石材料的初始屈服面与后继屈服面具有较好的理论和实践意义。初始屈服面不仅能判定岩石材料是否从弹性状态进入塑性状态，还能确定岩石材料初始塑性状态时应力的大小和变形。另外，屈服面能确定岩石材料在复杂应力状态下的后继屈服极限范围，是塑性理论分析的重要基础。

4.2.2　常用的屈服准则

常用的屈服准则有特雷斯卡屈服准则(Tresca yield criterion)、米泽斯屈服准则(Mises yield criterion)、莫尔-库仑屈服准则(Mohr-Coulomb yield criterion，广义特雷斯卡准则)、德鲁克-普拉格屈服准则(Drucker-Prager yield criterion，广义米泽斯准则)[189]。

1. 特雷斯卡屈服准则

特雷斯卡屈服准则于 1864 年被提出。该准则假定材料在体内某点的最大剪应力达到极限值时发生屈服，若以主应力表达该准则，则屈服时三个主应力 σ_1、σ_2、σ_3满足如下方程：

$$\max\left(\frac{1}{2}|\sigma_1-\sigma_2|,\ \frac{1}{2}|\sigma_2-\sigma_3|,\ \frac{1}{2}|\sigma_3-\sigma_1|\right)=k \tag{4.15}$$

式中，k 为材料常数，具体由试验确定。该准则主要适用于屈服对静水压力不敏感的材料。

2. 米泽斯屈服准则

米泽斯屈服准则于 1993 年被提出，其以八面体剪应力或畸形应变能代替最大剪切应力。该准则基于以下表达式：

$$\tau_{\text{oct}}=\sqrt{\frac{2}{3}J_2}=\sqrt{\frac{2}{3}}k \tag{4.16}$$

式中，k 为材料常数，代表纯剪切试验的屈服应力。式(4.16)可写成

$$f(J_2)=J_2-k^2=0 \tag{4.17}$$

或将 J_2 写成展开式

$$\frac{1}{6}\left[(\sigma_x-\sigma_y)^2+(\sigma_y-\sigma_x)^2+(\sigma_z-\sigma_x)^2+6(\tau_{xy}^2+\tau_{yz}^2+\tau_{zx}^2)\right]-k^2=0 \tag{4.18}$$

该准则与特雷斯卡屈服准则不同的是，其不仅适用于屈服对静水压力不敏感的材料，也受中间主应力 σ_2的影响。

3. 莫尔-库仑屈服准则(广义特雷斯卡准则)

莫尔-库仑屈服准则是基于最大剪应力为材料屈服决定性因素的假设。与特

雷斯卡屈服准则相比，其对应的屈服剪切应力不是一个常数，而是那一点所在的同一平面上的关于正应力的函数：

$$|\tau| = h(\sigma) \tag{4.19}$$

式中，$h(\sigma)$为试验确定的函数，由应力状态的莫尔圆可知，当最大主圆的半径与包络曲线相切时即发生屈服。其直线方程称为库仑方程，表达式为

$$|\tau| = c - \sigma\tan\varphi \tag{4.20}$$

式中，c 为黏聚力；φ 为内摩擦角。与式(4.19)相关的准则称为莫尔-库仑屈服准则，对于内摩擦角 $\varphi=0°$的无摩阻材料，莫尔-库仑屈服准则退化为特雷斯卡屈服准则，因此莫尔-库仑屈服准则为特雷斯卡屈服准则的推广。

当 $\sigma_1 \geqslant \sigma_2 \geqslant \sigma_3$ 时莫尔-库仑屈服准则可写成

$$f(I_1, J_2, \theta) = \frac{1}{3}I_1\sin\varphi + \sqrt{J_2}\sin(\theta+\varphi) + \sqrt{\frac{J_2}{3}}\cos(\theta+\varphi)\sin\varphi - c\cos\varphi = 0 \tag{4.21}$$

4. 德鲁克-普拉格屈服准则(D-P 屈服准则，广义米泽斯准则)

D-P 屈服准则是在 1952 年正式被提出的，它考虑了静水压力对屈服的影响，是米泽斯屈服准则的简单修正[190]。D-P 屈服准则的表达式为

$$f(I_1, J_2) = \alpha I_1 + \sqrt{J_2} - k = 0 \tag{4.22}$$

式中，α 和 k 为材料常数。当 α 为零时，D-P 屈服准则退化为米泽斯屈服准则，因此 D-P 屈服准则为米泽斯屈服准则的推广。D-P 屈服准则在主应力空间中为直立圆锥，而莫尔-库仑屈服准则为六边形屈服面，当 D-P 圆与莫尔-库仑六边形屈服面外顶点相内接时，D-P 屈服准则中的常数 α 和 k 与莫尔-库仑屈服准则中的常数 c 和 φ 存如下关系：

$$\alpha = \frac{2\sin\varphi}{\sqrt{3}(3-\sin\varphi)}, \quad k = \frac{6c\cos\varphi}{\sqrt{3}(3-\sin\varphi)} \tag{4.23}$$

4.2.3 弹塑性材料的硬化规律

理想弹塑性材料是指，材料受力变形的过程可分为弹性变形段和塑性变形段，当应力状态满足屈服条件时，材料从弹性状态进入塑性状态，塑性变形增长较快并与应力增量无关，这种材料就是理想弹塑性材料。理想弹塑性材料的塑性状态是一种理想弹塑性状态，不存在应变硬化的现象，材料受力达到屈服时，内部产生的屈服面的形状、位置和大小不随应变的增加而发生变化。硬化材料在受力过程中改变其应力路径或者随着加载过程中应力状态而变化，材料的受力达到初始屈服时，其后继屈服面的形状、位置和大小都可能随之产生变化。硬化规律

就是硬化材料屈服(由弹性状态进入塑性状态)以后，后继屈服面的形状、位置和大小在应力空间中变化的规律。

当硬化材料应力状态满足屈服条件后，材料内部开始产生屈服面，屈服面会随着内变量变化发生改变，不同内变量的变化对应的后继屈服面产生不同的变化。一般情况下，首先通过试验数据找到材料的初始屈服面，然后合理地假设后继屈服面的变化符合一定的运动变化规律，进一步结合材料的力学特性，得出后继屈服面。多年来，许多学者基于这种方法，根据弹塑性材料产生初始屈服后的不同响应，得到了不同材料的硬化规律，归纳起来可分为三种：等向硬化规律、随动硬化规律和混合硬化规律，如图 4.1 所示。

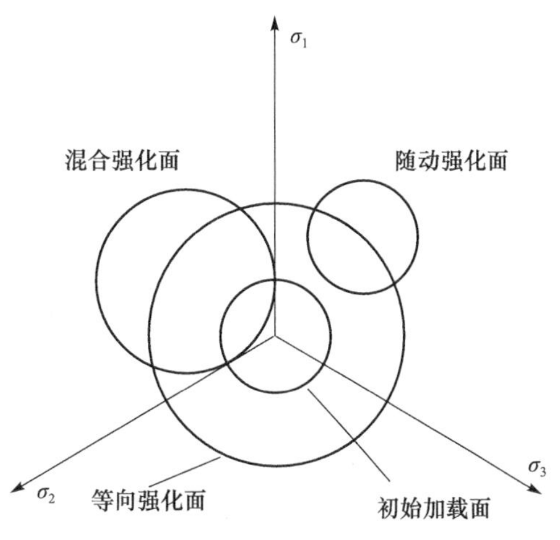

图 4.1　硬化规律示意图

1. 等向硬化规律

一般用于描述处于静荷载作用下材料的弹塑性模型。假设屈服面的中心位置和形状固定，随着硬化参数的变化，只有屈服面的大小发生改变。在应力空间中，硬化材料的屈服面均匀增大，软化材料的屈服面均匀缩小。等向硬化规律相当于假定材料的各向塑性变形为同性，因此不能反映材料的包辛格效应，如图 4-1 所示。其一般表达式为

$$f(\sigma_{ij}, \chi)=0=f(\sigma_{ij})-H(\chi)=0 \tag{4.24}$$

式中，$f(\sigma_{ij})=0$ 为初始屈服函数；$H(\chi)$为硬化函数，反映塑性变形历史，确定屈服面的大小；χ 为强化参数，用于表示材料的塑性加载历史。

2. 随动硬化规律

随动硬化规律可用于在周期荷载条件下材料的静力和动力塑性模型，也可以用于反复加载作用下材料的塑性模型。随动硬化规律假设材料在塑性变形过程中屈服面的大小和形状固定不变，仅在应力空间中做刚体平移且不发生转动。表现为，增大某个方向上的屈服应力，则与此方向对应的反方向的屈服应力就会降低。因此，随动硬化规律一定程度上考虑了包辛格效应对材料的影响，如图 4.1 所示。其一般表示形式为

$$f(\sigma_{ij}, \alpha_{ij}) = 0 = f(\sigma_{ij} - \alpha_{ij}) - k = 0 \tag{4.25}$$

式中，$f(\sigma_{ij}) - k = 0$ 为初始屈服函数；k 为常数；α_{ij} 为反向应力，它确定了加载面的中心坐标，是关于材料硬化程度的参数，反映材料硬化程度的大小，依赖于塑性变形；Prager 和 Ziegler 分别已经给出了确定 α_{ij} 增量变化规律的两种简单方法。

3. 混合硬化规律

Hodge 于 1957 年提出，将随动硬化规律和等向硬化规律结合起来就会导出一个更一般性的规律，这个法则称为混合硬化规律。该规律认为，后继屈服面可以由初始屈服面经过刚体平移和均匀膨胀演化形成，因此后继屈服面的大小、形状和位置都随塑性变形变化而发生改变，如图 4.1 所示。其一般表示形式为

$$f(\sigma_{ij}, \alpha_{ij}, \chi) = f(\sigma_{ij} - \alpha_{ij}) - H(\chi) = 0 \tag{4.26}$$

采用混合法则，就能通过调整 α_{ij} 和 $H(\chi)$ 两个参数模拟包辛格效应对材料的影响程度。在材料的塑性变形中，如何选择合适的硬化规律，关键是对硬化参数要选择恰当，硬化参数表现材料的硬化程度，反映材料塑性变形的历史情况。一般常选用塑性总应变、等效塑性总应变、塑性剪切应变和塑性功等作为硬化参数。

4.2.4 加卸载准则

在应力空间上，屈服面可以确定受力材料内部当前的弹性区域边界，如果一应力点在屈服面以外，那么该点的状态可称为弹性状态且只有弹性状态；若应力点在屈服面以内，该点的应力状态为塑性状态，可产生弹性变形和塑性变形。在塑性变形中，应力状态随着屈服面 f 的发展产生变化。为了确保应力状态处于屈服面以内，Prager 给出了弹塑性增量理论的一致性条件：

$$\mathrm{d}f = \frac{\mathrm{d}f}{\mathrm{d}\sigma_{ij}}\mathrm{d}\sigma_{ij} + \frac{\mathrm{d}f}{\mathrm{d}H}\mathrm{d}H = 0 \tag{4.27}$$

式中，H 为材料的硬化参数，代表材料的塑性变形历史。

在应力空间中，对于硬化材料有如下加卸载准则(对于强化材料，其加载面是不断变化的，为区分加载面和屈服面，加载面用 f 表示)：

$$\begin{cases} f=0,\ 且\dfrac{\mathrm{d}f}{\mathrm{d}\sigma_{ij}}\mathrm{d}\sigma_{ij} > 0 \text{ 时，加载} \\ f=0,\ 且\dfrac{\mathrm{d}f}{\mathrm{d}\sigma_{ij}}\mathrm{d}\sigma_{ij} = 0 \text{ 时，中性变载} \\ f=0,\ 且\dfrac{\mathrm{d}f}{\mathrm{d}\sigma_{ij}}\mathrm{d}\sigma_{ij} < 0 \text{ 时，卸载} \end{cases} \tag{4.28}$$

4.3　软岩线性本构关系研究

4.3.1　三线性和四线性本构关系

正确合理的本构模型是岩石力学数值分析取得可靠结果的重要保证之一，岩石本构关系的研究是一直受到广泛关注的基础性研究课题。日本学者依据典型岩石应力-应变曲线，对无节理面的完整岩石的应变软化过程做了理想化假设：①当岩石开始出现软化现象时，岩石的峰值强度变化规律满足莫尔-库仑强度准则；②岩石完全破坏后的残余强度满足莫尔-库仑强度准则；③应力-应变关系可以近似简化成三段直线来表示。同时，提出对岩石的应力-应变曲线以峰值强度和残余强度为分界点，分为三段直线，建立三线性软化本构模型，如图 4.2 所示[191]。该本构模型的特点是：峰前忽略强化阶段，认为岩石只产生弹性变形，简化为线弹性；峰后岩石进入软化阶段，并把该软化段简化为线性关系。该模型也可简化为弹性-线性软化模型。但对于泥岩，其应力-应变曲线在峰前有明显的塑性变形，所以三线性软化模型与实际差别较大。

基于以上原因，文献［192］、［193］分别根据含粉砂灰质泥岩和大理岩常规三轴压缩试验成果，以岩石的屈服强度、峰值强度、残余强度为分界点，将应力-应变全过程曲线依次划分为弹性段Ⅰ、弹性段Ⅱ、线性软化阶段、线性残余塑性流动段，建立考虑岩石应变软化的双线性弹性—线性软化—残余理想塑性四线性模型，如图 4.3 所示。这与传统的三线性软化本构模型将峰值前作为一个线性段的本构模型相比，四线性模型将峰值前作为两个线性段更符合客观实际。因此，四线性模型能很好地模拟含粉砂灰质泥岩的弹性、应变强化、应变软化、残余塑性的力学性质。

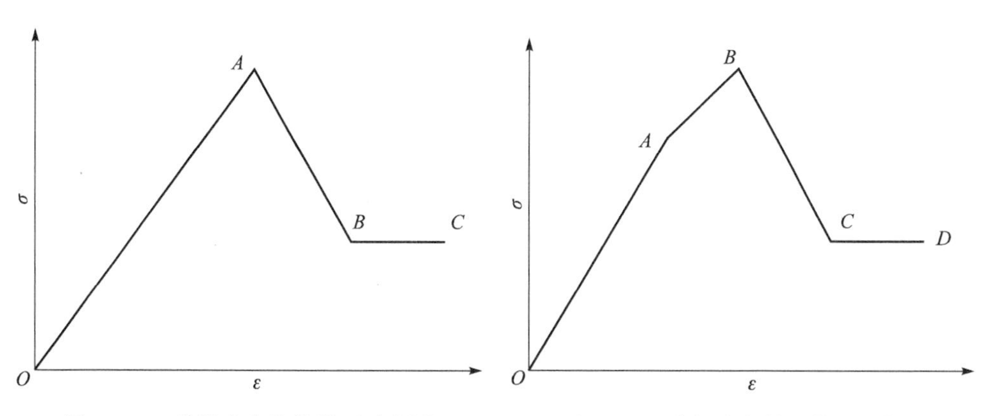

图 4.2　三线性应变软化模型示意图　　图 4.3　四线性应变软化模型示意图

4.3.2 五线性本构关系

由前述内容可知，试验所得的灰质泥岩应力-应变曲线也可以用同样的方法建立四线性本构模型，但由图 3.26 可知，灰质泥岩有比较明显的压密阶段，若将压密段与弹性段化为统一的弹性阶段，则与实际情况相差较大，因此在结合四线性本构模型的基础上，建立五线性本构模型，即根据灰质泥岩常规三轴压缩试验成果，以岩石的压密强度、屈服强度、峰值强度、残余强度为分界点，以图 4.4 中 O 点为初始点，A 点为压密强度点，B 点为屈服强度点，C 点为峰值强度点，D 点为残余强度点。以 C 点为界可将应力-应变曲线分为峰前与峰后 2 个区域，峰前岩石产生弹性变形，峰后岩石产生塑性变形。将应力-应变全过程曲线依次划分为均匀化弹性段(OA 段)、弹性段Ⅰ(AB 段)、弹性段Ⅱ(BC 段)、线性软化段(CD 段)、线性残余塑性流动段(DE 段)五线性本构模型，如图 4.4 所示。

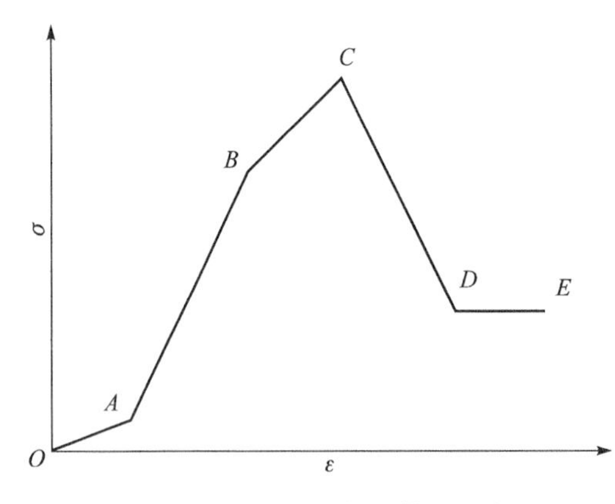

图 4.4 五线性应变软化模型示意图

因此，对于没有节理面的、较完整的岩石，对其应变软化做出如下基本假设：①岩石的峰值强度在应变软化现象开始时满足莫尔-库仑强度准则；②岩石的残余强度满足莫尔-库仑强度准则；③应力-应变关系可以简化成五条直线段。在上述假设的基础上，给出均匀化弹性—双线性弹性—线性软化—残余理想塑性五段式线性模型。

该本构模型的特点是：在峰值前区域，增加均匀化弹性段，此阶段使试样中存在的微裂隙被压密，试样整体趋于连续均匀化，再与双线性弹性段共同来替代以往研究中所采用的单阶段线弹性，更能趋近于岩石真实情况，并且其应力-应变关系均符合广义胡克定律；在峰值后区域，用线性软化段和线性残余塑性流动段来描述，比理想弹脆塑性本构模型更能真实反映岩石的峰后特性，因此仍然可沿用四线性模型对峰后阶段的描述。

图 4.4 所示的分段本构模型中，OA 为均匀化弹性阶段，是把应力-应变曲线压密段近似二次曲线看做直线型，其服从广义的胡克定律，对 AB 段的研究都认为弹性阶段应力-应变关系服从胡克定律；BC 段为塑性变形阶段，从简化分析和便于处理等角度考虑，仍然将该阶段视为弹性阶段，该阶段的弹性模量用 E_T 来表示。试验结果表明，E_T 与围压之间的关系可以用线性的函数来表示，这里假定本阶段的泊松比与 AB 段的一样，保持不变，仍然用 μ 表示。C 点所对应的应力值称为峰值强度 σ_f，也就是通常所说的岩石破坏强度，其对应的应变为峰值应

变 ε_f，同样也符合广义胡克定律，因此这三阶段的本构模型很容易得出。假设 CD 段用连续线性软化来表示，假定屈服函数和轴向应变 ε_1 呈线性关系，硬化模量 M 取为负值；CD 段为残余塑性流动段，为便于分析，将其按理想塑性处理，其硬化模量取为 0，屈服函数就用残余强度的函数来直接表示。

基于三轴压缩试验结果，把上述本构模型应用于灰质泥岩，可以得到灰质泥岩各阶段的本构方程。运用天然状态下试验组 ZK7-1 所得到的数据进行下一步计算，见表 4.1。

表 4.1　试验组 ZK7-1 泥岩强度与围压结果　（单位：MPa）

围压	屈服强度	峰值强度	残余强度
1	25.5	29.3	8.1
3	33.1	38.3	10.1
5	40.9	48.6	13.7

从表 4.1 的数据的分析中可知，试样的屈服强度 σ_s、峰值强度 σ_p 和残余强度 σ_r 均与围压 σ_3 存在线性关系，如图 4.5 所示，并随着围压的增大而增加。对其进行数据回归分析，得到线性回归方程如下。

（1）屈服强度随围压增大的线性回归方程：

$$\sigma_s = 21.6467 + 3.84\sigma_3 \tag{4.29}$$

其相关系数为 0.9998，相关性较好，并且由式(4.29)可得

$$f_1(\sigma_s, \sigma_3) = \sigma_s - 3.84\sigma_3 - 21.6467 = 0 \tag{4.30}$$

（2）峰值强度随围压增大的线性回归方程：

$$\sigma_p = 24.2583 + 4.825\sigma_3 \tag{4.31}$$

其相关系数为 0.9770，相关性较好，并且由式(4.31)可得

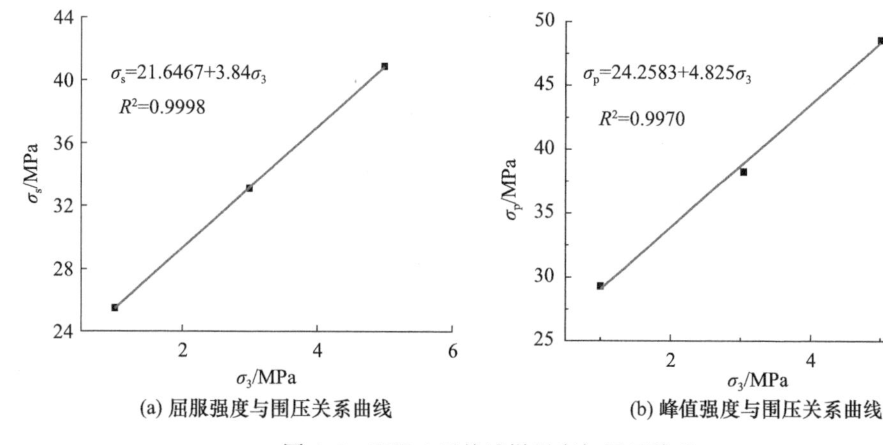

(a) 屈服强度与围压关系曲线　(b) 峰值强度与围压关系曲线

图 4.5　ZK7-1 天然试样强度与围压关系

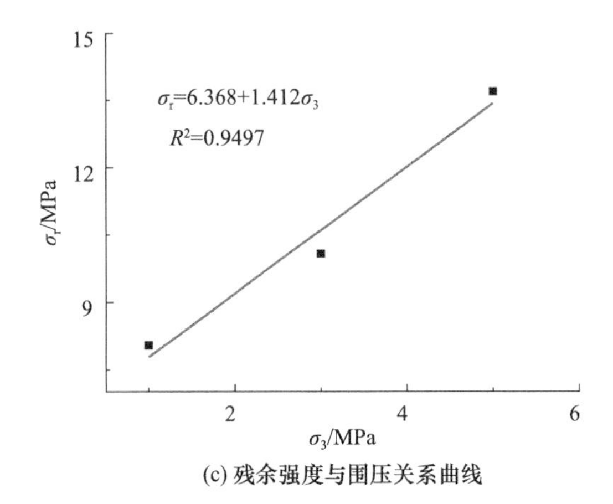

(c) 残余强度与围压关系曲线

图 4.5　ZK7-1 天然试样强度与围压关系(续)

$$f_2(\sigma_f,\ \sigma_3)=\sigma_f-3.84\sigma_3-21.6467=0 \tag{4.32}$$

根据莫尔-库仑强度准则，通过计算得到灰质泥岩峰值抗剪强度参数 c 为 5.03MPa，φ 为 44.99°。

(3) 残余强度随围压增大的线性回归方程：

$$\sigma_r=6.368+1.412\sigma_3 \tag{4.33}$$

其相关系数为 0.9770，相关性较好，并且由式(4.33)可得

$$f_3(\sigma_r,\ \sigma_3)=\sigma_r-1.412\sigma_3-6.368=0 \tag{4.34}$$

根据莫尔-库仑强度准则，通过计算得到灰质泥岩残余抗剪强度参数 c 为 2.05MPa，φ 为 24.45°。

综合上述本构方程的假设条件以及三轴压缩试验成果，建立关于灰质泥岩的三轴本构关系方程。

1. 均匀化弹性段(OA 段)

均匀化弹性段本构方程可表示为

$$\{d\varepsilon\}=[C]_{e0}\{d\sigma\} \tag{4.35}$$

式中，

$$[C]_{e0}=\frac{1}{E_{e0}}\begin{bmatrix} 1 & -\mu & -\mu & 0 & 0 & 0 \\ -\mu & 1 & -\mu & 0 & 0 & 0 \\ -\mu & -\mu & 1 & 0 & 0 & 0 \\ 0 & 0 & 0 & 2(1+\mu) & 0 & 0 \\ 0 & 0 & 0 & 0 & 2(1+\mu) & 0 \\ 0 & 0 & 0 & 0 & 0 & 2(1+\mu) \end{bmatrix}$$

其中，E 可以从试验中得到，E_{e0} =6.48GPa。

2. 弹性阶段Ⅰ（AB 段）

试样应力应变状态可近似看作由均匀化弹性状态进入弹性阶段Ⅰ时，其本构方程可表示为

$$\{d\varepsilon\}=[C]_{e1}\{d\sigma\} \tag{4.36}$$

式中，

$$[C]_{e1}=\frac{1}{E_{e1}}\begin{bmatrix}1 & -\mu & -\mu & 0 & 0 & 0\\ -\mu & 1 & -\mu & 0 & 0 & 0\\ -\mu & -\mu & 1 & 0 & 0 & 0\\ 0 & 0 & 0 & 2(1+\mu) & 0 & 0\\ 0 & 0 & 0 & 0 & 2(1+\mu) & 0\\ 0 & 0 & 0 & 0 & 0 & 2(1+\mu)\end{bmatrix}$$

或

$$\{d\sigma\}=[D]_{e1}\{d\varepsilon\} \tag{4.37}$$

其中，$[D]_{e1}=[C]_{e1}^{-1}$；E 为试样的弹性阶段的切线模量；E 和 μ 可以从试验中得到，$E_{e1}=13.53$GPa，$\mu=0.28$。

3. 弹性段Ⅱ（BC 段）

由试样试验成果可知，应力-应变曲线在 B 点发生初始屈服，可以认为 BC 段的斜率 E_T 随着围压的升高而变化，E_T 可表示为

$$E_T=6.5029+2.3195\sigma_3 \tag{4.38}$$

弹性阶段Ⅱ的斜率是随着围压的增大而增大的，其关系近似呈直线。当 $\sigma_3=0$ 时，$E_T=6.5029$GPa。

本构方程可表示为

$$\{d\varepsilon\}=[C]_{e2}\{d\sigma\} \tag{4.39}$$

式中，

$$[C]_{e2}=\frac{1}{E_T}\begin{bmatrix}1 & -\mu & -\mu & 0 & 0 & 0\\ -\mu & 1 & -\mu & 0 & 0 & 0\\ -\mu & -\mu & 1 & 0 & 0 & 0\\ 0 & 0 & 0 & 2(1+\mu) & 0 & 0\\ 0 & 0 & 0 & 0 & 2(1+\mu) & 0\\ 0 & 0 & 0 & 0 & 0 & 2(1+\mu)\end{bmatrix}$$

或

$$\{d\sigma\}=[D]_{e2}\{d\varepsilon\} \tag{4.40}$$

其中，$[D]_{e2}=[C]_{e2}^{-1}$。

4. 线性软化阶段(CD 段)

根据塑性理论，当岩石试样满足式(4.32)时，即达到了峰值强度，采用莫尔-库仑屈服准则，初始屈服函数为

$$f_2(\sigma_1-\sigma_3,\ \sigma_3)=\sigma_1-(k_1+1)\sigma_3-b_1=0 \tag{4.41}$$

达到残余强度后，屈服函数可表示为

$$f_3(\sigma_1-\sigma_3,\ \sigma_3)=\sigma_1-(k_2+1)\sigma_3-b_2=0 \tag{4.42}$$

根据式(4.41)和式(4.42)可得，灰质泥岩的 $k_1=3.84$，$b_1=21.6467$，$k_2=1.412$，$b_2=6.368$。

对于软化阶段，假定屈服函数随轴向应变 ε_1 在 $f_2(\sigma_1-\sigma_3,\ \sigma_3)$ 和 $f_3(\sigma_1-\sigma_3,\ \sigma_3)$ 之间呈线性变化，即

$$F(\sigma_1-\sigma_3,\ \sigma_3)=\sigma_1-(k(\varepsilon_1)+1)\sigma_3-b(\varepsilon_1)=0 \tag{4.43}$$

式中，

$$k(\varepsilon_1)=k_1+\frac{\varepsilon_1-\varepsilon_1^{\mathrm{f}}}{\varepsilon_1^{\mathrm{f}}-\varepsilon_1^{\mathrm{r}}}(k_1-k_2)$$

$$b(\varepsilon_1)=b_1+\frac{\varepsilon_1-\varepsilon_1^{\mathrm{f}}}{\varepsilon_1^{\mathrm{f}}-\varepsilon_1^{\mathrm{r}}}(b_1-b_2)$$

其中，$\varepsilon_1^{\mathrm{f}}$、$\varepsilon_1^{\mathrm{r}}$ 分别为峰值强度所对应的峰值应变和残余强度所对应的残余应变。它们与围压的变化关系可以从试验中得出，即

$$\varepsilon_1^{\mathrm{f}}=-0.0085\sigma_3+1.7609 \tag{4.44}$$

$$\varepsilon_1^{\mathrm{r}}=0.0303\sigma_3+2.0573 \tag{4.45}$$

软化系数 E_{R} 和围压 σ_3 的关系可以通过函数 $f_2(\sigma_1-\sigma_3,\ \sigma_3)$ 和 $f_3(\sigma_1-\sigma_3,\ \sigma_3)$ 计算而得，即

$$E_{\mathrm{R}}=-\frac{2.428\sigma_3+15.2787}{0.0387\sigma_3+0.2964} \tag{4.46}$$

于是软化段的本构方程可写为

$$\mathrm{d}\sigma_{ij}=([D]_{\mathrm{el}}-[D]_{\mathrm{p}})\{\mathrm{d}\varepsilon_{ij}\} \tag{4.47}$$

式中，

$$[D]_{\mathrm{p}}=\frac{[D]_{\mathrm{el}}\left(\frac{\partial F}{\partial\sigma_{ij}}\right)\left(\frac{\partial F}{\partial\sigma_{ij}}\right)^{\mathrm{T}}[D]_{\mathrm{el}}}{M+\left(\frac{\partial F}{\partial\sigma_{ij}}\right)^{\mathrm{T}}[D]_{\mathrm{el}}\left(\frac{\partial F}{\partial\sigma_{ij}}\right)} \tag{4.48}$$

其中，$[D]_{\mathrm{el}}$ 为灰质泥岩弹性段 Ⅰ 的弹性矩阵；$[D]_{\mathrm{p}}$ 为塑性矩阵；硬化模量 M 为负值，把给出的公式推广到三轴中，则有

$$M=\frac{E_{\mathrm{R}}}{1-\frac{E_{\mathrm{R}}}{E}} \tag{4.49}$$

5. 线性残余塑性流动段(DE 段)

为简单起见，残余流动段可以看作理想塑性流动段来处理。在这一阶段，屈服面方程为 $F(\sigma_1, \sigma_3)=f_3(\sigma_1, \sigma_3)$，并且屈服面始终保持不变，硬化模量 $M=0$,那么该段的本构方程可写为

$$\mathrm{d}\sigma_{ij}=([D]_{\mathrm{el}}-[D]_{\mathrm{p}})\{\mathrm{d}\varepsilon_{ij}\} \tag{4.50}$$

$$[D]_{\mathrm{p}}=\frac{[D]_{\mathrm{el}}\left(\dfrac{\partial F}{\partial\sigma_{ij}}\right)\left(\dfrac{\partial F}{\partial\sigma_{ij}}\right)^{\mathrm{T}}[D]_{\mathrm{el}}}{\left(\dfrac{\partial F}{\partial\sigma_{ij}}\right)^{\mathrm{T}}[D]_{\mathrm{el}}\left(\dfrac{\partial F}{\partial\sigma_{ij}}\right)} \tag{4.51}$$

综上所述就是灰质泥岩的五线性本构关系模型，它不仅考虑了岩石试样的应变软化，还在四线性本构关系上增加了压密段本构关系，能很好地模拟岩石试样的压密段、弹性段、应变硬化段、应变软化段，残余塑性段。与传统的三线性和四线性本构模型相比，将压密段从弹性段中划分出来成为五段线性模型，更符合泥岩本构关系的客观实际。

本节提出的五线性本构关系模型的三轴试验数据均符合在低围压下三轴应力-应变本构关系模型。由围压与压密段变形的关系可知，随着围压的增大，灰质泥岩应力-应变关系曲线的压密段长度会逐渐缩短，直至围压增加到高围压状态下压密段变形消失，此时泥岩的本构关系就变为四线性本构关系模型，弹性阶段Ⅰ的弹性模量 E_{el} 是试样的切线模量。因此，四线性本构关系模型是五线性本构关系模型在高围压状态下的一种简化形式，是五线性本构模型的一种特殊情况。

4.4　软岩非线性本构关系研究

根据弹塑性力学的相关理论以及试验获得的应力-应变曲线和参数特点可知，典型的灰质泥岩的应力-应变曲线在考虑岩石破坏后应变软化的变形特性下，提出能更好反映灰质泥岩三轴受力状态的弹性抛物线—线弹性—邓肯双曲线—塑性软化—残余理想塑性五段式非线性本构模型。根据典型的泥岩应力-应变曲线，该模型做出如下三点假设：① 泥岩开始出现软化现象时，岩石的峰值强度变化满足莫尔-库仑强度准则；② 岩石完全破坏后，残余强度满足莫尔-库仑强度准则；③ 应力-应变关系可以近似简化成五段曲线来表示，如图 4.6 所示。

1. 均匀化弹性段(压密阶段)

通过以上对此阶段的应力-应变曲线分析(详见第 3 章)可知，此阶段曲线用

抛物线近似表示较为合理。此阶段的曲线满足如下抛物线方程：

$$\sigma_1-\sigma_3=A\varepsilon_1^2+B\varepsilon_1 \tag{4.52}$$

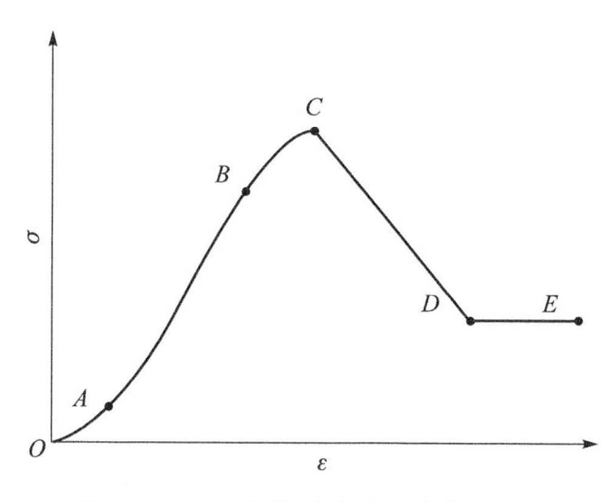

图 4.6　五段非线性应变软化模型示意图

式中，$\sigma_1-\sigma_3$ 为主应力差；ε_1 为轴向应变；A、B 为试验拟合参数。

对式(4.52)微分可得切线模量 E_t 如下：

$$E_t=2A\varepsilon_1+B \tag{4.53}$$

当 $\varepsilon_1=0$ 时，其初始切线模量 $E_0=B$。此阶段本构方程可写为

$$\{d\sigma\}=[E_t]_{e0}\{d\varepsilon\} \tag{4.54}$$

2. 线弹性阶段

试样应力状态可看成弹性状态，其本构方程可表示为

$$\{d\varepsilon\}=[C]_{el}\{d\sigma\} \tag{4.55}$$

式中，

$$[C]_{el}=\frac{1}{E_{el}}\begin{bmatrix}1 & -\mu & -\mu & 0 & 0 & 0\\ -\mu & 1 & -\mu & 0 & 0 & 0\\ -\mu & -\mu & 1 & 0 & 0 & 0\\ 0 & 0 & 0 & 2(1+\mu) & 0 & 0\\ 0 & 0 & 0 & 0 & 2(1+\mu) & 0\\ 0 & 0 & 0 & 0 & 0 & 2(1+\mu)\end{bmatrix}$$

或

$$\{d\sigma\}=[D]_{el}\{d\varepsilon\} \tag{4.56}$$

其中，$[D]_{el}=[C]_{el}^{-1}$；E 为试样的弹性阶段的切线模量；E 和 μ 可以从试验中得到。

3. 邓肯双曲线阶段

由塑性理论可知，当泥岩试样受力达到破坏强度时，采用莫尔-库仑定律，可用双曲线进行拟合，得其方程如下：

$$\sigma_1 - \sigma_3 = \frac{\varepsilon_1}{A_0 + B_0\varepsilon_1} \tag{4.57}$$

式中，A_0、B_0 为试验拟合参数。

通过对 ε_1 微分可知其切线模量 E_t 如下：

$$E_t = \frac{A_0}{(A_0 + B_0\varepsilon_1)^2} \tag{4.58}$$

令 ε_1^q 为试样屈服时的轴向应变，当 $\varepsilon_1 = \varepsilon_1^q$ 时，此阶段曲线的开始模量 E_{t0} 可表示为

$$E_{t0} = \frac{A_0}{(A_0 + B_0\varepsilon_1^q)^2} \tag{4.59}$$

此时试样弹性阶段的弹性模量 E_e 等于双曲线的开始模量 E_{t0}，E_e 可在试验中求得，那么就有

$$E_e = \frac{A_0}{(A_0 + B_0\varepsilon_1^q)^2} \tag{4.60}$$

当 ε_1 趋于无穷大时，有

$$B_0 = \frac{1}{(\sigma_1 - \sigma_3)_u} \tag{4.61}$$

式中，$(\sigma_1 - \sigma_3)_u$ 为主应力差。

令

$$R_f = \frac{(\sigma_1 - \sigma_3)_f}{(\sigma_1 - \sigma_3)_u} \tag{4.62}$$

式中，R_f 为破裂比；$(\sigma_1 - \sigma_3)_f$ 为破裂应力差。

由式(4.60)、式(4.61)可以求出参数 A_0 是关于 ε_1^q 和 B_0 函数，则可令

$$A_0 = K/E_e(\varepsilon_1^q, B_0) \tag{4.63}$$

将式(4.61)、式(4.62)、式(4.63)代入式(4.58)可得

$$E_t = \frac{K/E_e}{(K/E_e + \varepsilon_1 R_f/(\sigma_1 - \sigma_3)_f)^2} \tag{4.64}$$

由莫尔-库仑定律可知，抗剪强度可以表示为

$$(\sigma_1 - \sigma_3)_f = \frac{2c\cos\varphi + 2\sigma_3\sin\varphi}{1 - \sin\varphi} \tag{4.65}$$

由应力-应变曲线可知，任意一点的切线弹性模量可以表示为

$$E_t = \frac{\partial(\sigma_1 - \sigma_3)}{\partial\varepsilon_1} \tag{4.66}$$

将式(4.57)对 ε_1 做微分，并结合式(4.62)～式(4.64)整理可得

$$\frac{1}{E_t}=\frac{K}{E_e}\left[1+\frac{\sigma_1-\sigma_3}{K(\sigma_1-\sigma_3)_u}\right]^2 \tag{4.67}$$

将式(4.64)代入式(4.67)可得

$$\frac{1}{E_t}=\frac{K}{E_e}\left[1+\frac{R_f(1-\sin\varphi)(\sigma_1-\sigma_3)}{K(2c\cos\varphi+2\sigma_3\sin\varphi)}\right]^2 \tag{4.68}$$

或者也可以表示为

$$E_t=\frac{KE_e}{(K+R_fS)^2} \tag{4.69}$$

式中，$S=\frac{\sigma_1-\sigma_3}{(\sigma_1-\sigma_3)_u}$，为应力水平。

此阶段本构方程可写为

$$\{d\sigma\}=[E_t]\{d\varepsilon\} \tag{4.70}$$

4. 塑性软化阶段

在软化阶段可以假定岩石是各向同性材料，并且服从等向强度硬化规律。根据塑性理论可知，当岩石达到峰值强度时，在某时刻满足式(4.31)，采用莫尔-库仑屈服准则，其初始屈服函数仍满足式(4.41)；当达到残余强度后，屈服函数仍可表示为式(4.42)。根据式(4.41)和式(4.42)可得，灰质泥岩的 $k_1=3.84$，$b_1=21.6467$，$k_2=1.412$，$b_2=6.368$。

对于软化阶段形式，假定屈服函数随轴向应变 ε_1 在 $f_2(\sigma_1-\sigma_3,\ \sigma_3)$ 和 $f_3(\sigma_1-\sigma_3,\ \sigma_3)$ 之间呈线性变化，即

$$F(\sigma_1-\sigma_3,\ \sigma_3)=\sigma_1-(k(\varepsilon_1)+1)\sigma_3-b(\varepsilon_1)=0 \tag{4.71}$$

式中，

$$\begin{cases}k(\varepsilon_1)=k_1+\dfrac{\varepsilon_1-\varepsilon_1^f}{\varepsilon_1^f-\varepsilon_1^r}(k_1-k_2)\\[2ex] b(\varepsilon_1)=b_1+\dfrac{\varepsilon_1-\varepsilon_1^f}{\varepsilon_1^f-\varepsilon_1^r}(b_1-b_2)\end{cases}$$

其中，ε_1^f、ε_1^r 分别为峰值强度所对应的峰值应变和残余强度所对应的残余应变。它们与围压的变化关系可以从试验中得出。

软化系数 E_R 和围压 σ_3 的关系可以通过函数 $f_2(\sigma_1-\sigma_3,\ \sigma_3)$ 和 $f_3(\sigma_1-\sigma_3,\ \sigma_3)$ 计算得到，即

$$E_R=-\frac{2.428\sigma_3+15.2787}{0.0387\sigma_3+0.2964} \tag{4.72}$$

于是软化段的本构方程可写为

$$d\sigma_{ij}=([D]_{el}-[D]_p)\{d\varepsilon_{ij}\} \tag{4.73}$$

$$[D]_{\mathrm{p}}=\frac{[D]_{\mathrm{el}}\left(\frac{\partial F}{\partial \sigma_{ij}}\right)\left(\frac{\partial F}{\partial \sigma_{ij}}\right)^{\mathrm{T}}[D]_{\mathrm{el}}}{M+\left(\frac{\partial F}{\partial \sigma_{ij}}\right)^{\mathrm{T}}[D]_{\mathrm{el}}\left(\frac{\partial F}{\partial \sigma_{ij}}\right)} \tag{4.74}$$

式中，$[D]_{\mathrm{el}}$为灰质泥岩线弹性段的弹性矩阵；$[D]_{\mathrm{p}}$为灰质泥岩的塑性矩阵；硬化模量M为负值。

5. 残余理想塑性阶段

在这一阶段，屈服面方程为$F(\sigma_1, \sigma_3)=f_3(\sigma_1, \sigma_3)$，并且屈服面始终保持不变，硬化模量$M=0$，本构方程可写为

$$\mathrm{d}\sigma_{ij}=([D]_{\mathrm{el}}-[D]_{\mathrm{p}})\{\mathrm{d}\varepsilon_{ij}\} \tag{4.75}$$

$$[D]_{\mathrm{p}}=\frac{[D]_{\mathrm{el}}\left(\frac{\partial F}{\partial \sigma_{ij}}\right)\left(\frac{\partial F}{\partial \sigma_{ij}}\right)^{\mathrm{T}}[D]_{\mathrm{el}}}{\left(\frac{\partial F}{\partial \sigma_{ij}}\right)^{\mathrm{T}}[D]_{\mathrm{el}}\left(\frac{\partial F}{\partial \sigma_{ij}}\right)} \tag{4.76}$$

综上所述就是灰质泥岩的五段式非线性本构关系模型。该模型是在邓肯双曲线本构关系的基础上建立的，而邓肯模型只能反映岩石试样的线性阶段和应变硬化阶段。此次五段式非线性本构模型，吸取了邓肯模型反映岩石试样线性阶段和应变硬化阶段的优势，同时又增加了对压密段非线性本构关系和软化阶段及塑性阶段的分析，更接近实际的试样应力-应变关系。

本节提出的五段式非线性本构关系模型的三轴试验数据均符合在低围压下三轴应力-应变本构关系模型。由围压与压密段变形的关系可知，随着围压的增大，灰质泥岩应力-应变曲线的压密段长度会逐渐缩短，直至围压增加到高围压状态下压密段变形消失，此时泥岩的本构关系就变为四段式非线性本构关系模型，弹性阶段的弹性模量E_{el}是试样的切线模量。同样，四段式非线性本构关系模型是五段式非线性本构关系模型在高围压状态下的一种简化形式，是五段式非线性本构关系模型的一种特殊情况。

第 5 章　软岩流变力学特性试验研究

流变作为岩石的重要力学特性之一，与工程的长期稳定和安全密切相关。工程实践表明，地下隧道的破坏和失稳，在许多情况下并不是在开挖后立即发生的，隧道从开始变形到最终破坏是一个与时间有关的复杂的非线性累进过程。岩石流变是隧道产生大变形乃至失稳的重要原因之一，因此，合理地描述和揭示岩石与时间相关的力学行为，认识其时效变形规律与破坏特征，具有重要的理论意义和实用价值。

5.1　灰质泥岩流变力学特性试验研究

白垩系灰质泥岩是大湾隧道内出露的主要软岩地层，岩石的流变力学特性将直接影响隧道的长期稳定与安全。因此，研究白垩系灰质泥岩的流变力学特性对于合理解释拟建隧道工程的时效力学行为、掌握其应力和变形特性、评价工程的长期稳定和安全运行都具有十分重要的意义。鉴于此，采用岩石全自动三轴流变伺服仪，对白垩系灰质泥岩进行三轴压缩流变试验，基于试验结果，分析岩石流变特性，得出灰质泥岩的三轴流变规律，为工程防灾减灾提供科学依据。

5.1.1　试验设备

流变试验要求应力在长时间内保持恒定不变，因此对试验设备的稳压系统、应力和变形量测系统的长期稳定性与精度都有很高的要求。

图 5.1　RLJW-2000 微机控制岩石三轴、剪切流变伺服仪

岩石三轴流变试验在河南省岩土力学与水工结构重点实验室的 RLJW-2000 微机控制岩石三轴、剪切流变伺服仪上进行。该设备主要由轴向加载系统、围压系统、剪切系统、控制系统、计算机系统等几部分组成，如图 5.1 所示。

轴向加载系统包括轴向加载框架、压力室提升装置、伺服加载装置等；轴向加载框架由主机座、上横梁、四立柱组合构成，加载油缸安装在主机座横梁上，活塞向上对试样施加试验力。在加载框架横梁上装有一小电动葫芦，用以提升压力室，进行试样的装卸；伺服加载装置是向加载油缸加油的装置，它由伺服电机推动活塞把高压油送到加载油缸内进行加压，并且控制轴向压力(或位移、变形)。

围压系统由压力室、伺服加载装置组成。压力室是由优质合金钢经锻压成型后，再经加工制成的，压力室表面进行了镀硬铬处理；伺服加载装置和轴向的伺服加载装置一样，这套装置向压力室内送高压油，并且控制围压。由于创新性地采用先进的伺服控制、滚珠丝杠和液压等技术组合，流变仪的稳压效果良好。

剪切系统由剪切加载框架和伺服加载装置组成，框架可在导轨上移动，在做试验时框架移动到主机中心位置，并加上轴向垂直压力，框架施加水平剪力，伺服加载装置向剪切油缸内送出高压油，并控制剪切力(或剪切位移)。

控制系统是试验机的控制中心，它包括轴向控制系统、围压控制系统、剪切控制系统。轴向控制系统由德国 DOLI 公司原装 EDC 全数字伺服控制器及传感器构成，传感器包括试验力传感器、轴向变形传感器、径向变形传感器等。轴向、径向变形传感器如图 5.2 所示。EDC 控制器把各传感器的信号放大处理后进行显示和控制(与设定的参数进行比较)，然后调整伺服加载装置的进退，以达到设定的目标值，并把这些数据送到计算机内，由计算机进行显示和数据处理，画出试验曲线并打印试验报告，完成轴向的闭环控制。围压系统的控制器也是德国 DOLI 公司原装 EDC 全数字伺服控制器，在围压系统中还有一个压力传感器；EDC 控制器把压力信号进行放大处理后进行显示和控制。剪切系统的 EDC 控制器直接控制伺服加载装置，其控制原理与轴压系统一致。

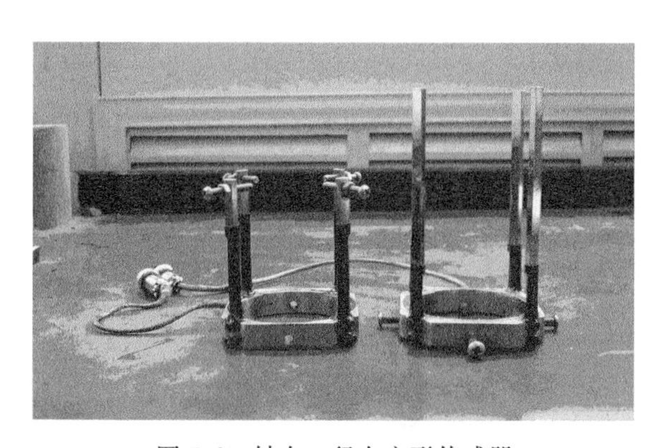

图 5.2　轴向、径向变形传感器

计算机系统是试验机的控制核心，它同时控制三台 EDC 控制器，使 EDC 控制器按设置的程序参数进行工作，并实时自动采集、存储、处理三台 EDC 通道的测量数据，实时画出多种试验曲线，实现对试验全过程实时、精确的控制。工作时只需将 EDC 置于 PC-Control 状态，即可将全部操作纳入计算机控制。可对试验数据实时采集、运算处理、实时显示并打印结果报告，流变伺服仪的原理如图 5.3 所示。

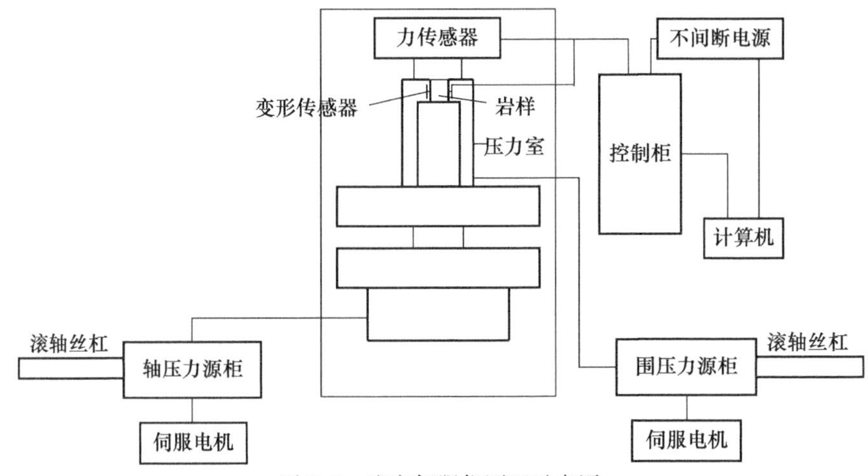

图 5.3　流变伺服仪原理示意图

该流变伺服仪轴向压力为 0～2000kN，围压为 0～50MPa。仪器测力精度为 ±1%，变形测量精度为 ±0.5%，连续工作时间大于 1000h，能够完成岩石三轴、岩石直剪、岩石三轴蠕变、岩石三轴松弛、岩石剪切流变等多种试验，可以满足本次流变试验的要求。

5.1.2　试验方案

共进行五组灰质泥岩的流变试验，试验所用岩石试样编号、几何尺寸见表 5.1，各组岩石试样如图 5.4 所示。岩芯编号 ZK13 的试样为第一批岩石试样，编号 ZK13-2-3、ZK13-2-1 的试样分别进行天然、饱水状态下分级加载流变试验，编号 ZK13-2-5 的试样进行饱水状态下的恒轴压逐级卸围压卸荷流变试验；岩芯编号 ZK10 的试样为第二批岩石试样，编号 ZK10-4-5、ZK10-4-7 的试样分别进行天然状态下分级增加荷载流变试验。

表 5.1　试样的几何尺寸与物理性质指标

岩芯编号	分组编号	对应深度/m	试样编号	直径/cm	高度/cm	试验类型	试样状态	围压/MPa
ZK13	ZK13-2	87.2～87.4	ZK13-2-3	6.910	13.478	分级加载	天然	3
ZK13	ZK13-2	86.7～87.0	ZK13-2-1	6.899	13.706	分级加载	饱水	3
ZK13	ZK13-2	87.7～88.0	ZK13-2-5	6.908	13.177	分级卸荷	饱水	5
ZK10	ZK10-4	281.23～281.56	ZK10-4-5	5.410	11.760	分级加载	天然	5
ZK10	ZK10-4	279.83～280.00	ZK10-4-7	5.408	11.750	分级加载	天然	5

(a) ZK13-2-3岩石试样

(b) ZK13-2-1岩石试样

(c) ZK13-2-5岩石试样

(d) ZK10-4-5岩石试样

(e) ZK10-4-7岩石试样

图 5.4　灰质泥岩流变试验试样

5.1.3　试验方法

1. 分级加载流变试验

由于试验周期长，温度和湿度对流变试验结果的影响不容忽视。此次试验在岩石三轴、剪切流变专用实验室内进行。试验室严格控制恒温和恒湿条件。试验室分为里间、外间，流变试验仪放在里间，并配备了惠康-NUC203 恒温恒湿机，计算机放在外间。试验中严格控制人员进入里间，以免带来室温变化影响试验结果。试验过程中室内的温度始终控制在 22℃±0.3℃，湿度控制在 40%±1%。

考虑到三轴压缩流变试验时间较长，且现场采集的岩样数目有限，而分级加载试验方法极大减少了试样和试验仪器的数量，还可以避免试样性质差异而导致的试验数据离散等问题，因此，岩石流变试验采用分级加载试验方法。将常规三轴压缩试验获得的该围压下试样瞬时抗压强度的 75%～85%作为拟施加的最大荷载，将最大荷载分为 4～8 级，在同一试样上由小到大逐级施加荷载。各级荷载持续施加的时间由试样的应变速率控制。本章流变试验的稳定标准为，当变形增量小于 0.001mm/d 时，则施加下一级荷载，直至试样发生破坏，试验停止。

三轴压缩流变试验步骤如下。

(1) 用游标卡尺测量岩石试样的精确尺寸，记录相应数据。用合适的热缩管将试样与上下压头一起套上，用电加热器(电吹风)给热缩管加热，使热缩管均匀收缩将试样全部包住。在上下压头处用喉箍与橡胶套进行密封，以防止试验过程中液压油进入试样，影响试验结果。

(2) 安装轴向、径向变形传感器。把轴向传感器下面四个螺丝旋紧在下压头上，变形锥固定在上压头上，使传感器的四个变形杆都接触到变形锥，并使杆变形 1mm 左右。径向变形传感器放在轴向变形传感器里面，将四个变形杆上的螺丝均匀地压在试样上，压缩量在 1mm 左右。

(3) 将试样放入流变仪的自平衡三轴压力室内，调整试样，使试样的轴线与仪器加载中心线重合，避免试样偏心受压。把轴向、径向变形传感器的插头插在压力室的插座上。将球面座放置在上压头上。连接轴向、径向 EDC 控制器，使控制软件与控制器连接，完成试样的安装，如图 5.5 所示。

图 5.5 试样的安装

(4)先对试样施加 0.5MPa 的轴向荷载，以保证试样与压力机的压头接触紧密，避免施加围压过程中的扰动使压力室内的试样发生移动。然后逐渐增大围压至设定值，围压加载速率为 0.05MPa/s，待变形稳定后，将轴向以及径向变形传感器数据清零。保持围压不变，采用分级加载方式施加轴向压力，每级荷载加载速率为 0.5MPa/s，当加载至第一级应力水平时，保持轴向应力不变，记录试样应变与时间的关系。试验过程中计算机自动采集数据，采集频率为：加载过程中每分钟 100 次，加载后 1h 内每分钟 1 次，之后为每 5min 1 次。若观测到加速流变现象则增加采集次数，为每分钟 100 次。

（5）当第一级应力水平下试样的变形稳定后，将荷载加至第二级应力水平，保持应力恒定，记录试样应变与时间的关系。当变形稳定后再施加下一级应力水平，直至试样破坏，试验结束。

（6）依次卸载轴压、围压，取出试样，描述其破坏形式，整理试验数据。

2. 分级卸荷流变试验

岩体开挖卸荷后其变形具有时间效应，尤其是深埋于地下的洞室或巷道，其失稳和破坏不是在开挖完成后立即发生，而是经过一段时间后才发生失稳或坍塌破坏。围岩具有随时间延长而缓慢变形的明显特征，这就是卸荷条件下的岩体流变现象。因此，采用岩石三轴流变伺服仪，对灰质泥岩进行恒轴压逐级卸围压的三轴卸荷流变试验。

三轴卸荷流变试验对温度、湿度的要求与分级加载试验相同，试验过程中室内的温度始终控制在 22℃±0.3℃，湿度控制在 40%±1%。

试样的安装与分级加载流变试验方法相同。其中，试验操作步骤不同之处如下：

（1）按 0.05MPa/s 加载速率通过油液系统给试样施加至预定的围压值，使试样处于静水压力下，到达围压的设定值。为了研究由卸围压产生的偏应力增加带来的变形及时效变形，等待变形稳定后，将轴向及侧向变形清零。按同样的速率施加轴向偏应力，当加载至设定的第 1 级应力水平时保持试样轴向偏应力不变，测量并记录试样轴向应变与时间的关系和各级偏应力水平的持续时间。

（2）在第 1 级偏应力水平下的变形稳定后，改加至设定的第 2 级偏应力水平，并维持这一应力水平恒定，测量并记录试样轴向应变与时间关系。值得注意的是，由于该三轴流变仪是一种自平衡三轴伺服仪，当逐级卸除围压的同时，必须按照相同的速率补充偏应力以达到轴向应力不变。在变形稳定后进入下一级应力水平的试验，直至试验完成。

（3）整理试验数据，就可以得到不同围压下各级应力水平对应的岩石流变变形与时间的关系，从而归纳总结出岩石流变力学特性的规律。

5.1.4 试验结果

1. ZK13-2-3 灰质泥岩流变试验结果

流变试验共施加了 6 级荷载，各级荷载持续时间大于 55h，历时 392h，

图 5.6 给出了分级加载下灰质泥岩的流变曲线。流变曲线上的数值代表施加的各级轴向应力。

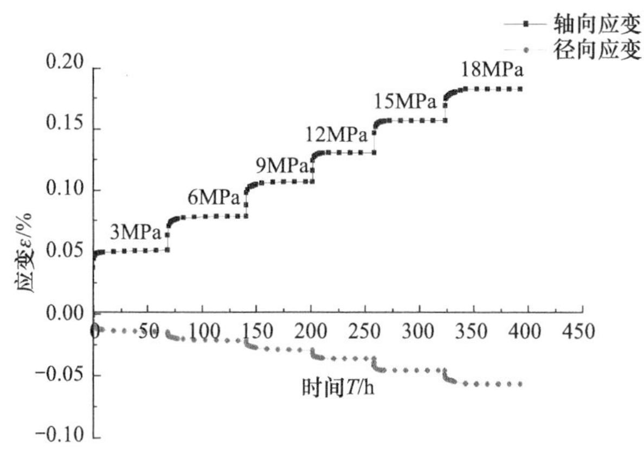

图 5.6 ZK13-2-3 灰质泥岩分级加载流变曲线

采用分级加载方式，因此需要采用 Boltzmann 叠加原理对试验数据进行处理，将图 5.6 所示的流变曲线转变为不同应力水平下岩石轴向分别加载流变曲线以及径向分别加载流变曲线，如图 5.7、图 5.8 所示。

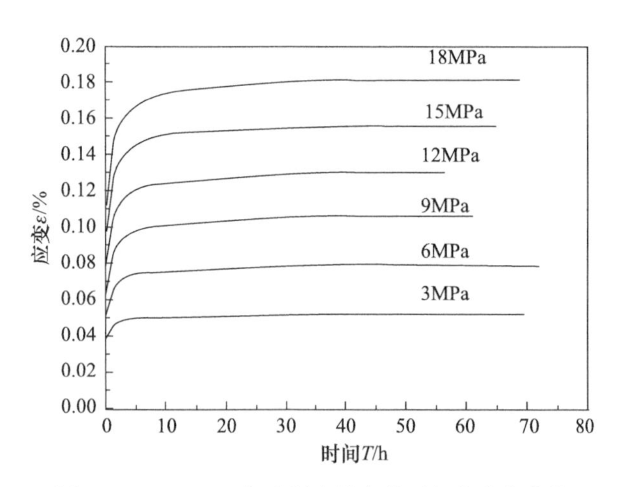

图 5.7 ZK13-2-3 灰质泥岩轴向分别加载流变曲线

根据试验结果，将各级应力水平下岩石轴向与径向的瞬时应变、蠕应变以及总应变列于表 5.2。

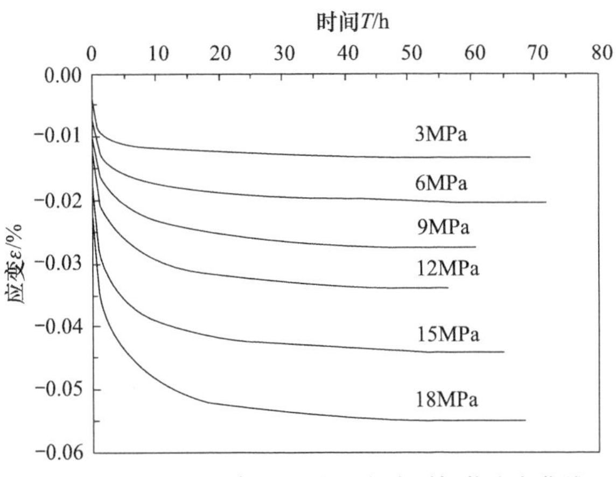

图 5.8　ZK13-2-3 灰质泥岩径向分别加载流变曲线

表 5.2　ZK13-2-3 各级应力水平下岩石的轴向、径向瞬时应变、蠕应变以及总应变

($\sigma_1-\sigma_3$)/MPa	轴向应变				径向应变			
	瞬时应变/%	蠕应变/%	总应变/%	(蠕应变/总应变)/%	瞬时应变/%	蠕应变/%	总应变/%	(蠕应变/总应变)/%
3	0.0378	0.0142	0.0521	27.26	0.0056	0.0078	0.0134	58.21
6	0.0498	0.0294	0.0793	37.07	0.0075	0.0130	0.0205	63.41
9	0.0618	0.0447	0.1065	41.97	0.0096	0.0182	0.0278	65.47
12	0.0789	0.0511	0.1301	39.28	0.0124	0.0220	0.0344	63.95
15	0.0947	0.0611	0.1558	39.22	0.0179	0.0263	0.0442	59.50
18	0.1084	0.0729	0.1814	40.19	0.0222	0.0328	0.0550	59.64

2. ZK13-2-1 灰质泥岩流变试验结果

流变试验共施加了 4 级荷载，各级荷载持续时间大于 150h，历时 610h，图 5.9 给出了分级加载下 ZK13-2-1 灰质泥岩的流变曲线。流变曲线上的数值代表施加的各级轴向应力。

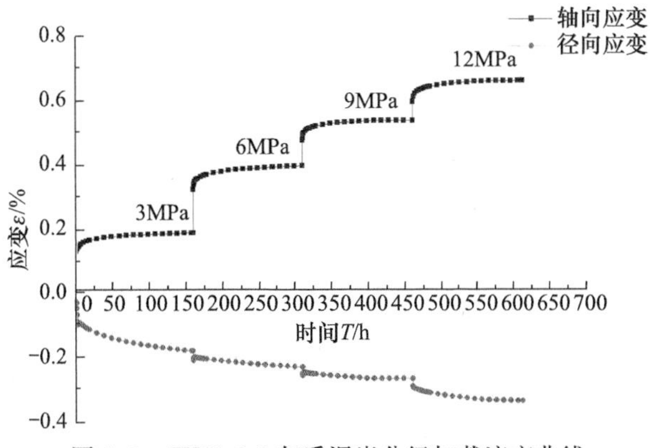

图 5.9　ZK13-2-1 灰质泥岩分级加载流变曲线

不同应力水平下岩石轴向分别加载流变曲线且径向分别加载流变曲线分别如图 5.10、图 5.11 所示。

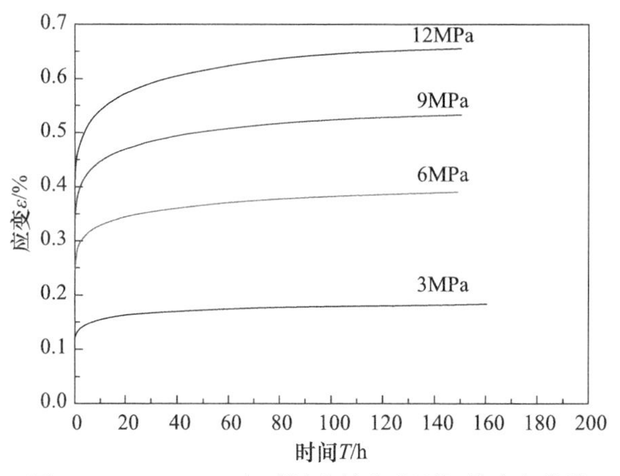

图 5.10　ZK13-2-1 灰质泥岩轴向分别加载流变曲线

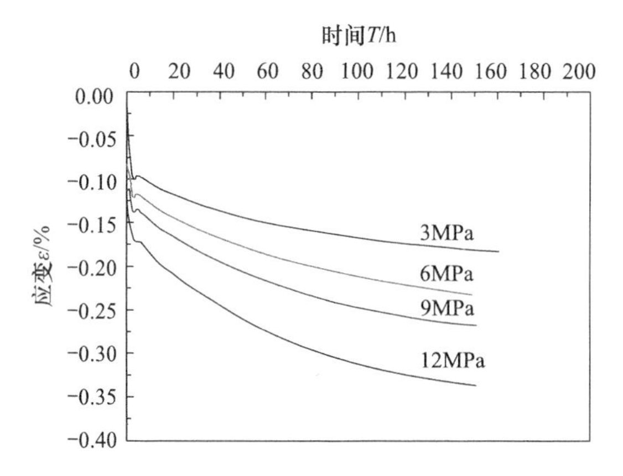

图 5.11　ZK13-2-1 灰质泥岩径向分别加载流变曲线

根据试验结果，将各级应力水平下岩石轴向与径向的瞬时应变、蠕应变以及总应变列于表 5.3。

表 5.3　ZK13-2-1 各级应力水平下岩石的轴向、径向瞬时应变、蠕应变以及总应变

$(\sigma_1-\sigma_3)$ /MPa	轴向应变				径向应变			
	瞬时应变/%	蠕应变/%	总应变/%	(蠕应变/总应变)/%	瞬时应变/%	蠕应变/%	总应变/%	(蠕应变/总应变)/%
3	0.1180	0.0657	0.1837	35.76	0.0410	0.1419	0.1829	77.58
6	0.2320	0.1590	0.3910	40.66	0.0610	0.1715	0.2325	73.76
9	0.2860	0.2470	0.5330	46.34	0.0879	0.1797	0.2676	67.15
12	0.3300	0.3260	0.6560	49.70	0.1072	0.2296	0.3368	68.17

3. ZK13-2-5 灰质泥岩流变试验结果

流变试验共进行了 5 级卸荷，各级荷载持续时间大于 125h，历时 686h，图 5.12 给出了分级卸荷下灰质泥岩的流变曲线。流变曲线上的数值代表卸荷后的各级围压。试验过程中，轴向应力始终保持为 13MPa。

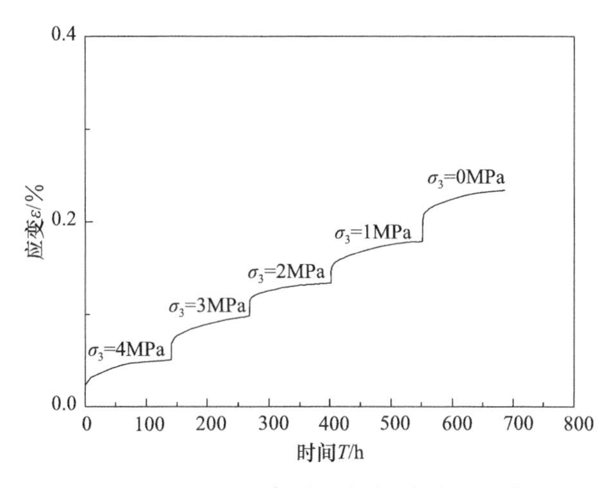

图 5.12　ZK13-2-5 灰质泥岩分级卸荷流变曲线

不同应力水平下岩石轴向分别卸荷流变曲线如图 5.13 所示。

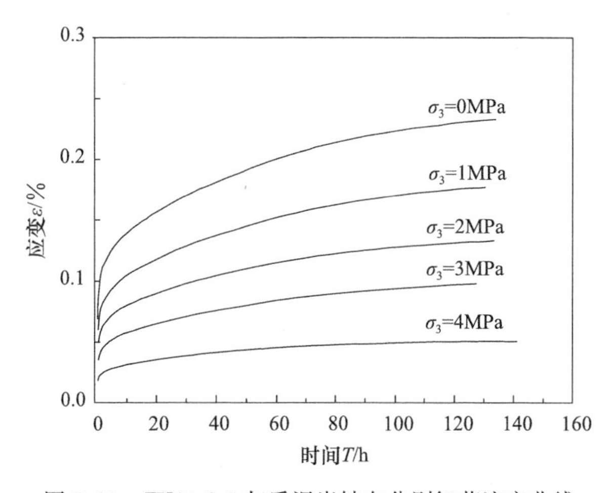

图 5.13　ZK13-2-5 灰质泥岩轴向分别卸荷流变曲线

根据试验结果，将各级应力水平下岩石轴向的瞬时应变、蠕应变以及总应变列于表 5.4。

表 5.4　ZK13-2-5 各级应力水平下岩石的轴向瞬时应变、蠕应变以及总应变

σ_3/MPa	瞬时应变/%	蠕应变/%	总应变/%	(蠕应变/总应变)/%
4	0.0180	0.0326	0.0506	64.43
3	0.0300	0.0677	0.0977	69.29
2	0.0406	0.0921	0.1327	69.40
1	0.0536	0.1236	0.1772	69.75
0	0.0676	0.1652	0.2328	70.96

4. ZK10-4-5 灰质泥岩流变试验结果

流变试验共施加了 5 级荷载，各级荷载持续时间大于 57h，历时 300h，图 5.14 给出了分级加载下灰质泥岩的流变曲线。流变曲线上的数值代表施加的各级轴向应力。

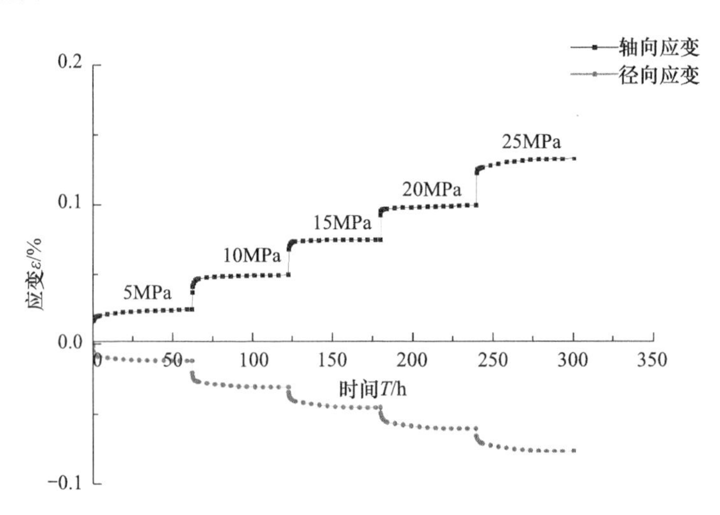

图 5.14　ZK10-4-5 灰质泥岩分级加载流变曲线

不同应力水平下岩石轴向分别加载流变曲线以及径向分别加载流变曲线，如图 5.15、图 5.16 所示。

根据试验结果，将各级应力水平下岩石轴向与径向的瞬时应变、蠕应变以及总应变列于表 5.5。

5. ZK10-4-7 灰质泥岩流变试验结果

流变试验共施加了 4 级荷载，各级荷载持续时间大于 62h，历时 268h，图 5.17 给出了分级加载下灰质泥岩的流变曲线。流变曲线上的数值代表施加的各级轴向应力。

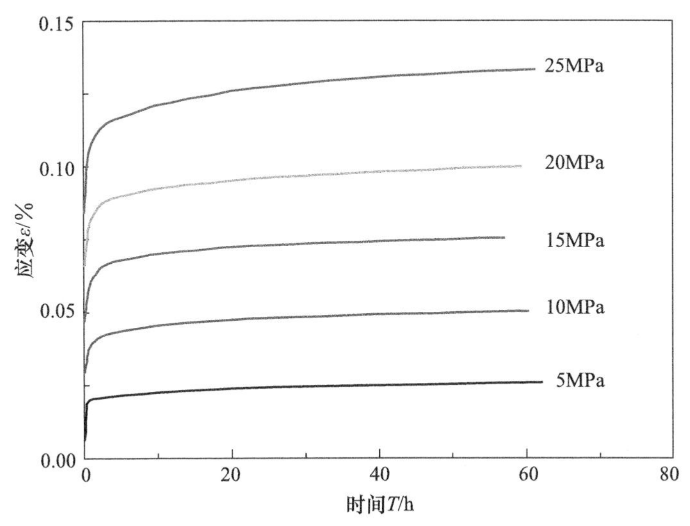

图 5.15　ZK10-4-5 灰质泥岩轴向分别加载流变曲线

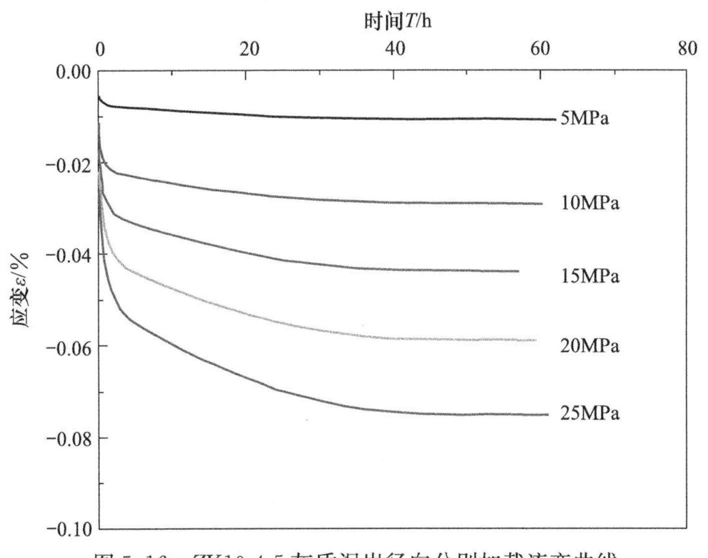

图 5.16　ZK10-4-5 灰质泥岩径向分别加载流变曲线

表 5.5　ZK10-4-5 各级应力水平下岩石的轴向、径向瞬时应变、蠕应变以及总应变

$(\sigma_1-\sigma_3)$ /MPa	轴向应变				径向应变			
	瞬时应变/%	蠕应变/%	总应变/%	(蠕应变/总应变)/%	瞬时应变/%	蠕应变/%	总应变/%	(蠕应变/总应变)/%
5	0.0152	0.0105	0.0257	40.86	0.0041	0.0068	0.0108	62.96
10	0.0286	0.0216	0.0502	43.03	0.0115	0.0179	0.0294	60.88
15	0.0460	0.0293	0.0753	38.91	0.0171	0.0269	0.0440	61.14
20	0.0648	0.0350	0.0998	35.07	0.0221	0.0368	0.0589	62.48
25	0.0832	0.0498	0.1330	37.44	0.0261	0.0492	0.0753	65.34

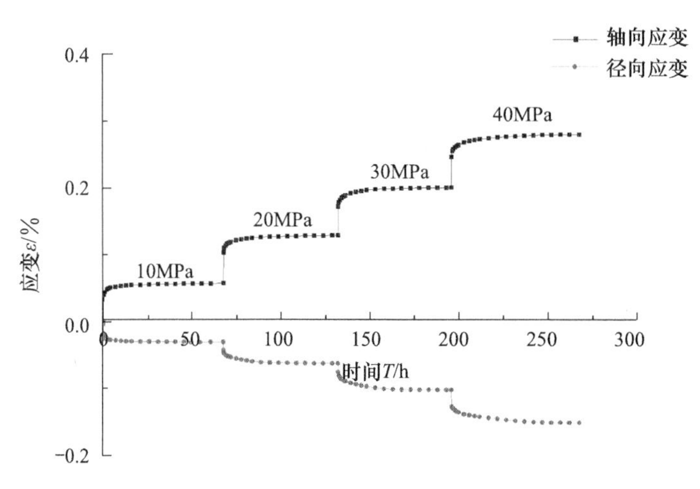

图 5.17　ZK10-4-7 灰质泥岩分级加载流变曲线

不同应力水平下岩石轴向分别加载流变曲线以及径向分别加载流变曲线，如图 5.18、图 5.19 所示。

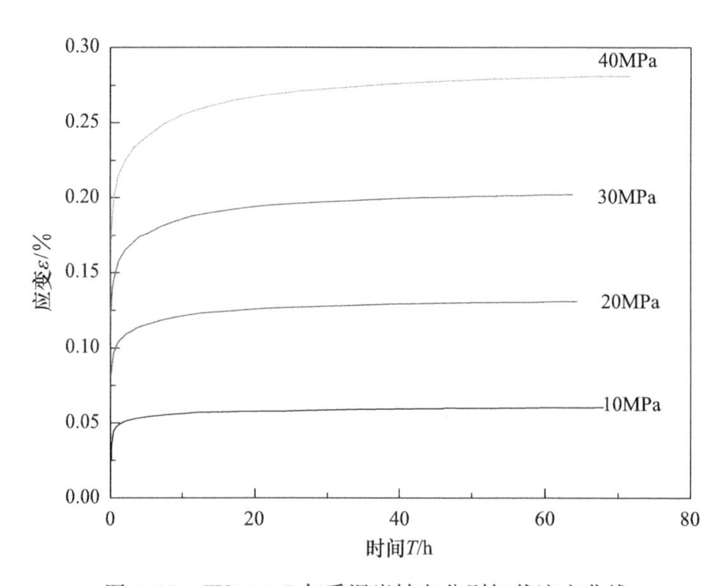

图 5.18　ZK10-4-7 灰质泥岩轴向分别加载流变曲线

根据试验结果，将各级应力水平下岩石轴向与径向的瞬时应变、蠕应变以及总应变列于表 5.6。

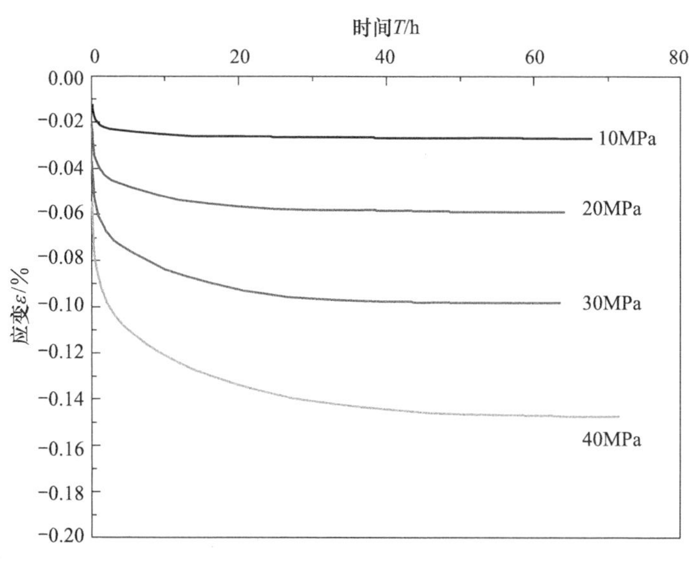

图 5.19　ZK10-4-7 灰质泥岩径向分别加载流变曲线

表 5.6　ZK10-4-7 各级应力水平下岩石的轴向、径向瞬时应变、蠕应变以及总应变

$(\sigma_1-\sigma_3)$ /MPa	轴向应变				径向应变			
	瞬时应变 /%	蠕应变 /%	总应变 /%	(蠕应变/总应变)/%	瞬时应变 /%	蠕应变 /%	总应变 /%	(蠕应变/总应变)/%
10	0.0370	0.0230	0.0600	38.33	0.0110	0.0158	0.0268	58.96
20	0.0796	0.0512	0.1308	39.14	0.0210	0.0378	0.0588	64.29
30	0.1196	0.0824	0.2019	40.81	0.0341	0.0639	0.0981	65.14
40	0.1636	0.1172	0.2808	41.74	0.0508	0.0965	0.1473	65.51

5.1.5　灰质泥岩流变规律分析

（1）由各组岩石的分别加载流变曲线可知，灰质泥岩的轴向应变、径向应变均可以分为两部分：一部分是瞬时应变，即每级应力水平施加瞬间试样产生的瞬时变形；另一部分是流变应变，即在恒定应力水平作用下，试样的变形随时间而增长。在各级应力水平下，轴向流变曲线和径向流变曲线均可以划分为 2 个阶段；第一阶段是衰减流变阶段，第二阶段是稳定流变阶段。

（2）对比表 5.2 与表 5.3 中各级应力水平下岩石轴向与径向的应变，可以看出天然含水状态下灰质泥岩的瞬时应变、蠕应变以及总应变均较小，然而灰质泥岩属软岩，水对其变形特性影响显著，饱水后岩石轴向瞬时应变是天然状态下的 3.1～4.7 倍，轴向蠕应变是天然状态下的 4.6～6.4 倍，轴向总应变是天然状态下的 3.5～5.0 倍；饱水后岩石的径向瞬时应变是天然状态下的 7.3～9.2 倍，径向蠕应变是天然状态下的 9.9～18.2 倍，径向总应变是天然状态下的 9.6～13.6 倍。因此，在分级加载条件下，与天然状态相比，灰质泥岩饱水后在上部荷载的长期作用下将产生较为显著的时效变形。

（3）由表 5.4 可以看出，在恒轴压分级卸围压条件下，由于轴向应力较小，卸荷后各级围压下岩石的瞬时应变、蠕应变以及总应变均不大。从岩石蠕应变与总应变的比值可以看出，岩石卸荷后的蠕应变是总应变的 64%～71%。因此，分级卸荷条件下，虽然卸荷后各级围压下岩石的瞬时应变、蠕应变不大，但与瞬时应变相比，岩石的蠕应变较为显著。

（4）对比表 5.5、表 5.6 与表 5.2 可以看出，ZK10-4 为第二批岩石试样，埋深为 279.07～280.83m，埋深较大，在上覆压力的作用下，岩石固结较为密实，而第一批试样 ZK13-2 埋深在 86.7～88.3m，埋深较小，岩石固结程度较 ZK10-4 组岩石弱。因此，在相同应力水平下，天然含水状态下 ZK10-4 组岩石试样较 ZK13-2 组岩石试样的应变小、时效变形特性弱。

（5）试样轴向和径向的衰减流变阶段历时随偏差应力的增加而延长，即应力水平越高，岩石发生衰减流变的时间越长。以 ZK13-2-3 岩石轴向流变为例，如图 5.7 所示，当应力水平为 3MPa 时，初始的 6h 流变速率明显衰减，为衰减流变阶段，随后流变速率随时间增加保持不变，即进入等速流变阶段；而当应力水平达 18MPa 时，衰减流变阶段历时 30h 左右。

（6）从表 5.2、表 5.3、表 5.5、表 5.6 中可以看出，岩石试样轴向与径向的瞬时应变、蠕应变以及总应变均随应力水平的增加而增大。在各级应力水平下，径向蠕应变占径向总应变的比例始终比轴向蠕应变占轴向总应变的比例大。因此，岩石的径向流变效应明显。

（7）在试验过程中，岩石的轴向流变以及径向流变均没有出现明显的起始流变强度，即在较低的应力水平下，岩石的变形亦随时间而增大。试样的轴向应变以及径向应变历时曲线在低应力水平下均呈现出衰减流变阶段，在较高应力水平下，呈现出稳定流变阶段，而且每一级应力水平下均有持续一段时间的稳定流变，稳定流变速率在同级应力水平下几乎为常数，不同应力水平下的流变速率也很接近，与应力水平增量没有明显的比例关系。

5.2 ZK1-1 砂质泥岩流变力学特性试验研究

ZK1-1 砂质泥岩为第三系形成的岩层，砂质泥岩的流变力学特性将直接影响到引水工程的长期稳定与安全。采用 SR-6 型三轴蠕变仪，对 ZK1-1 砂质泥岩进行三轴压缩流变试验，基于试验结果，分析岩石的流变特性，得出砂质泥岩的三轴流变规律，为工程防灾减灾提供科学依据。

5.2.1　试样制备

采用土制样器制样，制成尺寸为 ϕ61.8mm×123.6mm 的圆柱形岩样，如图 5.20 所示。

图 5.20　试样制备

将制备好的试样置于保护器中，采用真空饱和方法使试样饱和，见图 5.21。

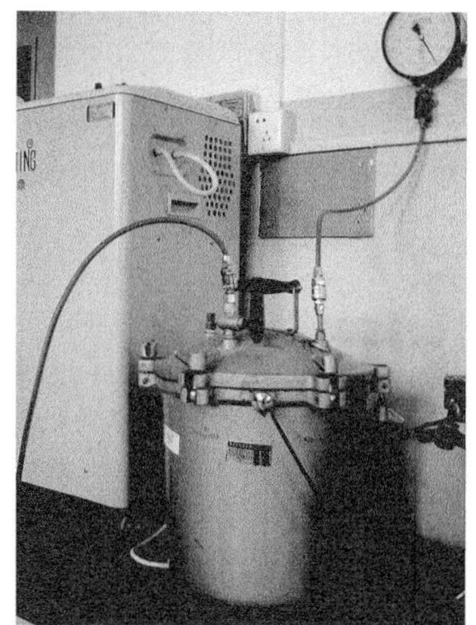

图 5.21　试样饱和设备

5.2.2　试验设备

由于饱和砂质泥岩强度低，无法使用岩石流变仪对其进行流变试验，采用河南省岩土力学与水工结构重点实验室的 SR-6 型三轴蠕变仪(图 5.22)开展试验。试验设备围压采用空气压力为压力源，经过调压阀，可以保证试验期间围压稳定。试验可以采集的数据有围压、孔压、排水量和变形量。变形测量的精度为 0.01mm。轴向应力加载采用重力加载，该方法可保存轴向压力恒定，是最常用的加载方法。试验设备可通过软件系统进行控制，数据可自动采集。

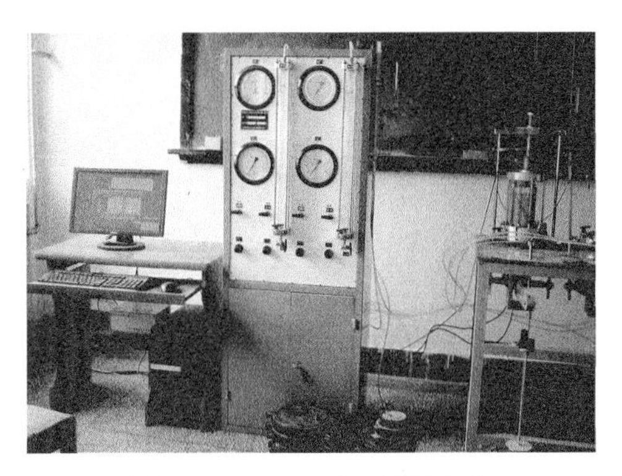

图 5.22 SR-6 型三轴蠕变仪

5.2.3 试验方法

考虑到工程实际环境情况，排水剪切能更真实地模拟砂质泥岩的排水条件，试验采用排水剪。试验过程如下：

(1) 固结。在一定的围压下排水固结，依据试样的埋深，选择 500kPa 围压；固结时间为 2～3d，根据孔隙水压消散情况确定。为了加快孔压消散，更均匀地固结，在试样周围沿轴向均匀地贴上滤纸条。固结完成后根据排水量计算试样的固结变形。

(2) 加载。试验采用分级加载方法进行加载。每级加载时间视变形速率而定，一般在 3d 内总变形量少于 0.01mm 就认为蠕变稳定，进入下级加载。试验中施加的应力水平分别为 0.4MPa、0.8MPa、1.2MPa、1.6MPa。

(3) 数据采集。加载后的 30min 内每 30s 记录一个数据，之后每 1min 记录一个数据。试验系统自动采集数据。

5.2.4 试验结果

流变试验共施加了 4 级荷载，各级荷载持续时间大于 3000min，总历时 16330min，图 5.23 给出了分级加载下砂质泥岩的流变曲线。流变曲线上的数值代表施加的各级轴向应力。

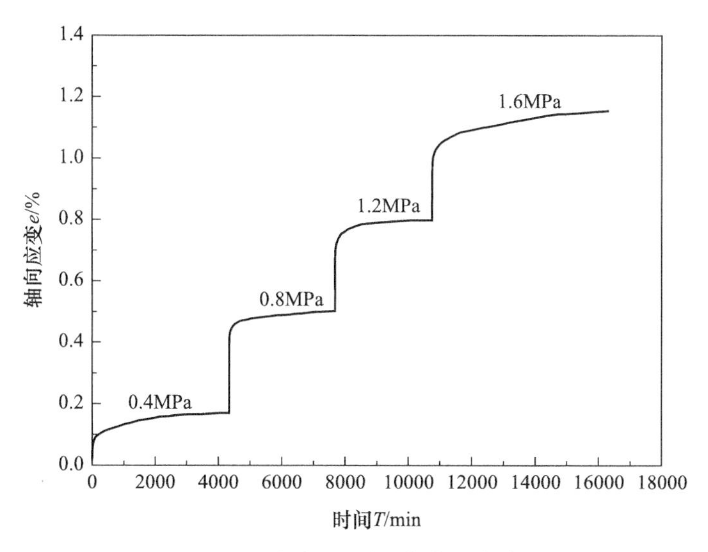

图 5.23　砂质泥岩分级加载流变曲线

由于试验采用分级加载方式，采用 Boltzmann 叠加原理对试验数据进行处理，将图 5.23 所示的流变曲线转变为不同应力水平下砂质泥岩轴向分别加载流变曲线，如图 5.24 所示。

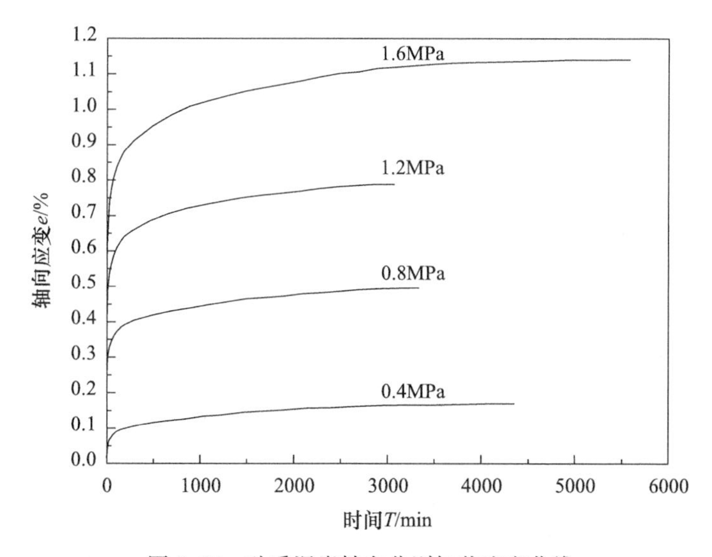

图 5.24　砂质泥岩轴向分别加载流变曲线

根据试验结果，将各级应力水平下岩石轴向的瞬时应变、蠕应变以及总应变列于表 5.7。

表 5.7 各级应力水平下岩石的轴向瞬时应变、蠕应变以及总应变

($\sigma_1-\sigma_3$)/MPa	轴向应变			
	瞬时应变/%	蠕应变/%	总应变/%	(蠕应变/总应变)/%
0.4	0.0483	0.1358	0.1841	73.76
0.8	0.2536	0.2569	0.5106	50.31
1.2	0.3924	0.3999	0.7924	50.47
1.6	0.5469	0.6080	1.1549	52.65

5.2.5 砂质泥岩流变规律分析

(1) 饱和砂质泥岩流变曲线反映了流变的第一阶段和流变第二阶段，即衰减流变阶段与稳定流变阶段，试验中未观察到流变第三阶段，即加速流变阶段。

(2) 试样轴向的瞬时应变、蠕应变以及总应变均随应力水平的增加而增大。在各级应力水平下，轴向蠕应变占轴向总应变的比例均大于50%，表明岩石的流变效应明显。

(3) 由于砂质泥岩成岩时间短，颗粒间泥质胶结力弱，岩石饱水后流变量大，时效变形显著。岩石的这一力学特性将对引水工程的长期稳定和安全运行产生较大影响，在工程建设中应对砂质泥岩的流变力学特性给予重点关注。

第6章　隧洞工程地质条件

工程区位于宁夏回族自治区中南部，地处北纬35°23′37″～35°57′34″，东经106°13′49″～106°21′54″，分别隶属于泾源县、彭阳县、原州区、西吉县。区内交通较发达，宝中铁路南北向纵贯固原中部，北端与包兰铁路相接，南端与陇海线相连，兰宜公路东西向横穿固原，西通甘肃兰州，东去陕西宜川[2]。工程区位置如图6.1所示。

工程以泾河上游为水源地，从泾河干支流多条河流分散取水；输水总干线起自泾河干流龙潭水库，沿途逐渐纳入从策底河、泾河其他支流、暖水河、颉河等河流截引的水量，向北穿越泾河与清水河分水岭，引水至固原市南郊，向干旱缺水的宁夏中南部地区的固原市原州区、彭阳县、西吉县以及中卫市海原县部分城镇供水，满足居民生活和农村人畜用水需求，解决城乡饮水安全问题。

供水范围包括原州区、彭阳县、西吉县以及海原县黄河水难以达到的南部地区，涉及1个市区、3个县城、44个乡镇、603个行政村、3559个自然村。2009年用水总人口为110.80万人，其中，农村89.40万人，城镇21.40万人。

输水线路首部取水水库为龙潭水库，输水线路末端的中庄水库为主调节水库，新建暖水河(秦家沟)水库作为暖水河线外调节水库，另外布置截引工程5处，涉及泾河干流以及策底河、暖水河、颉河三条支流，设计引水流量3.75m^3/s。

输水线路全长74.39km，其中，隧洞11座，单洞长595～10775m，总长35.750km，隧洞断面呈马蹄形，最大净宽2.14m，最大净高2.35m，混凝土衬砌厚度200～250mm；输水管道34.325km，为有压管道，分为0.2～0.4MPa、0.6～0.8MPa、1.0MPa、1.2～1.6MPa四个压力等级，采用预应力混凝土管(PCP)、钢筒混凝土管(PCCP)、石英夹沙玻璃钢管(FRP)三种管材，根据输水管线的流量、水头及管材不同，设计管径1.2～2.0m不等。

工程输水隧洞是控制工程投资、进度和安全的关键部分。限于篇幅，本章仅对7#大湾隧洞的工程地质条件进行介绍，为后面第7章的数值模拟研究提供基础资料。

7#大湾隧洞的隧洞区行政隶属于泾源县大湾乡，隧洞总长10.710km，设计隧洞净高2.35m，洞底坡降为1/2250。进口位于固原大湾乡马洼沟右岸山坡，出口位于下青石嘴沟北侧山坡。该隧洞有4个支洞：7-1#支洞，进口位于杨洼沟，全长509m；7-2#支洞，进口位于井攀沟，全长711m；7-3#支洞，进口位于王灌沟，全长612m；7-4#支洞，进口位于四沟，全长357m。隧洞进出口及各支洞口主要设计指标见表6.1。

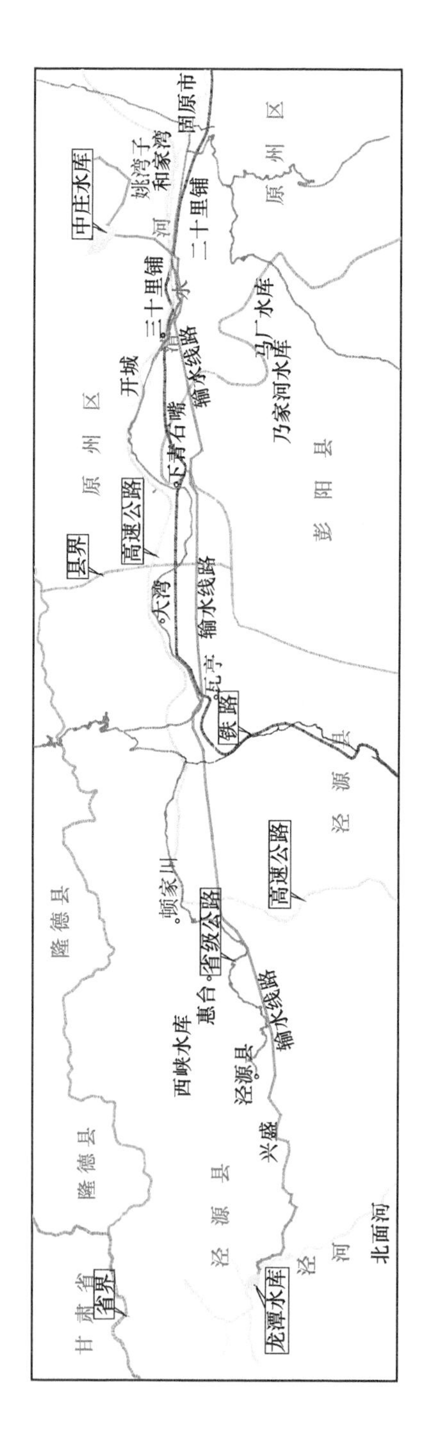

图6.1 工程区位置示意图

表 6.1　隧洞进出口主要设计指标

位置	桩号	地表高程/m	洞底高程/m
进口	$K40+090$	1898.80	1893.62
出口	$K50+800$	1895.74	1889.73

6.1　地形地貌

隧洞主要穿越的山体地面高程 1896～2201m，相对高差 305m 左右，属低中山地貌单元，地形起伏较大，山梁与沟谷相间，隧洞沿线共有较大沟谷 11 个。地面植被以低矮灌木及草本植物为主，缓坡地带多为开垦的梯田。

隧洞埋深为 9～310m，平均埋深为 165m，隧洞总体走向为 NW359°。

6.2　地层岩性

隧洞穿越地区基岩为白垩系下统六盘山群马东山组第二段(K_1m^2)和乃家河组第一段(K_1n^1)、第二段(K_1n^2)、第三段(K_1n^3)，隧洞进出口、沟谷及基岩表层覆盖有第四系松散堆积层，隧洞穿越地层主要特征分述如下。

马东山组第二段(K_1m^2)：岩性为泥页岩与薄层泥灰岩互层，泥页岩与泥灰岩比例约为 7∶3。泥页岩呈灰色，泥晶泥状结构，薄层状构造，泥钙质胶结，页理较发育；泥灰岩为灰色，薄层状。

乃家河组第一段(K_1n^1)：岩性以灰色泥页岩为主，多呈薄层状，局部夹薄层紫红色泥岩。灰色泥页岩，泥钙质胶结，薄层状。红色泥岩为泥质胶结，胶结程度差，风化后多呈黏土状。

乃家河组第二段(K_1n^2)：岩性为泥岩与泥灰岩互层状，二者比例约为 6∶4。其中，泥岩呈灰色，薄层状，泥质胶结；泥灰岩多呈灰色、青灰色，薄～中厚层状，多呈隐晶质结构，抗风化能力相对较强，呈陡坎地形和突出状地形。

乃家河组第三段(K_1n^3)：岩性为泥岩夹薄层泥灰岩，泥岩为灰色，抗风化能力弱。

以上各地层间均呈整合接触。

隧洞穿越不同岩性的洞段长度及比例见表 6.2。

表 6.2　隧洞穿越地层统计

岩性代号	主要岩性	长度/m	占总洞长比例/%
K_1n^3	泥岩夹薄层泥灰岩	1871	17.5
K_1n^2	泥岩与泥灰岩互层	4213	39.4

续表

岩性代号	主要岩性	长度/m	占总洞长比例/%
K_1n^1	泥页岩	2467	23.1
K_1m^2	泥页岩夹薄层泥灰岩	2146	20.0

6.3 地质构造

输水隧洞沿线属于小关山复式背斜的西翼，其中发育有1个宽缓背斜和宽缓向斜，背斜轴部位于$K41+400\sim K41+600$之间，SW翼地层产状为NW340°～345°SW∠10°～15°，NW翼地层产状为NE10°～30°NW∠8°～10°；向斜轴部位于桩号$K43+300\sim K43+500$间，SW翼地层产状为NE10°～30°NW∠8°～10°，NW翼地层产状为NW340°～345°SW∠15°～20°。

地质测绘过程中未发现大规模断裂，洞线附近发育一些小断层，延伸较短，部分未延至洞线。在杨洼沟$K41+336\sim K42+562$段断层较发育，规模较小，延伸不远，主要断层特征见表6.3。

表6.3　隧洞穿越的主要断层特征

断裂编号	分布位置	性质	产状			可见延伸长/m	断层标志简述
			走向	倾向	倾角/(°)		
f_9	—	逆断层	NW290°	NE	70	—	断层带宽0.3～0.5m，影响带宽10～15m，延伸>100m，断层带内充填糜棱岩、泥质，地貌为沟谷基岩断面
f_{10}	—	—	NW320°	NE	72	—	断层带宽0.3～0.6m，影响带宽10～20m，延伸>100m，断层带内充填碎裂岩，地貌为沟谷基岩断面
f_{11}	—	正断层	NE75°	SE	80	—	断层带宽约10cm，影响带宽3～6m，延伸>6m，断层带内充填碎裂岩、岩屑及泥岩，地貌为沟谷基岩断面
F9D41	$K41+377$	正断层	NE75°	NW	80	8	断层带宽1.6m，断层影响带宽2～3m，断距－0.7m，断面弯曲，断层带内发育角砾岩，呈青灰色，碎块状
F9D44	$K41+468$	正断层	NE80°	NW	80	6	断层带宽0.1～0.26m，断层影响带宽0.56～1m，断距0.5m，断面弯曲，断层带内发育角砾岩，呈青灰色，碎块状，碎块粒径1～10cm

续表

断裂编号	分布位置	性质	产状			可见延伸长/m	断层标志简述
			走向	倾向	倾角/(°)		
F9D47	*K*41+574	正断层	NE60°	SE	66	8	断层带宽 0.5～0.75m，断层影响带宽 1.05～1.9m，断距 3.6m，断面弯曲，断层带内发育角砾岩，呈青灰色，碎块状，碎块粒径 1～45cm
F9D52	*K*41+897	正断层	NE89°	SE	62	10	断层带宽 5.7m，断层影响带宽 1.8m，断面平直，断层带内发育角砾岩，呈青灰色，碎块状，碎块粒径 3～5cm
F9D59	*K*42+167	正断层	NW284°	NE	77	9	断层带宽 0.1～0.9m，断层影响带宽 1.8m，断距 2.2m，断面平直，断层带内发育角砾岩，呈青灰色，碎块状，碎块粒径 3～16cm
F9D61	*K*42+226	正断层	NW303°	NE	82	7	断层带宽 0.04～0.22m，断层影响带宽 1.0m，断距 1.6m，断面弯曲，断层带内发育角砾岩，呈青灰色，碎块状
F9D64	*K*42+299	逆断层	NE80°	NW	75	7	断层带宽 1.2m，断层影响带宽 2.7～3.0m，断距 3.5m，断面平直粗糙，断层带内发育角砾岩，呈青灰色，小碎片状，包裹部分角砾岩
F9D65	*K*42+322	逆断层	NE56°	NW	83	7	断层带宽 0.06m，断层影响带宽 0.5m，断距 0.6m，断面平直光滑，断层带内发育糜棱岩：蓝灰色，暗红色，呈小碎屑状
F9D67	*K*42+345	正断层	NW290°	SW	85	7	断层带宽 0.1～0.85m，断层影响带宽 1.7～2.1m，断距 4m，断面平直有起伏，断层带内发育角砾岩：青灰色，暗红色，呈碎块状

根据物探 EH4 测试成果推测，在隧洞区发育一些构造破碎带，破碎带的分布及主要特征见表 6.4。

表 6.4　隧洞 EH4 成果推测构造特征

序号	对应桩号	推测性质	倾向、倾角
1	*K*40+187	推测为岩体破碎带	倾下游、视倾角 56°
2	*K*40+787	推测为岩体破碎带	倾下游、视倾角 78°
3	*K*41+445	推测为岩体破碎带	倾上游、视倾角 55°

续表

序号	对应桩号	推测性质	倾向、倾角
4	K41+695	推测为岩体破碎带	倾上游、视倾角74°
5	K42+026	推测为岩体破碎带	倾上游、视倾角86°
6	K42+545	推测为岩体破碎带	直立
7	K42+795	推测为岩体破碎带	倾下游、视倾角65°
8	K43+345	推测为岩体破碎带	倾上游、视倾角81°
9	K43+595	推测为岩体破碎带	倾下游、视倾角86°
10	K44+043	推测为岩体破碎带	倾下游、视倾角63°
11	K44+493	推测为岩体破碎带	倾下游、视倾角70°
12	K44+843	推测为岩体破碎带	倾上游、视倾角86°
13	K45+393	推测为岩体破碎带	倾下游、视倾角88°
14	K45+993	推测为岩体破碎带	倾下游、视倾角64°
15	K46+633	推测为岩体破碎带	倾上游、视倾角70°
16	K46+933	推测为岩体破碎带	倾下游、视倾角73°
17	K47+533	推测为岩体破碎带	倾上游、视倾角86°
18	K48+203	推测为岩体破碎带	倾上游、视倾角76°
19	K48+433	推测为岩体破碎带	倾下游、视倾角69°
20	K48+803	推测为岩体破碎带	倾上游、视倾角87°
21	K49+236	推测为断层破碎带	倾下游、视倾角68°
22	K50+266	推测为断层破碎带	倾下游、视倾角60°
23	K50+406	推测为岩体破碎带	倾下游、视倾角74°
24	K50+709	推测为岩体破碎带	倾下游、视倾角54°
25	K50+869	推测为岩体破碎带	倾下游、视倾角72°

隧洞进口附近节理裂隙发育，主要有2组：①组产状为NW345°NE∠77°，微张～闭合，较平直，较粗糙，无充填，面附锈色泥膜，裂隙间距0.5～1.0m；②组产状为NE78°NW∠79°～85°，微张～闭合，平直光滑，延伸0.5～3.0m，裂隙间距0.2～0.5m。

据钻孔编录成果，微新岩体内裂隙也有发育，其中局部可见倾角2°～10°缓倾角裂隙，裂隙平直光滑，部分裂面充填石膏，间距约1.0～1.5m；局部可见倾角40°～50°裂隙，平直，较粗糙，多微张～闭合，部分张开4～5mm，有充填石膏或钙质现象。陡倾角裂隙较为少见。

隧洞出口附近裂隙主要有2组：①组产状为NW343°NE∠70°～80°，微张～闭合，面附泥膜或有泥质充填，多平直，个别弯曲，较光滑，裂隙间距0.2～0.5m；②组产状为NE66°NW∠85°～90°，多闭合，平直光滑，裂隙间距0.2～0.3m。

6.4　物理地质现象

由于隧洞区基岩属软岩、较软岩，物理风化作用较为强烈。一般强风化厚度 10～15m，弱风化层厚度 35～40m，山脊附近风化深度较缓坡地带深 3～5m。

隧洞布置钻孔 10 个，各钻孔位置岩体风化情况见表 6.5。

表 6.5　各钻孔位置岩体风化深度情况

钻孔编号	强风化下限深度/m	弱风化下限深度/m
ZK39+850	6.8	10.8
ZK6	16.4	26.6
ZK7	9.0	23.0
ZK8	16.0	33.7
ZK9	—	40.7
ZK10	40.5	63.7
ZK11	16.4	26.6
ZK48+883	6.2	10.2
ZK49+805	7.1	11.6
ZK50+450	5.7	11.0

隧洞区仅部分深沟沿岸有滑坡发育，堆积体内以碎块石为主，规模较小，对工程影响不大。

6.5　水文地质特征

隧洞区属中山地貌，洞线穿越多个走向近南北的深沟，多数沟内常年有水。沟谷分布情况见表 6.6。

表 6.6　隧洞区主要沟谷分布情况

沟名	位置	线路所处地貌位置	走向/(°)	形状	底宽/m	沟底高程/m	沟中地表水	沟底距隧洞顶板距离/m
马洼沟	*K*39+509～*K*40+090	7#隧洞进口	47	凵形	49	1870.70	干涸	—
杨洼沟	*K*41+336～*K*42+562	7#隧洞上方	2～3	V形	1～3	1985.00	水量较小	145.7
上井盘沟	*K*43+944～*K*44+007	7#隧洞上方	90	V形	30	2065.36	有地表水	176.5
王灌沟	*K*44+728～*K*44+807	7#隧洞上方	98	V形	21	2062.35	有地表水	173.6
武家坪沟	*K*45+918～*K*45+968	7#隧洞上方	146	U形	5	2028.87	水量较小	140.0
第四沟	*K*47+608～*K*47+759	7#隧洞上方	127	U形	27	1973.22	有地表水	82.2
马圈沟	*K*48+950～*K*49+027	7#隧洞上方	119	U形	18	1929.51	季节性洪水	44.5
窑儿沟	*K*49+875～*K*49+938	7#隧洞上方	125	U形	12	2009.37	季节性洪水	24.3

隧洞区地下水以第四系松散层孔隙潜水和白垩系基岩裂隙水为主。第四系松散层孔隙潜水对隧洞工程意义不大，故不在此叙述。以下重点对白垩系基岩地下水特征进行详细分析。

1. 白垩系基岩地下水类型及补给径流排泄特征

白垩系基岩地下水主要有裂隙潜水、裂隙潜水～承压水、承压水三种类型。

裂隙潜水：主要赋存于基岩风化卸荷带裂隙，含水层厚度一般15～30m。主要接受大气降水补给，部分在山沟内以下降泉的形式排泄，部分通过断层破碎带、裂隙密集带及较大规模的结构面向基岩深部含水层补给。这部分地下水主要对隧洞进出口及施工支洞口及浅埋洞段影响较大。

裂隙潜水～承压水：主要赋存于埋深40～140m的裂隙中，一般没有统一的地下水位。上部与浅层含水层连通性较好的地带表现出裂隙潜水的特征，接受沟谷河水及上层潜水补给。

承压水：埋藏较深，含水体范围较小，多为“囊状含水体”，补给条件较差。

2. 岩体渗透性

钻孔压水试验结果见表6.7。

表6.7　隧洞区钻孔压水试验结果　　（单位：段次）

钻孔编号	弱风化岩体～强风化岩体的透水率/Lu				微风化岩体～新鲜岩体的透水率/Lu			
	<0.1	0.1～1	1～10	10～100	<0.1	0.1～1	1～10	10～100
ZK39+850	—	—	—	2	—	—	1	3
ZK6	—	—	1	—	—	—	11	—
ZK7	—	—	3	—	—	—	18	—
ZK8	—	—	2	4	—	—	32	1
ZK9	—	—	5	1	—	12	17	—
ZK10	—	—	—	—	—	6	9	—
ZK11	—	—	—	—	—	—	15	—
ZK48+883	—	—	2	—	9	—	—	—
ZK49+805	—	—	1	—	—	—	4	—
ZK50+450	—	—	—	2	—	—	1	—
合计	—	—	14	9	9	18	108	4
比例/%	—	—	60.9	39.1	6.5	12.9	77.7	2.9

可以看出，岩体渗透性与风化卸荷程度关系明显，其中弱风化岩体～强风化岩体具有弱透水性～中等透水性，微风化岩体～新鲜岩体一般为微透水性～弱透

水性。

3. 基岩地下水位特征

隧洞沿线水位埋深不大，10 个钻孔水位变化在 3.31～24m，水位高程明显随地形变化，见表 6.8。

表 6.8　隧洞钻孔地下水位观测结果

钻孔编号	孔口高程/m	埋深/m	高程/m	距洞底板/m
ZK39+850	1911.20	—	无地下水	—
ZK6	2036.43	1.00	2035.43	22.33
ZK7	2179.48	65.90	2113.58	222.35
ZK8	2090.19	6.30	2083.89	197.47
ZK9	2068.62	3.80	2064.82	178.56
ZK10	2158.38	97.15	2061.23	189.24
ZK11	1970.54	3.31	1967.23	82.46
ZK48+883	1929.50	19.10	1967.23	27.65
ZK49+805	1909.37	14.87	1894.37	10.62
ZK50+450	1907.79	24.00	1882.79	0.17

第7章　隧洞数值计算分析方案

7.1　数值计算方法

FLAC3D是隧道数值计算常用软件之一，是由Itasca Consulting Group，Inc.为地质工程应用开发的连续介质显式有限差分计算软件三维版。该软件主要适用于模拟计算岩土体材料的力学行为及岩土材料达到屈服极限后产生的塑性流动，对大变形工况应用效果更好。

FLAC3D具有一个功能强大的网格生成器，有12种基本形状的单元体可供选择，利用这12种基本单元体，几乎可以构成任何形状的空间立体模型。

FLAC3D设计有9种材料本构模型：

(1) 空模型(null model)。

(2) 弹性各向同性材料模型(elastic，isotropic model)。

(3) 弹性各向异性材料模型(elastic，anisotropic model)。

(4) 德鲁克-普拉格弹塑性材料模型(Drucker-Prager model)。

(5) 莫尔-库仑弹塑性材料模型(Mohr-Coulomb model)。

(6) 应变硬化、软化弹塑性材料模型(strain-hardening/softening mohr-Coulomb model)。

(7) 多节理裂隙材料模型(ubiquitous-joint model)。

(8) 双曲型应变硬化、软化多节理裂隙材料模型(bilinear strain-hardening/softening，ubiquitous-joint model)。

(9) 修正的Cam黏土材料模型(modified Cam-clay model)。

除上述本构模型之外，FLAC3D还可进行动力学问题、水力学问题、热力学问题等的数值模拟。

FLAC3D的优点体现在它拥有功能强大的可以内嵌的FISH语言，用户可根据自身需求自主设计材料的本构模型、屈服准则、支护方案、复杂形状的开挖方式等工作，还可以根据自己的需要进行编程、定义本构关系、划分网格、布置动态监测点。

拉格朗日元法是一种分析非线性大变形的数值方法，这种方法依然遵循连续介质的假设，利用差分格式，按时步积分求解，随着构形的变化不断更新坐标，允许介质有大的变形。与有限单元法相比，拉格朗日元法具有以下优点：

（1）对于塑性破坏和塑性流动模型，“混合离散化”方法能够准确地进行描述。与有限单元法常用的“降低完整性”的方法相比，这种方法从物理上来讲更为合理。

（2）全动态的分析使得它适合于解决物理上的不稳定过程问题。

（3）与隐式法相比，FLAC3D在求解时采用有限差分技术、空间离散技术以及动态求解技术。通过这三种技术，把连续介质的运动方程转化为在离散单元节点上的离散形式的牛顿第二定律，从而使这些差分方程可用显式的有限差分技术来求解。采用显式差分解决方案在解决非线性问题上可以节省大量的机时，而且，它无须存储任何计算矩阵，这意味着：①大量的单元只需有限的计算机存储空间；②由于无须刚度矩阵的更新，计算大应变问题和计算小应变问题相比几乎不增加运算机时。

概言之，拉格朗日元法的优点体现在解决非线性问题、大应变问题和模拟物理上的不稳定过程。由于拉格朗日元法基于动力学方程，采用了动态求解方法，因此能够更好地用于模拟动态问题。

7.1.1　基本概念定义

1. 符号的规定

在拉格朗日元法公式中，介质中任意一点的矢量分量 x_i、u_i、v_i、$\frac{\mathrm{d}x_i}{\mathrm{d}t}$（$i$=1，3）分别表示该点的位置、位移、速度以及加速度。a_i 表示矢量［a］的 i 分量，A_{ij} 表示张量［A］的分量，a_{xi} 表示 a 对 x_i 的偏导数。

2. 基本方程

1）应力

如果任意一点的应力状态可以用对称的应力张量 σ_{ij} 表示，那么在任意一个面上（单位法线矢量为［n］）作用的拉力［t］（规定拉力为正）都能够表达为

$$t_i = \sigma_{ij} n_j \tag{7.1}$$

2）几何方程

对于任一节点，应变速率张量 ξ_{ij} 可以表达为

$$\xi_{ij} = \frac{1}{2}(v_{i,j} + v_{j,i}) \tag{7.2}$$

式中，v_i 为节点速度矢量的 i 分量。

3）运动方程

根据弹性理论，运动方程可以表示为

$$\sigma_{ij,j}+\rho b_i=\rho\frac{\mathrm{d}v_i}{\mathrm{d}t} \tag{7.3}$$

式中，ρ 为介质的密度；b 为体力密度。在静态情形下，$\frac{\mathrm{d}[V]}{\mathrm{d}t}=0$，则式(7.3)变为

$$\sigma_{ij,j}+\rho b_j=0 \tag{7.4}$$

4)本构方程

本构方程可以表示为

$$[\hat{\sigma}_{ij}]=[H]_{ij}(\sigma_{ij},\ \xi_{ij},\ k) \tag{7.5}$$

式中，$[\hat{\sigma}_{ij}]$ 为应力速率张量；$[H]_{ij}$ 为函数表达式；k 为一个与加载历史有关的参数。

拉格朗日元法的基本计算环节包括应变速率的计算、应力的计算、速度和位移的计算以及对于大应变问题的网格更新。

7.1.2 基本原理与步骤

1. 应变速率的计算

图 7.1 所示的四面体单元，利用高斯定理将空间积分 $\int_v v_{i,j}\mathrm{d}v$ 转换为面积分，V、S 分别为四面体的体积和表面积，n_j 为四面体表面的外法线方向。

$$\int_v v_{i\ j}\mathrm{d}v=\int_s v_i n_j\mathrm{d}s \tag{7.6}$$

根据定积分的含义，式(7.6)可以写成

$$Vv_{i,j}=\sum_{f=1}^{4}\overline{v}_i^{\langle f\rangle}n_j^{\langle f\rangle}S^{\langle f\rangle} \tag{7.7}$$

式中，上标〈f〉为该变量在 f 面上，$\overline{v}_i^{\langle f\rangle}$ 为〈f〉面上三节点速度分量 v_i 的平均值。因此有

$$\overline{v}_i^{\langle f\rangle}=\frac{1}{3}\sum_{l=1,\ l\neq f}^{4}v_i^l \tag{7.8}$$

式中，v_i^l 为节点 l 上的速度分量。

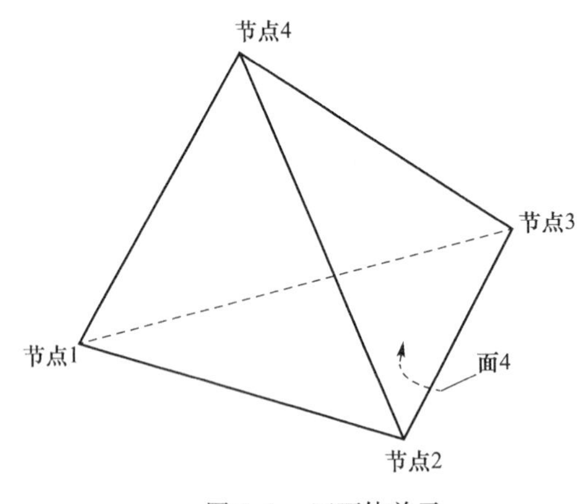

图 7.1 四面体单元

把式(7.8)代入式(7.7)，得到

$$Vv_{i,j}=\frac{1}{3}\sum_{l=1}^{4}v_i^l\sum_{f=1,\ f\neq l}^{4}n_j^{\langle f\rangle}S^{\langle f\rangle} \tag{7.9}$$

根据高斯定理有

$$\sum_{f=1}^{4} n_j^{\langle f\rangle} S^{\langle f\rangle} = 0 \tag{7.10}$$

因此由式(7.9)可以求得 $v_{i,j}$：

$$v_{i,j} = -\frac{1}{3V}\sum_{l=1}^{4} v_i^l n_j^{\langle l\rangle} S^{\langle l\rangle} \tag{7.11}$$

从而应变速率的表达式可以写为

$$\xi_{ij} = -\frac{1}{6V}\sum_{l=1}^{4} (v_i^l n_j^{\langle l\rangle} + v_j^l n_i^{\langle l\rangle}) S^{\langle l\rangle} \tag{7.12}$$

这样就可以得到四面体单元每个节点的应变速率张量。

2. 运动方程在节点的表达

运动方程可写为

$$\sigma_{ij,j} + \rho B_i = 0 \tag{7.13}$$

式中，体力定义为

$$B_i = \rho\left(b_i - \frac{\mathrm{d}v_i}{\mathrm{d}t}\right) \tag{7.14}$$

通过有限差分近似，用在体力［B］作用下的连续常应变四面体单元对分析模型进行离散化处理。节点力［f］^{n}(n=1，4)可以利用虚功原理得到。

假定节点虚速度为 δ［v］^{n}(它将在四面体中引起一个线性速度场和一个常应变速率 δ［ξ］)。外力所做的功率可以表示为

$$E = \sum_{n=1}^{4} \delta v_i^n f_i^n + \int_V \delta v_i B_i \mathrm{d}V \tag{7.15}$$

内力所做的功率为

$$I = \int_V \delta\xi_{ij}\sigma_{ij}\mathrm{d}V \tag{7.16}$$

把应变速率的表达式(7.12)代入式(7.16)，有

$$I = -\frac{1}{6}\sum_{l=1}^{4} (\delta v_i^l \sigma_{ij} n_j^{(l)} + \delta v_j^l \sigma_{ij} n_i^{(l)}) S^{(l)} \tag{7.17}$$

定义一个矢量 T^l 为

$$T_i^l = \sigma_{ij} n_j^{(l)} S^{(l)} \tag{7.18}$$

那么式(7.17)变为

$$I = -\frac{1}{3}\sum_{1}^{4} \delta v_i^l T_i^l \tag{7.19}$$

把式(7.13)代入式(7.14)有

$$E = \sum_{n=1}^{4} \delta v_i^n f_i^n + E^{\mathrm{b}} + E^{\mathrm{I}} \tag{7.20}$$

式中，E^{b}、E^{I} 分别为体力 ρb_i 和惯性力所做的虚功率。对一个常体力来讲，有

$$E^{\mathrm{b}}=\rho b_i\int_V \delta v_i \mathrm{d}V \tag{7.21}$$

E^{I} 可以表示为

$$E^{\mathrm{I}}=-\int_V p\delta v_i \frac{\mathrm{d}V_i}{\mathrm{d}t} \tag{7.22}$$

利用有限差分近似，假定在四面体内部速度场线性变化，这样便可以得到

$$\delta v_i=\sum_{n=1}^{4}\delta v_i^n N^n \tag{7.23}$$

式中，$N^n(n=1，4)$可以用局部坐标系 x_1'、x_2'、x_3' 表示为

$$N^n=c_0^n+c_1^n x_1'+c_2^n x_2'+c_3^n x_3' \tag{7.24}$$

其中，c_0^n、c_1^n、c_2^n、$c_3^n(n=1，4)$是常数，可通过求解下列方程得：

$$N^n(x_1^{'j}，x_2^{'j}，x_3^{'j})=\delta_{nj} \tag{7.25}$$

式中，δ_{nj}是克罗内克(Kronecker)函数。利用克拉默法则(Cramer's rule)求解式(7.25)，有

$$c_0^n=\frac{1}{4}\mathrm{d}V \tag{7.26}$$

这样便可以得到

$$E=\sum_{1}^{4}\delta v_i^n\left(f_i^n+\frac{\rho b_i V}{4}-\int_V \rho N^n \frac{\mathrm{d}v_i}{\mathrm{d}t}\mathrm{d}V\right) \tag{7.27}$$

利用虚功原理，得

$$-f_i^n=\frac{T_i^n}{3}+\frac{\rho b_i V}{4}-\int_V \rho N^n \frac{\mathrm{d}v_i}{\mathrm{d}t}\mathrm{d}V \tag{7.28}$$

对于微小的单元，式(7.28)最后一项可以表示为

$$\int_V \rho N^n \frac{\mathrm{d}v_i}{\mathrm{d}t}\mathrm{d}V=\left(\frac{\mathrm{d}v_i}{\mathrm{d}t}\right)^n\int_V \rho N^n \mathrm{d}V \tag{7.29}$$

利用式(7.24)、式(7.26)，式(7.29)可以进一步表示为

$$\int_V \rho N^n \frac{\mathrm{d}v_i}{\mathrm{d}t}\mathrm{d}V=\frac{\rho V}{4}\left(\frac{\mathrm{d}v_i}{\mathrm{d}t}\right)^n \tag{7.30}$$

把式(7.30)中惯性力项的$\frac{\rho V}{4}$用节点虚质量 m^n 代替，则有

$$\int_V \rho N^n \frac{\mathrm{d}v_i}{\mathrm{d}t}\mathrm{d}V=m^n\left(\frac{\mathrm{d}v_i}{\mathrm{d}t}\right)^n \tag{7.31}$$

于是便可以得到

$$-f_i^n=\frac{T_i^n}{3}+\frac{\rho b_i V}{4}-m^n\left(\frac{\mathrm{d}v_i}{\mathrm{d}t}\right)^n \tag{7.32}$$

如果用$\langle l\rangle$表示节点 l 上的变量，$[[\,]]^{\langle l\rangle}$表示所有含有节点 l 的四面体单元对某一变量的总贡献，那么节点上的牛顿第二定律可以表示为

$$F_i^{\langle l\rangle}=M^{\langle l\rangle}\left(\frac{\mathrm{d}v_i}{\mathrm{d}t}\right)^{\langle l\rangle}\quad(l=1,\ n_n) \tag{7.33}$$

式中，n_n 表示节点总数；节点虚质量 $M^{\langle l\rangle}$ 定义为

$$M^{\langle l\rangle}=[[m]]^{\langle l\rangle} \tag{7.34}$$

3. 应力的计算

利用本构方程的增量表达式

$$\Delta\breve{\sigma}_{ij}=H_{ij}^{*}(\sigma_{ij},\Delta\varepsilon_{ij}) \tag{7.35}$$

式中，

$$\Delta\varepsilon_{ij}=-\frac{\Delta t}{6V}\sum_{l=1}^{4}(v_i^l n_j^{\langle l\rangle}+v_j^l n_i^{\langle l\rangle})S^{\langle l\rangle} \tag{7.36}$$

因此应力增量可以表示为

$$\Delta\sigma_{ij}=\Delta\breve{\sigma}_{ij}+\Delta\sigma_{ij}^{\mathrm{C}} \tag{7.37}$$

式中，$\Delta\sigma_{ij}^{\mathrm{C}}$为应力校正项，在小应变模式可以不予考虑。在大应变情形下，有

$$\Delta\sigma_{ij}^{\mathrm{C}}=(\omega_{ik}\sigma_{kj}-\sigma_{ik}\omega_{kj})\Delta t \tag{7.38}$$

其中，

$$\omega_{ij}=-\frac{1}{6V}\sum_{l=1}^{4}(v_i^l n_j^{\langle l\rangle}-v_j^l n_i^{\langle l\rangle})S^{\langle l\rangle} \tag{7.39}$$

这样就可以由初始应力叠加应力增量获得新的应力。

4. 不平衡力的计算

节点不平衡力可以通过式(7.38)求得：

$$F_i^{\langle l\rangle}=[[p_i]]^{\langle l\rangle}+p_i^{\langle l\rangle} \tag{7.40}$$

式中，l 为节点编号，$p_i^{\langle l\rangle}$ 为施加在节点 l 上的集中力，

$$[[p_i]]^l=\frac{1}{4}\rho b_i V+\frac{1}{3}\sigma_{ij}n_j^{\langle l\rangle}S^{\langle l\rangle} \tag{7.41}$$

对于静态问题，在不平衡力中加入非黏性阻力 $f_{(i)}^{\langle l\rangle}$。非黏性阻力可以用下式求得：

$$f_{(i)}^{\langle l\rangle}=-\alpha\left|F_i^l\right|\mathrm{sign}(v_{(i)}^{\langle l\rangle}) \tag{7.42}$$

$$\mathrm{sign}(y)=\begin{cases}1 & (y>0)\\ -1 & (y<0)\\ 0 & (y=0)\end{cases} \tag{7.43}$$

式中，α 为阻尼常数。

5. 速度和位移的计算

利用运动方程

$$\frac{\mathrm{d}v_i^l}{\mathrm{d}t}=\frac{1}{M^{\langle l\rangle}}F_i^{\langle l\rangle} \tag{7.44}$$

采用中心差分格式可以得到

$$v_i^{\langle l\rangle}\left(t+\frac{\Delta t}{2}\right)=v_i^{\langle l\rangle}\left(t-\frac{\Delta t}{2}\right)+\frac{\Delta t}{M^{\langle l\rangle}}F_i^{\langle l\rangle} \tag{7.45}$$

因此可以利用下式求得位移：

$$u_i^{\langle l\rangle}(t+\Delta t)=u_i^{\langle l\rangle}(t)+\Delta t v_i^{\langle l\rangle}\left(t+\frac{\Delta t}{2}\right) \tag{7.46}$$

综上所述，拉格朗日元法的基本计算步骤可以归纳为图 7.2。

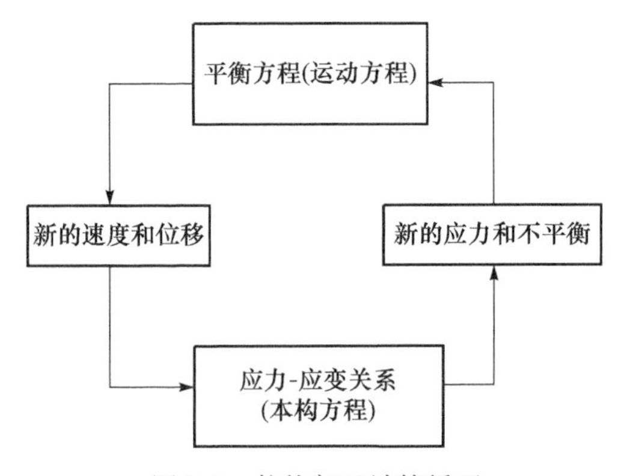

图 7.2　拉格朗日计算循环

7.2　计算段选取及模型建立

根据现场调查和地质资料，对研究区域进行概化建立数值计算模型，计算 $K49+225\sim K50+296$ 洞段，隧洞埋深 16～110m。

$K49+225\sim K50+296$ 洞段，X 轴为正东向，Y 轴为正北向，Z 轴竖直向上。该数值几何模型沿 X 轴的范围为 200m，Y 轴的范围为 1151m(桩号 $K49+225\sim K50+396$)，竖直方向从高程 1740m 到山顶(Z 方向最大值为 220m)。模型中包含三段典型的围岩，分别为 $K49+225\sim K50+013$ 洞段的Ⅳ1 类围岩、$K50+013\sim K50+234$ 洞段的Ⅴ类围岩和 $K50+234\sim K50+296$ 的Ⅳ2 类围岩，三段围岩分类由断层构成的破碎带进行分解划分，断层破碎带的走向为 N45°E，视倾角为 60°。洞室的轮廓参照 C1 型断面洞段开挖支护图。其总体埋深小于 100m。模型如图 7.3 和图 7.4 所示。

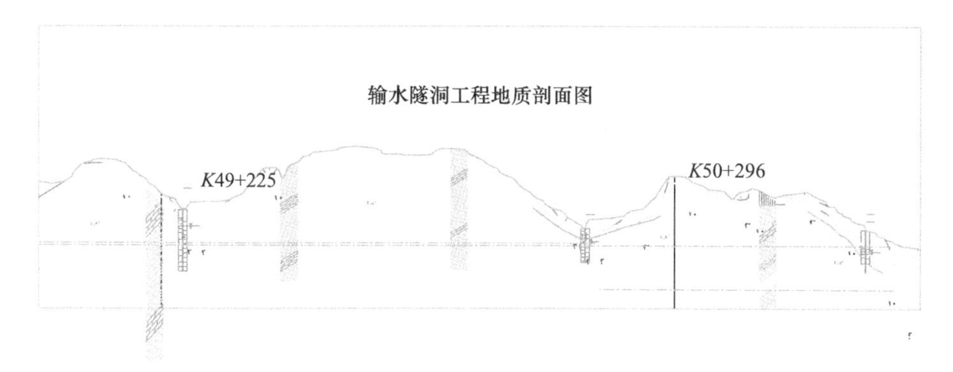

图 7.3　输水隧洞工程地质剖面图

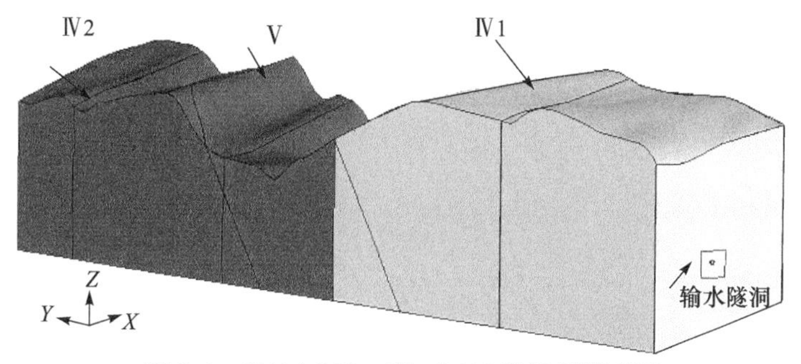

图 7.4　$K49+225\sim K50+296$ 段地质模型图

如图 7.5 所示，网格模型由四面体、五面体和六面体混合单元组成，共含 372384 个单元和 149974 个节点，在建立隧洞网格模型的区域边界，隧洞开挖模拟的力学响应可以忽略不计。在隧洞围岩区域建立细化网格模型，这也是进行数值计算分析的重点区域。初始应力边界条件采用人工边界条件，山体表面不施加任何约束，在其他边界面处施加正法向的位移约束。

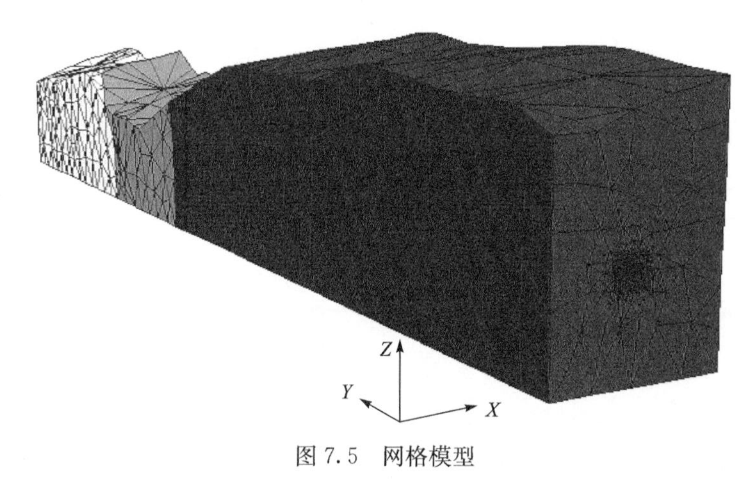

图 7.5　网格模型

7.3 地应力参数设置

在深埋工程中，初始应力场通常由构造应力场和自重应力场两部分组成。参照报告［2］和［194］，在7＃隧洞的中间段布置ZK1进行地应力测试，得到该孔附近最大水平主应力S_H作用的优势方位为N54°W左右，另一水平主应力S_h与之垂直，竖直方向应力为自重应力。对实测数据进行线性回归分析，得到最大和最小水平主应力随深度变化的线性回归方程如下：

$$S_H = 0.50 + 0.0297H \tag{7.47}$$

$$S_h = -1.01 + 0.0303H \tag{7.48}$$

式中，S_H为最大水平主应力；S_h为最小水平主应力；H为深度，m。

在数值计算中，将S_H、S_h和自重应力沿X方向(垂直隧洞方向)、Y方向(隧洞方向)和竖直方向进行转换，对模型施加S_{XX}、S_{YY}、S_{ZZ}和S_{XY}应力。

7.4 本构模型及计算参数选取

计算采用弹塑性模型，强度准则采用莫尔-库仑强度准则。在FLAC3D分析计算中，需要提供的岩土参数有体积模量、剪切模量、内摩擦角、黏聚力、重度。其中体积模量和剪切模量公式如下：

$$K = \frac{E}{3(1-2\nu)} \tag{7.49}$$

$$G = \frac{E}{2(1+\nu)} \tag{7.50}$$

式中，E为变形模量；ν为泊松比；K为体积模量；G为剪切模量。

计算参数总体上参照了《宁夏固原地区(宁夏中南部)城乡饮水安全水源工程初设报告》[2]中所建议的岩体力学参数及以往类似工程，确定计算参数见表7.1。

表7.1 模型材料参数

序号	岩组	密度/(kg/m³)	抗拉强度/MPa	抗剪强度参数		变形模量/GPa	泊松比	剪切模量/GPa	体积模量/GPa
				φ/(°)	c/MPa				
1	Ⅳ1类岩体	2300	1.5	34	0.15	1.5	0.32	0.57	1.39
2	Ⅳ2类岩体	2200	0.6	31	0.25	1.0	0.34	0.38	0.93
3	Ⅴ类岩体	2100	0.33	25	0.06	0.5	0.37	0.64	0.18

设计的隧道初期支护主要由22中空注浆加固系统锚杆、边墙12.6工字钢钢拱架(每榀设计间距为0.8～1.5m)[195]、C20喷射混凝土厚15cm和钢筋网组成[196]，支护参数参照同类工程经验，分别见表7.2、表7.3和表7.4。

表 7.2　锚杆基本参数

直径/mm	长度/m	等效弹性模量/GPa	抗拉强度/MPa	水泥浆刚度/MPa	水泥浆黏聚力/MPa
22	2	21	240	15	0.8

表 7.3　钢拱架基本参数

弹性模量/GPa	泊松比	横截面积/cm^2	重度/(kN/m^3)	Y 惯性矩/($\times 10^4 cm^4$)	Z 惯性矩/($\times 10^4 cm^4$)
20	0.3	18.6	28	48.8	4.7

表 7.4　混凝土初衬基本参数

混凝土标号	等效弹性模量/GPa	重度/(kN/m^3)	泊松比
C20	28	28	0.25

7.5　计算工况

根据工程实际情况，确定以下三种计算工况。

工况一：天然状态(隧洞未开挖)。

工况二：隧洞开挖未支护。

工况三：隧洞开挖支护后。

第 8 章　软岩隧洞应力应变分布特征与支护效果研究

本章采用 FLAC3D 软件，模拟大湾隧洞开挖支护前后隧洞围岩应力场、位移场和塑性区的分布特征，分析隧洞的支护效果，得出隧洞Ⅳ2 类围岩和Ⅴ类围岩中钢拱架较优的支护间距。

8.1　天然状态(隧洞未开挖)工况

图 8.1～图 8.3 为天然状态(隧洞未开挖)下的应力云图，图中负值为压应力。正值为拉应力。从中可以看出，天然状态(隧洞未开挖)下，山体三向应力(S_{XX}、S_{YY}、S_{ZZ})总体上呈现出自上而下逐渐增加的趋势，并呈现出水平条带状分布的规律，水平 X 方向最大应力 6.75MPa，水平 Y 方向最大应力 6.53MPa，竖向 Z 方向为最大应力 5.00MPa，说明由于受构造应力的作用，初始应力场远大于自重应力场。

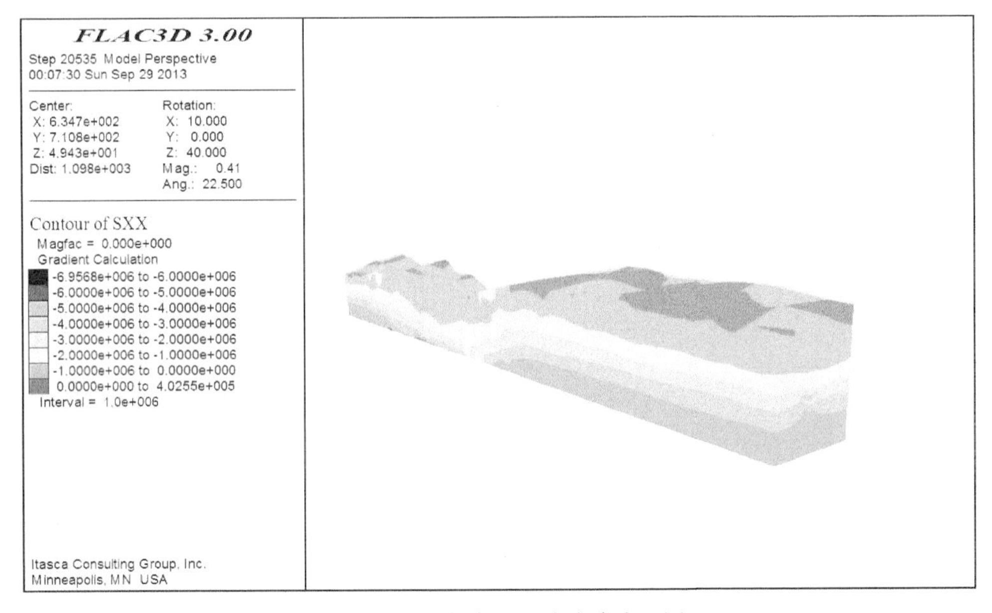

图 8.1　天然状态下 X 方向应力云图

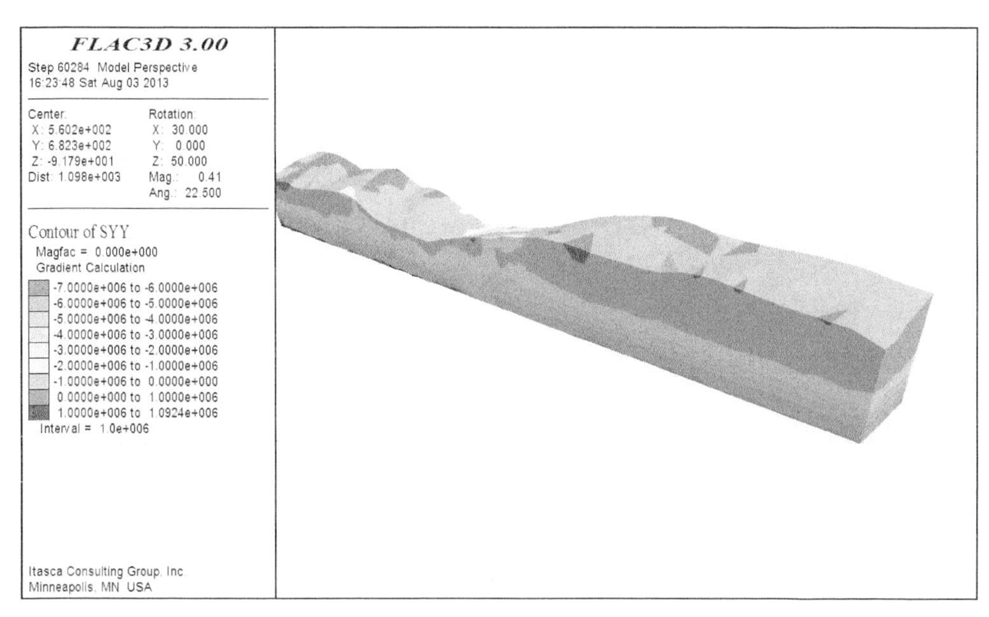

图 8.2　天然状态下 Y 方向应力云图

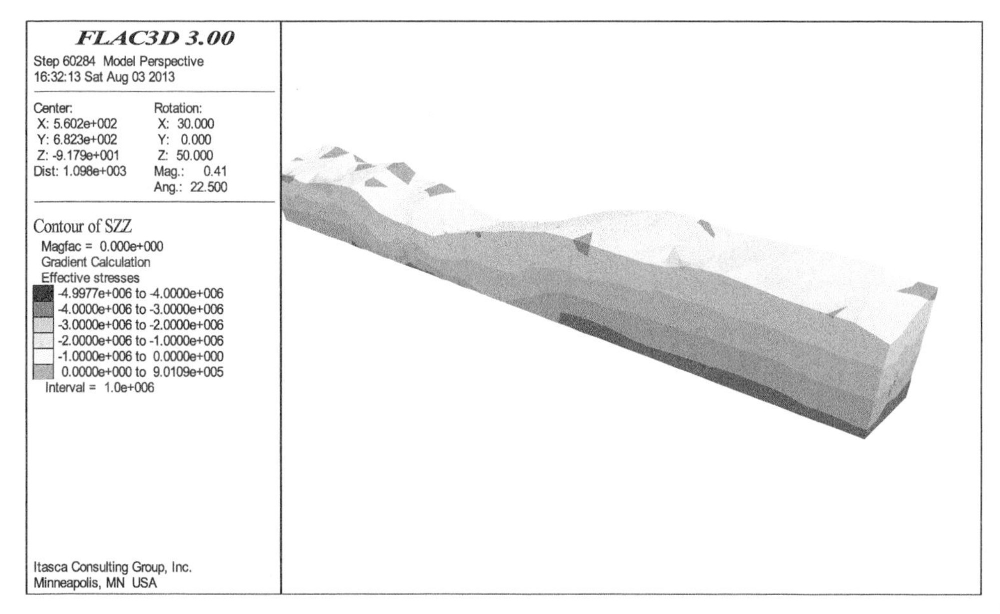

图 8.3　天然状态下 Z 方向应力云图

图 8.4 为天然状态下的总位移云图，山体位移总体上呈现出自上而下逐渐减小的趋势，最大位移出现地表高程大且地表起伏明显的区域，其值为 30cm。在天然状态下，山体是稳定的，在数值模拟中主要考虑隧洞开挖后引起围岩的变形

情况，因此对天然状态下的位移进行归零，即在此基础上研究隧洞开挖后围岩的相对位移。

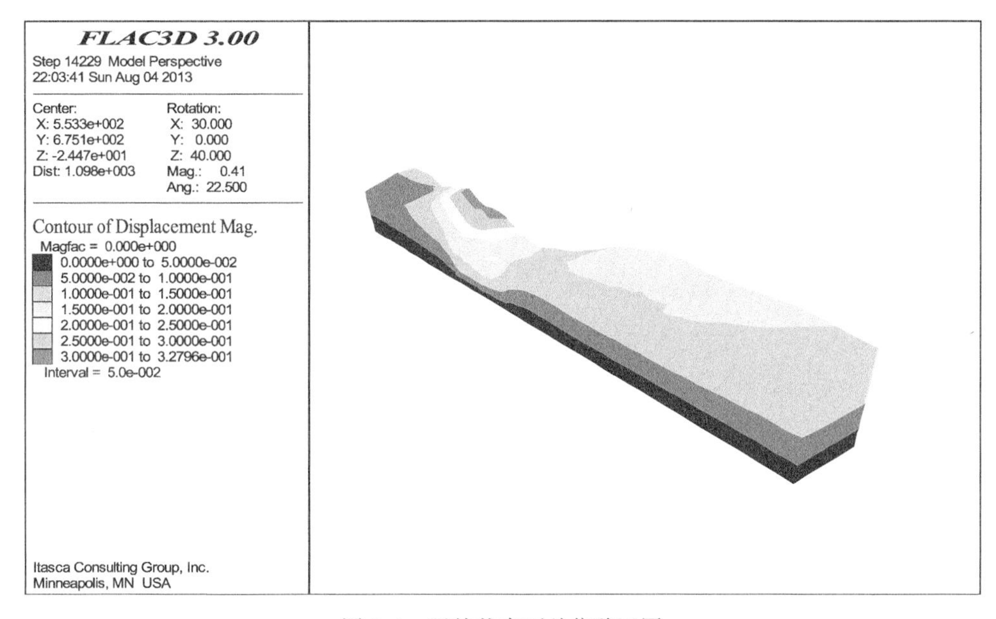

图 8.4 天然状态下总位移云图

8.2 隧洞开挖未支护工况

8.2.1 应力场分析

隧洞开挖后的大主应力、小主应力分布云图如图 8.5 和图 8.6 所示，从中可以看出，引水隧洞开挖后山体中的应力场会出现调整，隧洞围岩应力出现明显的变化，大主应力明显增大，最大值约为 8.0MPa，主要分布在洞室围岩一定深度范围内。

下面以 *K*49＋525、*K*50＋165 和 *K*50＋275 三个典型断面为例对围岩应力场进行详细分析。其中 *K*49＋525 围岩为Ⅳ1 类岩体，隧洞埋深约为 100m，*K*50＋165 断面围岩为Ⅴ类岩体，隧洞埋深为 30m，*K*50＋275 断面围岩为Ⅳ2 类岩体，隧洞埋深为 65m。

图 8.7～图 8.9 为Ⅳ1 类围岩(*K*49＋525 断面)的大主应力、小主应力和剪应力分布云图，由于受水平构造应力影响，在洞室顶部出现的压应力最大值约为 7.0MPa；洞顶和洞底受应力重分布影响较大，且随着距洞室距离的增大逐渐减小过渡到初始应力状态，影响深度为 5.0m(图 8.7)；环洞室壁出现应力减小区，

其值约为 0.25MPa，其影响深度为 3m(图 8.8)；在洞室拱腰和底角围岩 5m 范围内出现剪应力集中，其最大值为 1MPa(图 8.9)。

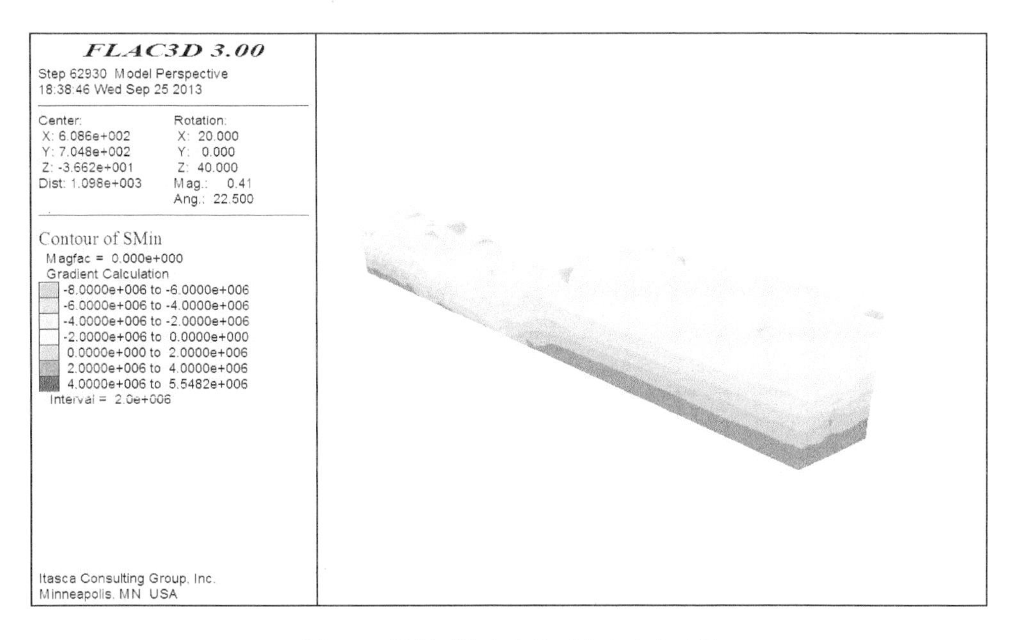

图 8.5　隧洞开挖未支护下大主应力云图

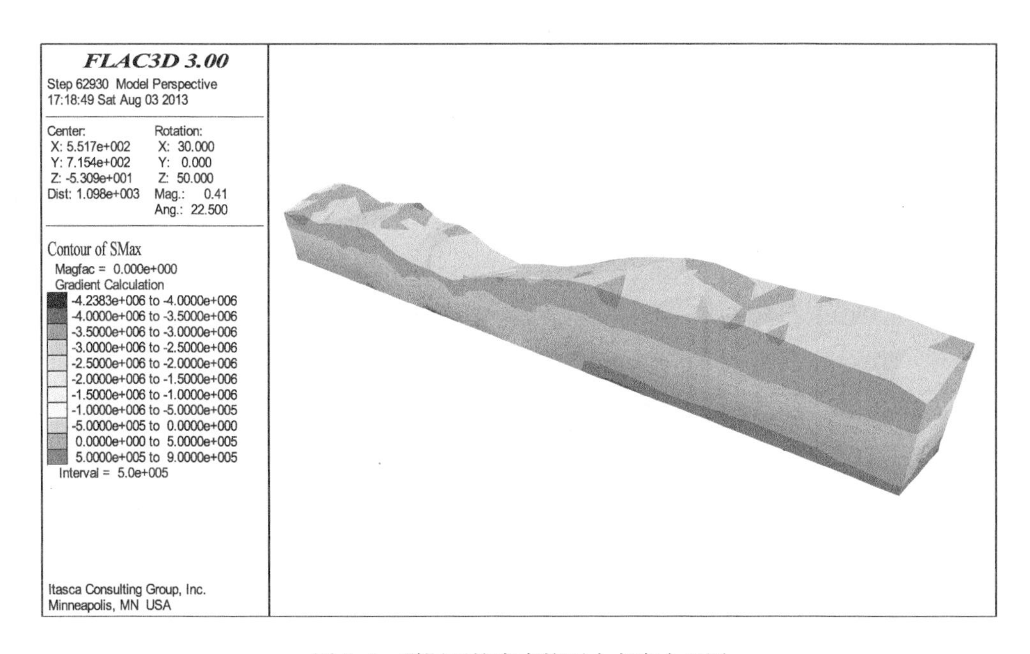

图 8.6　隧洞开挖未支护下小主应力云图

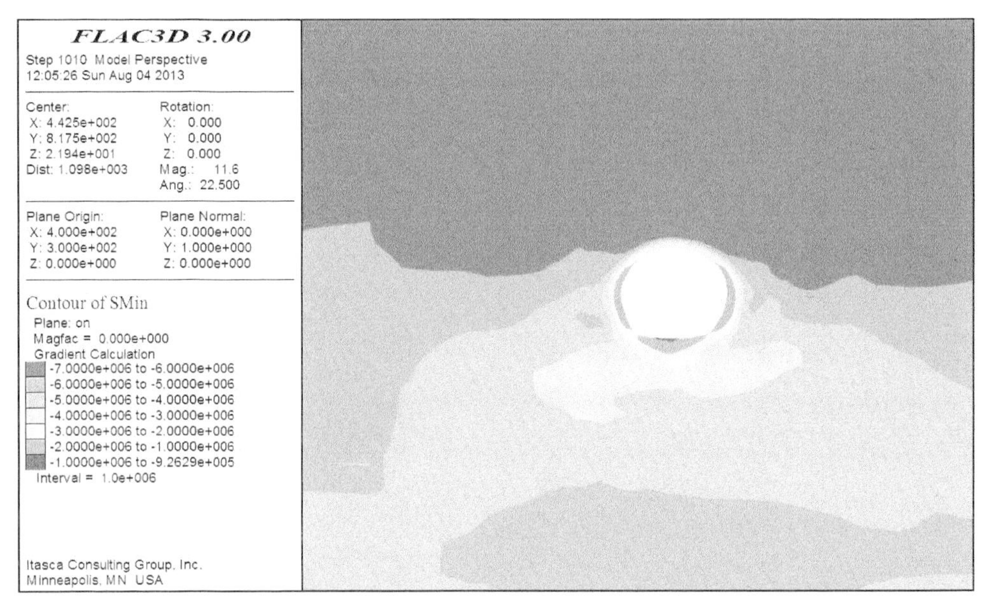

图 8.7　隧洞开挖未支护下Ⅳ1类围岩(K49+525 断面，隧洞埋深 100m)大主应力云图

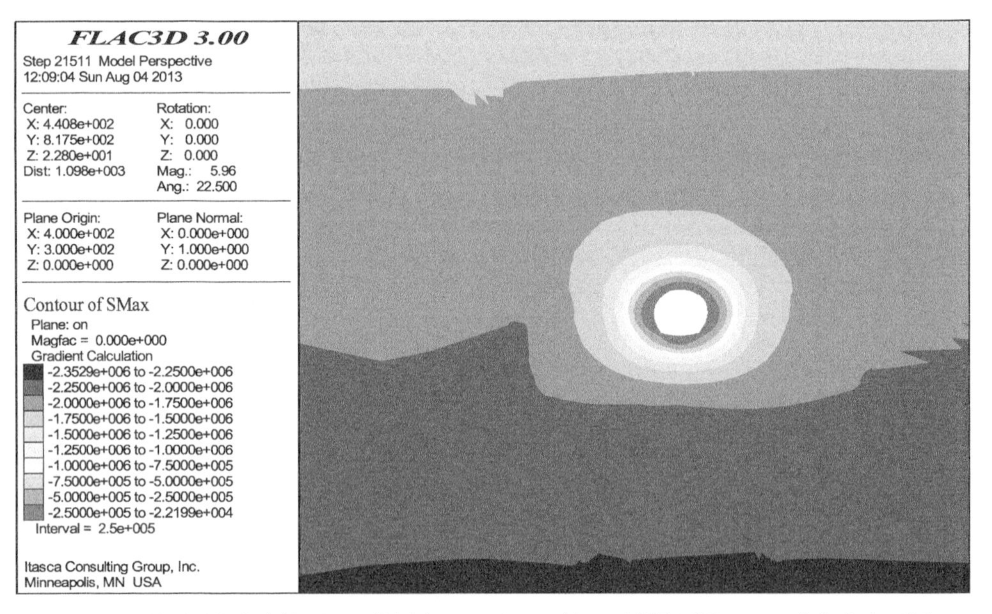

图 8.8　隧洞开挖未支护下Ⅳ1类围岩(K49+525 断面，隧洞埋深 100m)小主应力云图

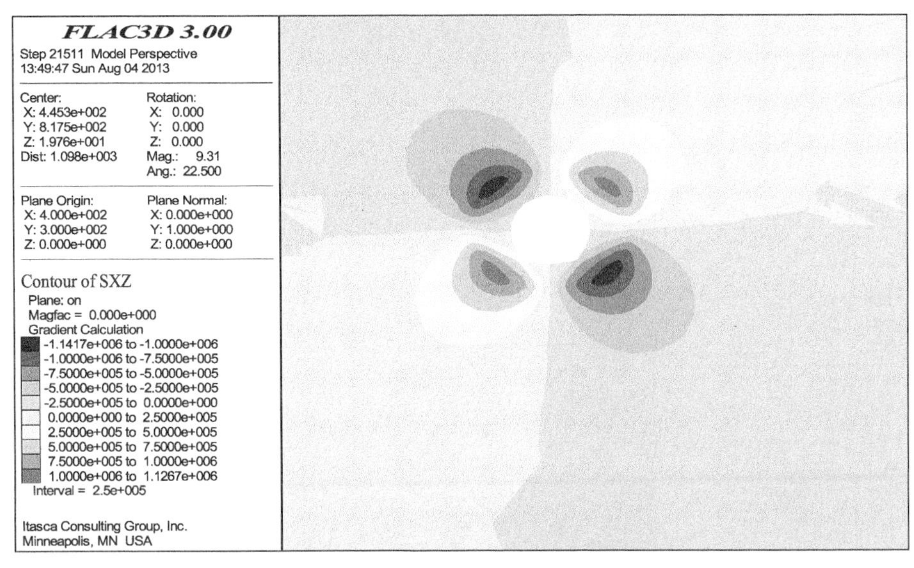

图 8.9　隧洞开挖未支护下Ⅳ1 类围岩(*K*49+525 断面，隧洞埋深 100m)剪应力云图

图 8.10～图 8.12 为Ⅳ2 类围岩(*K*50+165 断面)的大主应力、小主应力和剪应力分布云图。在洞室顶部洞壁 3m 深度处出现压应力集中，其最大值约为 7MPa；环洞室周围出现应力降低区，其最小值为 0.2MPa，小主应力影响深度为 2.2m(图 8.11)，在洞室拱腰和底角围岩距洞壁 2.5m 部位出现最大剪应力 1.4MPa(图 8.12)。

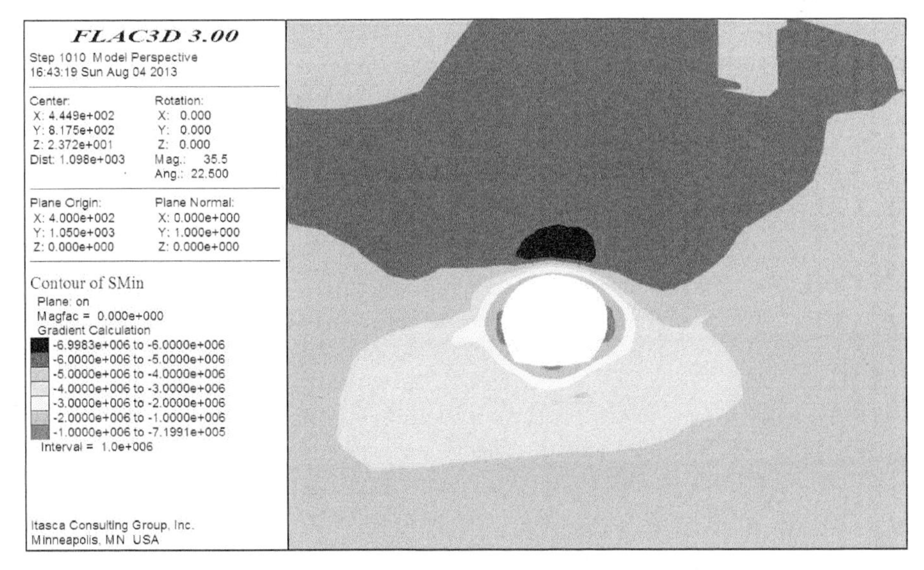

图 8.10　隧洞开挖未支护下Ⅳ2 类围岩(*K*50+165 断面，隧洞埋深 30m)大主应力云图

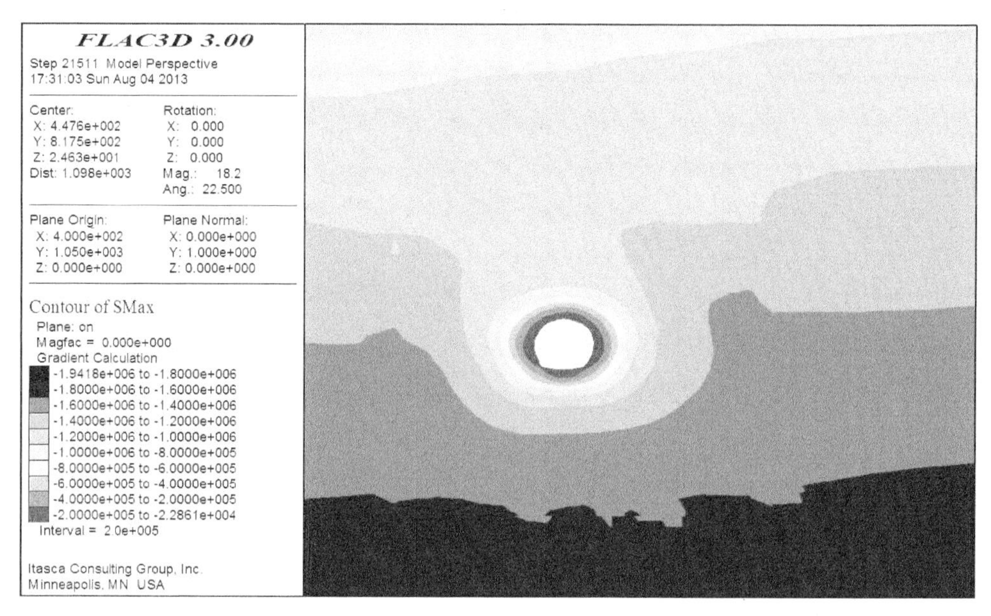

图 8.11　隧洞开挖未支护下Ⅳ2 类围岩（K50＋165 断面，隧洞埋深 30m）小主应力云图

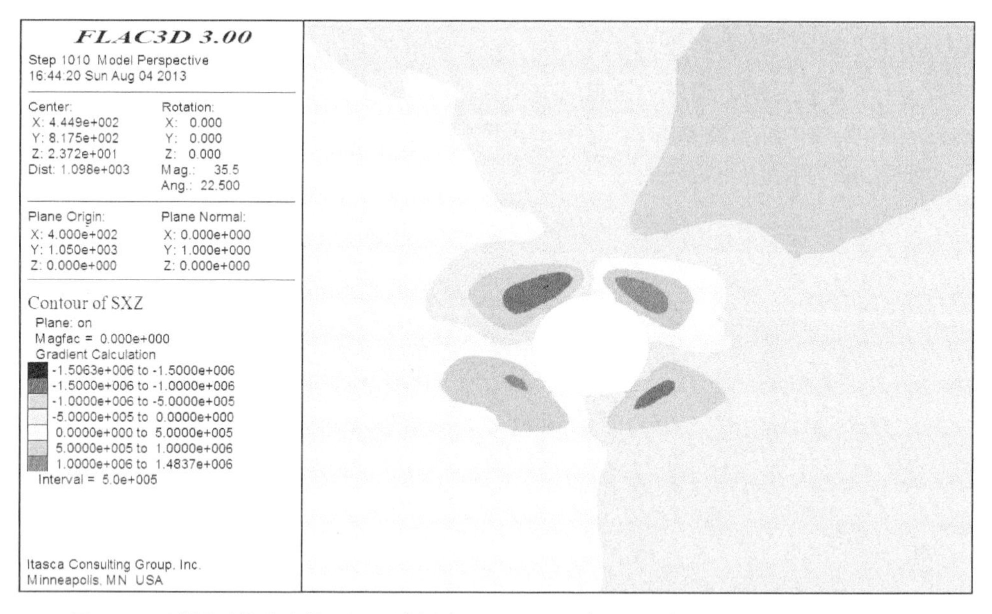

图 8.12　隧洞开挖未支护下Ⅳ2 类围岩（K50＋165 断面，隧洞埋深 30m）剪应力云图

图 8.13～图 8.15 为Ⅴ类围岩（K50＋275 断面）的大主应力、小主应力和剪应力分布云图，在洞室顶部 2m 深度处出现压应力集中，其最大值为 4.5MPa；除洞室顶部外环洞室周围出现应力降低区，其最小值为 0.5MPa；在洞室拱腰和底角部位出现剪应力集中，其最大值为 1.5MPa（图 8.15）。

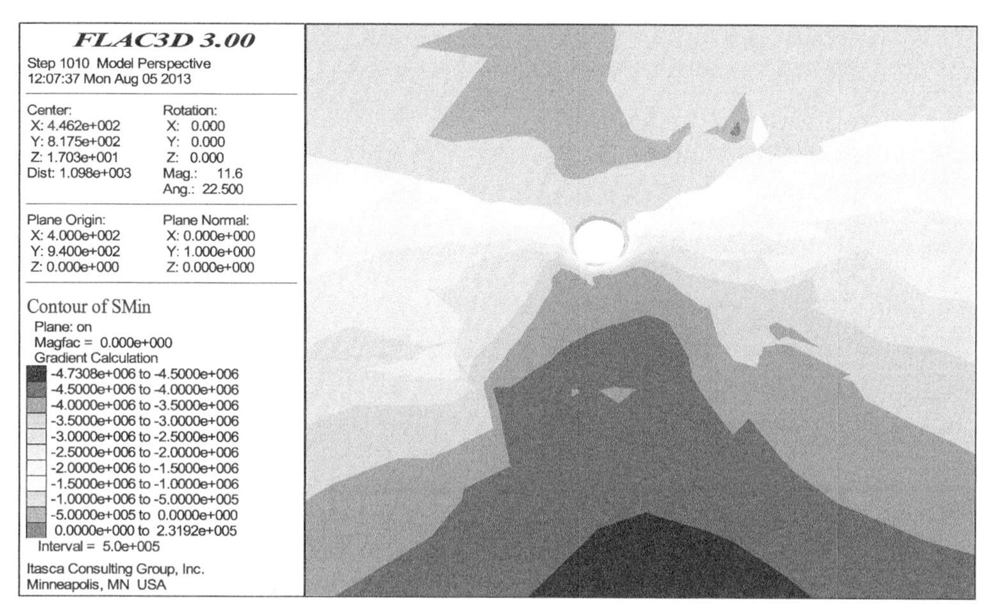

图 8.13 隧洞开挖未支护下Ⅴ类围岩(K50+275 断面，隧洞埋深 65m)大主应力云图

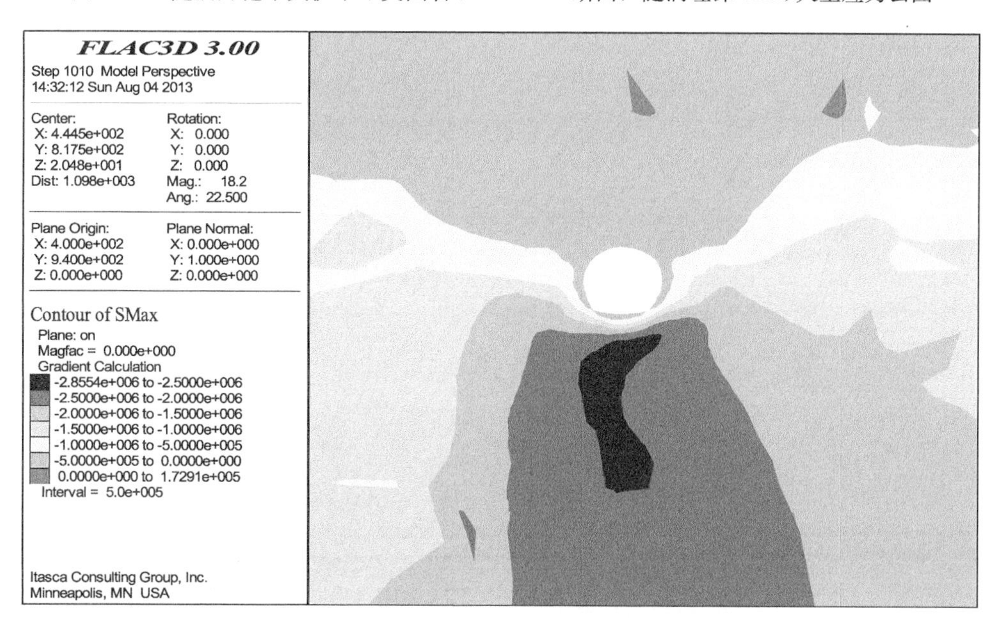

图 8.14 隧洞开挖未支护下Ⅴ类围岩(K50+275 断面，隧洞埋深 65m)小主应力云图

硐室应力重分布受埋深影响较大，埋深越大，主应力值越高(K49+525>K50+165>K50+275)；由于岩性的劣化，Ⅴ类围岩即使埋深较浅(30m)，应力调整影响范围也远大于Ⅳ类围岩，Ⅳ2 类的应力降低值和剪应力也稍高于Ⅳ1 类围岩。

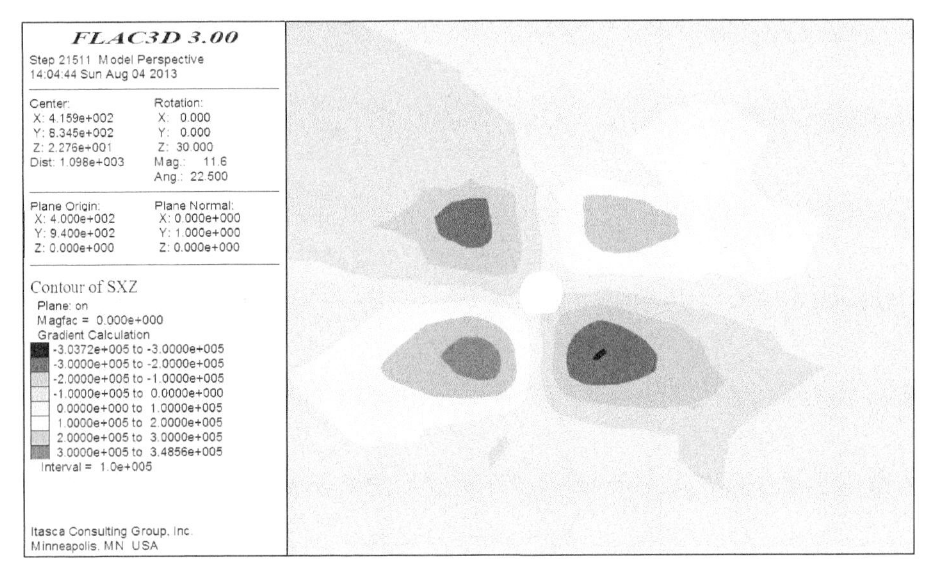

图 8.15　隧洞开挖未支护下Ⅴ类围岩(K50+275 断面，隧洞埋深 65m)剪应力云图

8.2.2　位移场分析

图 8.16～图 8.19 为隧洞开挖后围岩的总位移、X 方向、Y 方向和 Z 方向位移云图，总位移最大值为 3.5cm，X 方向位移最大值为 2.1cm，Y 方向位移最大值为 1.5cm，Z 方向位移最大值为 2.5cm。

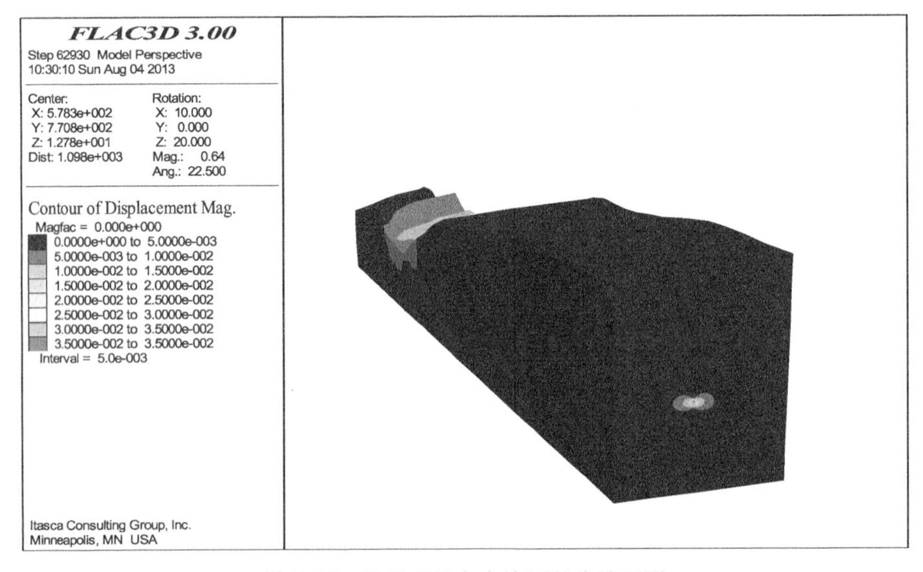

图 8.16　隧洞开挖未支护下总位移云图

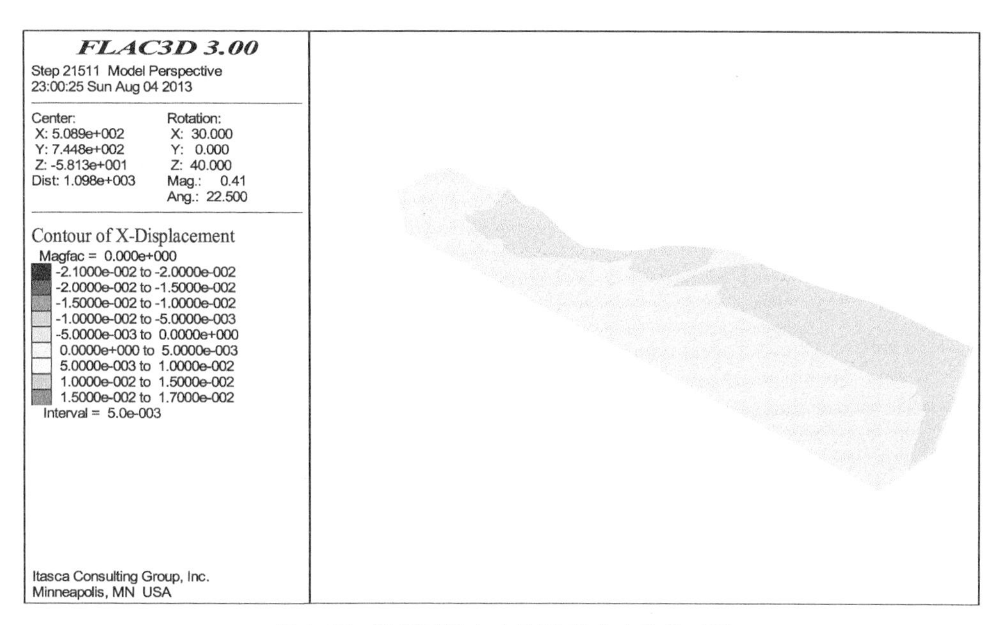

图 8.17 隧洞开挖未支护下 X 方向位移云图

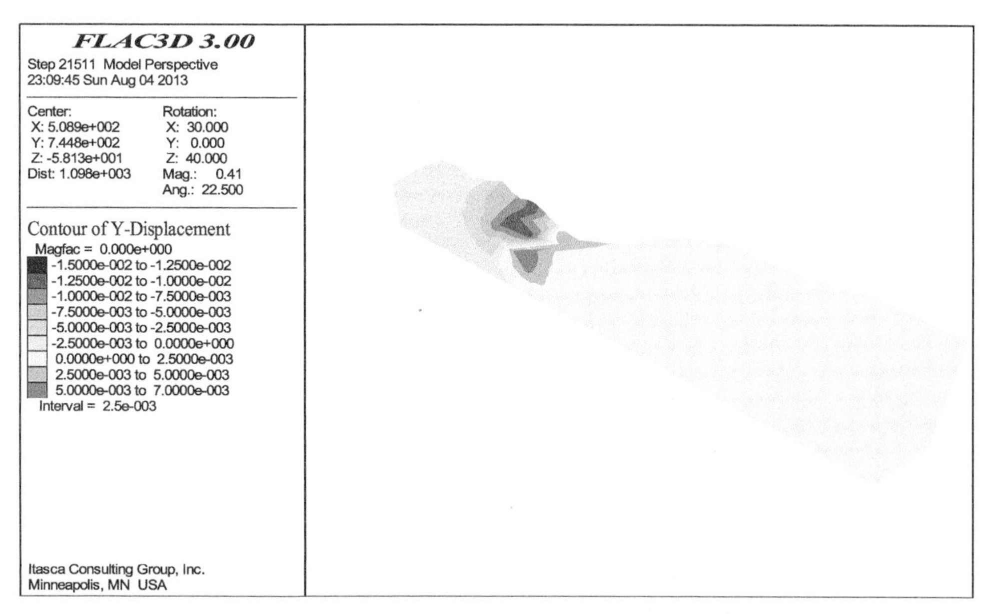

图 8.18 隧洞开挖未支护下 Y 方向位移云图

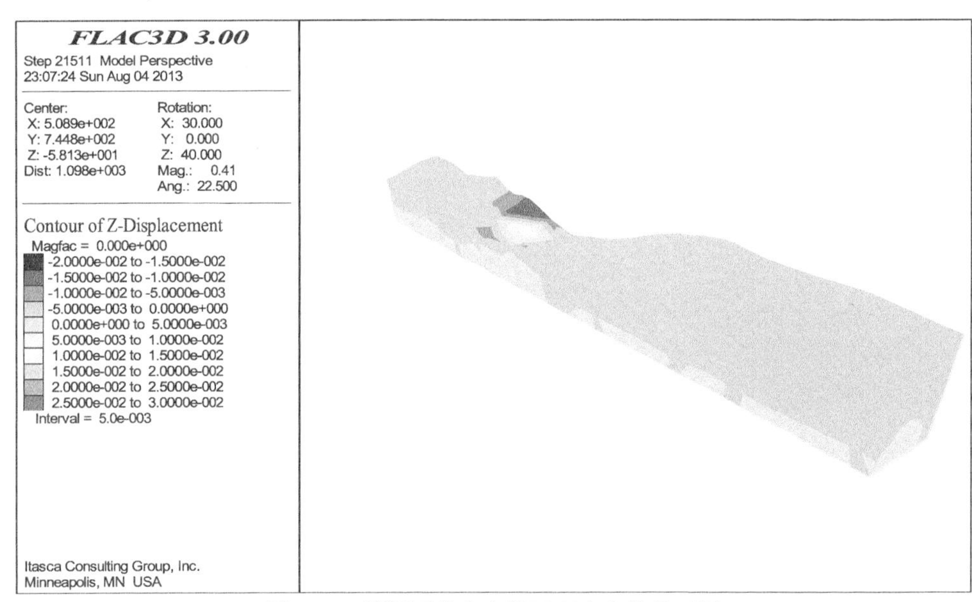

图 8.19 隧洞开挖未支护下 Z 方向位移云图

下面以 $K49+525$、$K50+165$ 和 $K50+275$ 三个典型断面为例对围岩位移场进行详细分析。图 8.20～图 8.23 为隧洞开挖后Ⅳ1 类围岩($K49+525$)断面围岩的总位移和 X 方向、Y 方向、Z 方向位移云图。

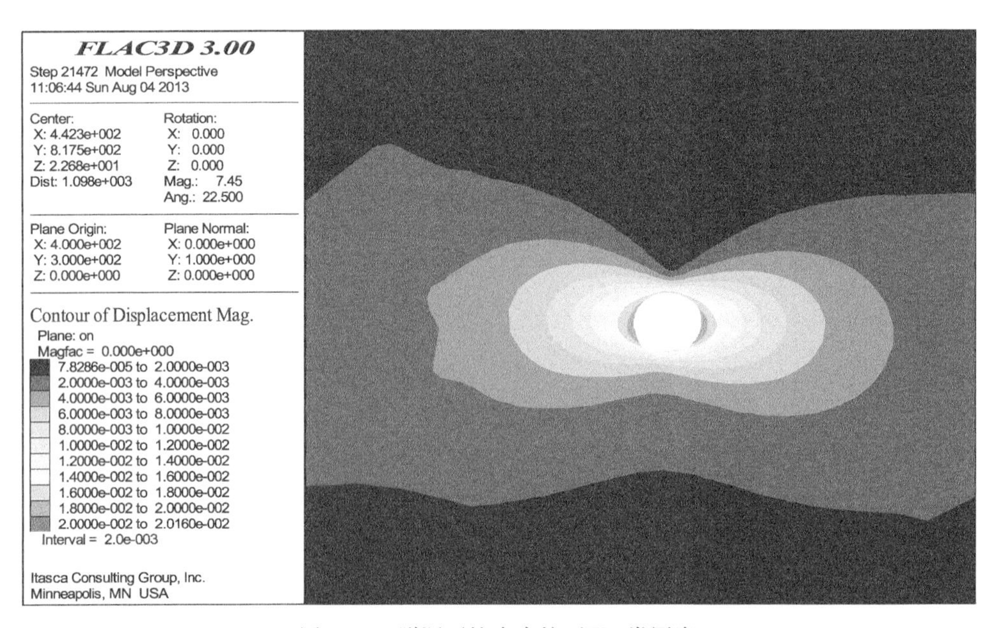

图 8.20 隧洞开挖未支护下Ⅳ1 类围岩
($K49+525$ 断面，隧洞埋深 100m)断面总位移云图

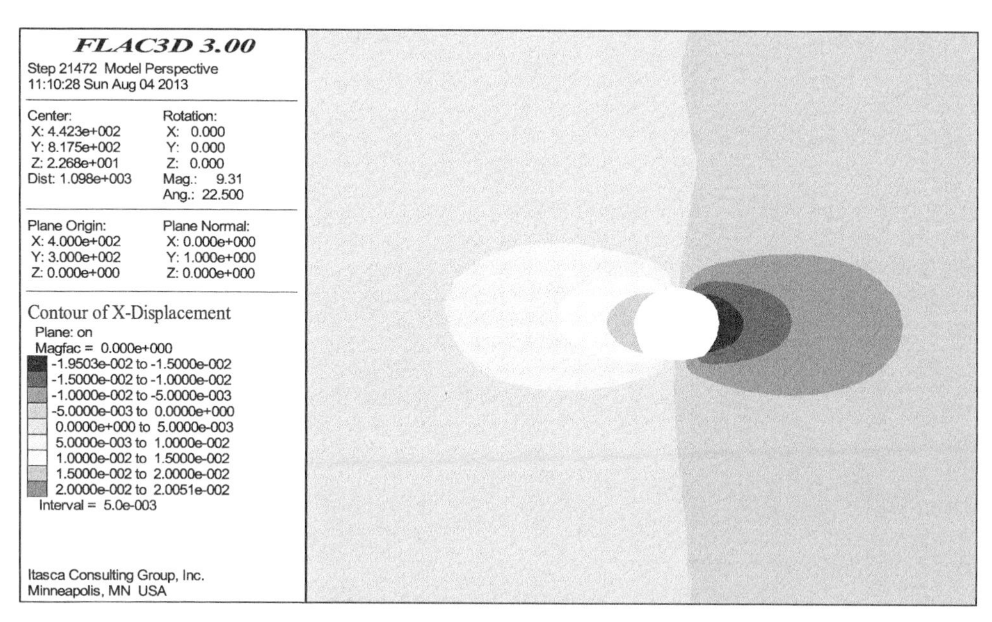

图 8.21 隧洞开挖未支护下Ⅳ1 类围岩
(K49+525 断面，隧洞埋深 100m)X 方向位移云图

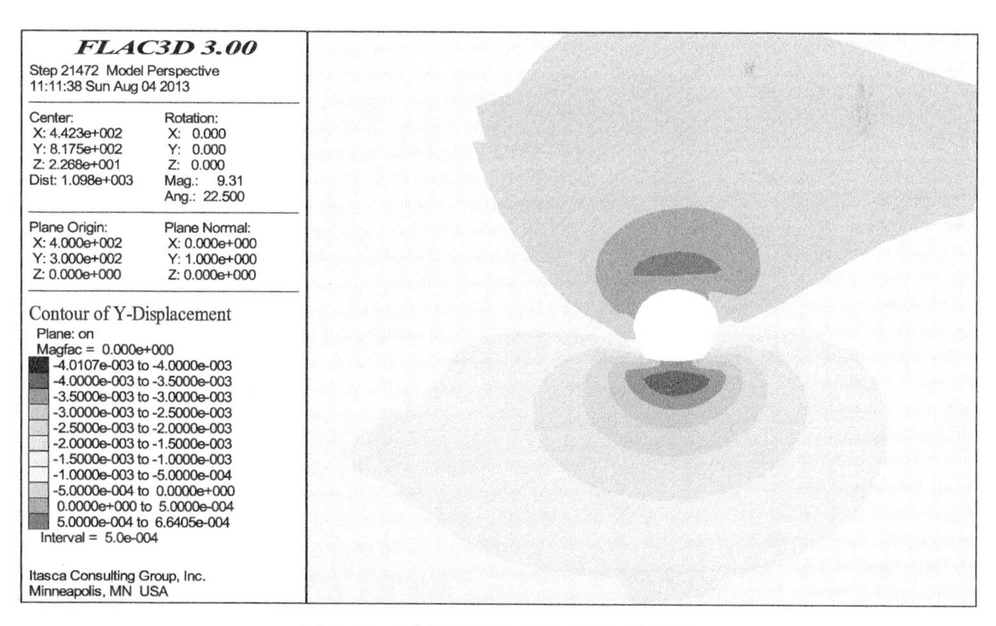

图 8.22 隧洞开挖未支护下Ⅳ1 类围岩
(K49+525 断面，隧洞埋深 100m)Y 方向位移云图

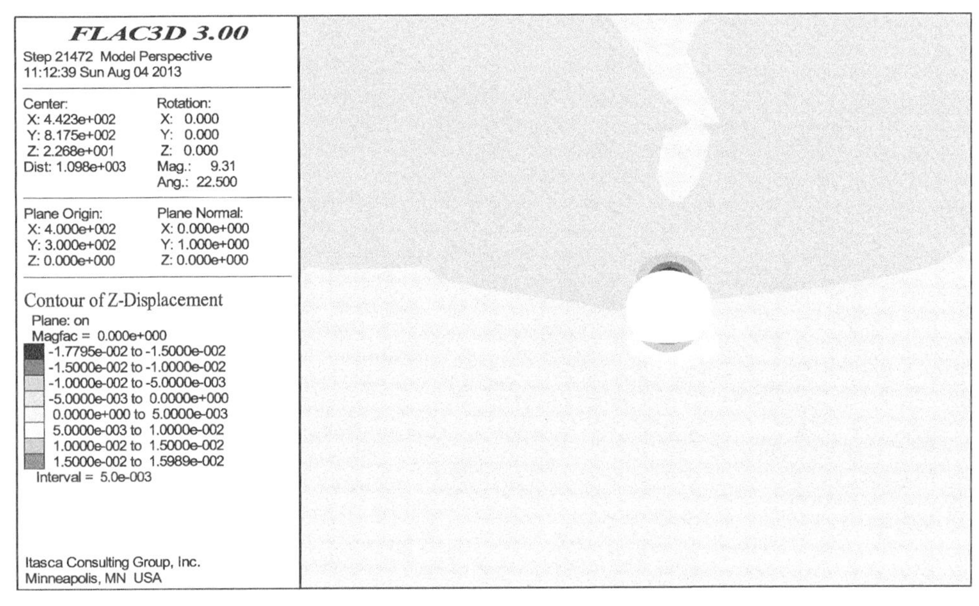

图 8.23　隧洞开挖未支护下Ⅳ1 类围岩

(K49+525 断面，隧洞埋深 100m)Z 方向位移云图

图 8.24～图 8.27 为隧洞开挖后Ⅳ2 类围岩(K50+275)断面围岩的总位移和 X 方向、Y 方向、Z 方向位移云图。

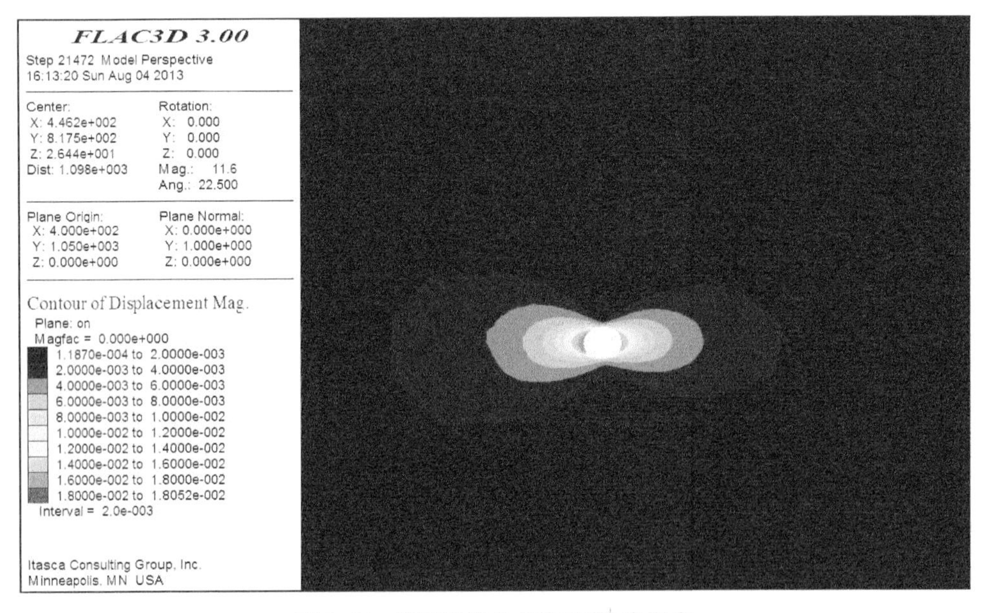

图 8.24　隧洞开挖未支护下Ⅳ2 类围岩

(K50+275 断面，隧洞埋深 65m)总位移云图

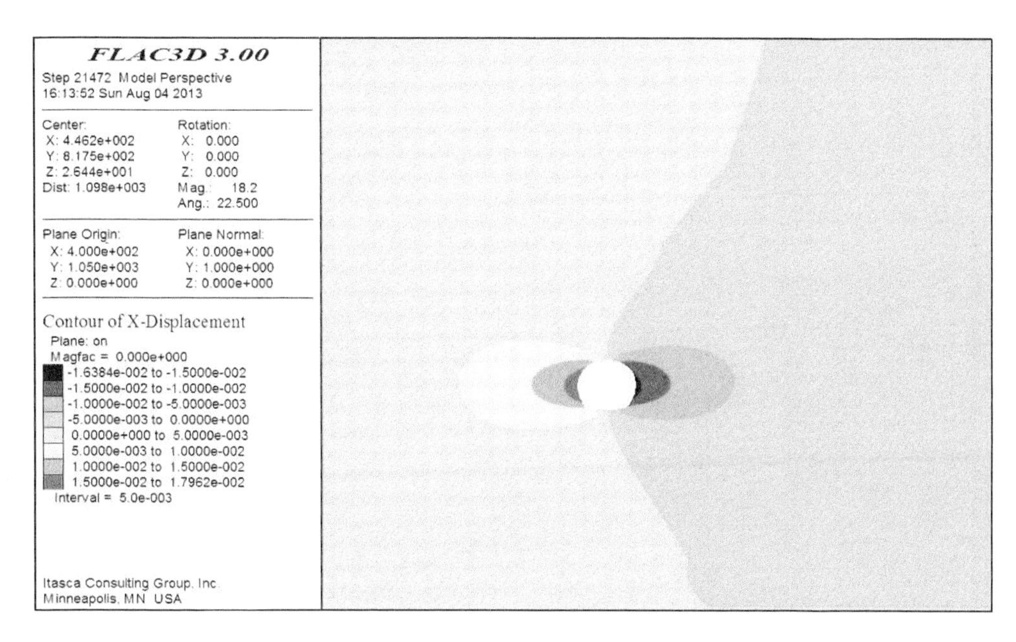

图 8.25　隧洞开挖未支护下Ⅳ2 类围岩

（K50＋275 断面，隧洞埋深 65m）X 方向位移云图

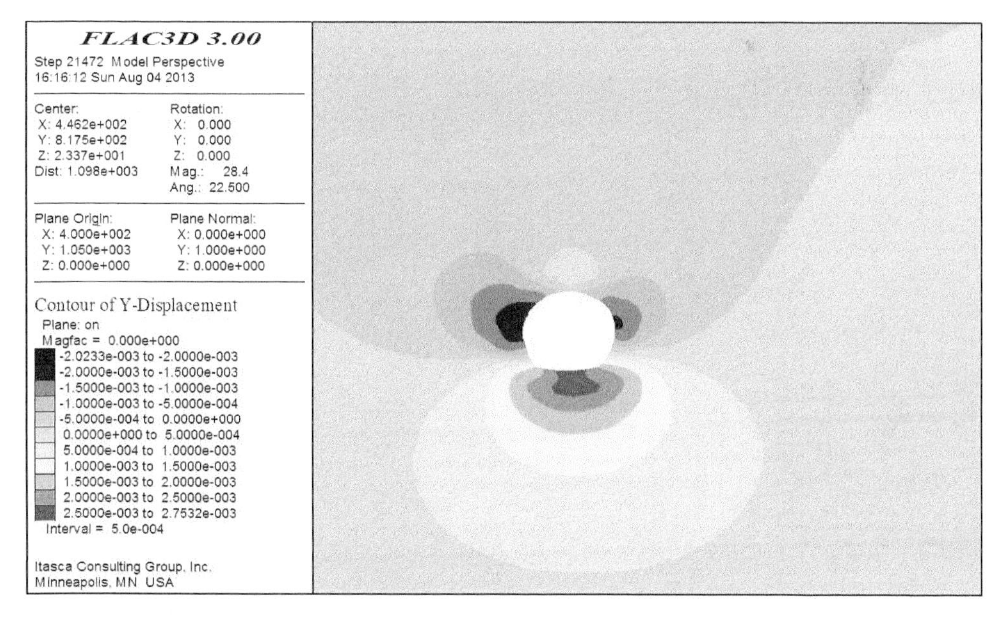

图 8.26　隧洞开挖未支护下Ⅳ2 类围岩

（K50＋275 断面，隧洞埋深 65m）Y 方向位移云图

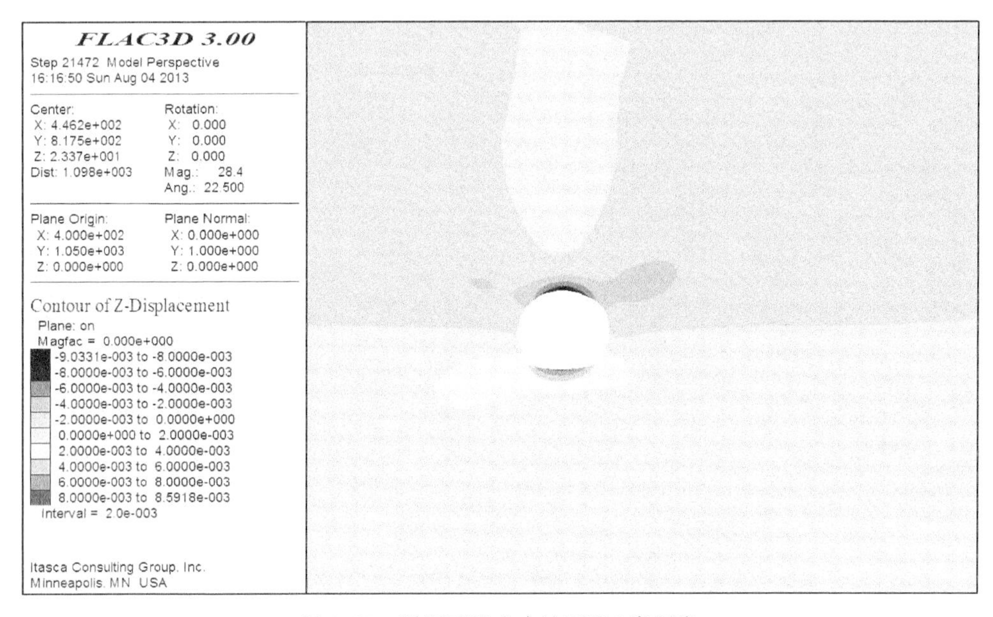

图 8.27 隧洞开挖未支护下Ⅳ2类围岩

($K50+275$ 断面，隧洞埋深 65m)Z 方向位移云图

图 8.28～图 8.31 为隧洞开挖后Ⅴ类围岩($K50+165$ 断面)围岩的总位移和 X 方向、Y 方向、Z 方向位移云图。

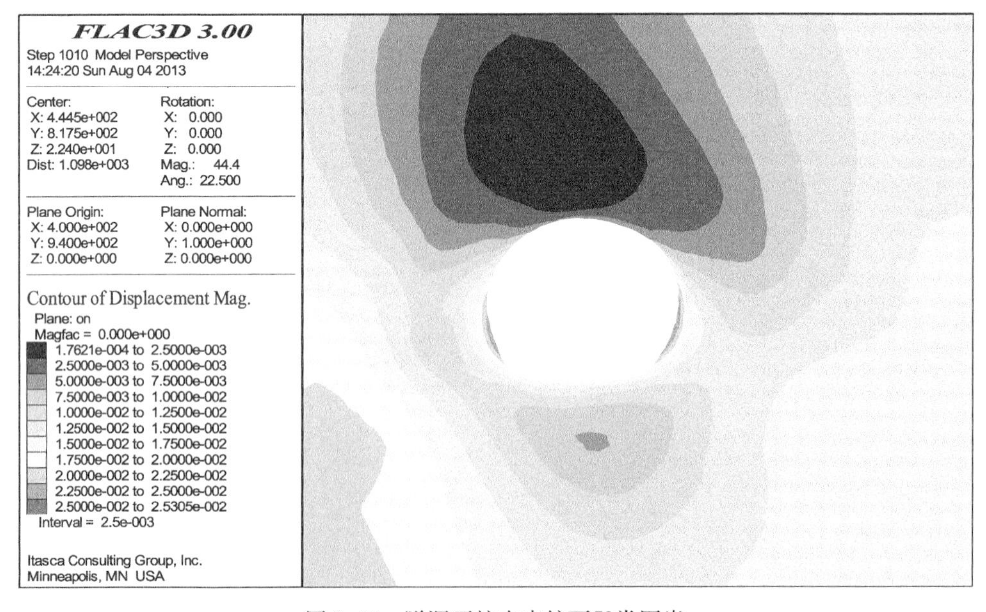

图 8.28 隧洞开挖未支护下Ⅴ类围岩

($K50+165$ 断面，隧洞埋深 30m)总位移云图

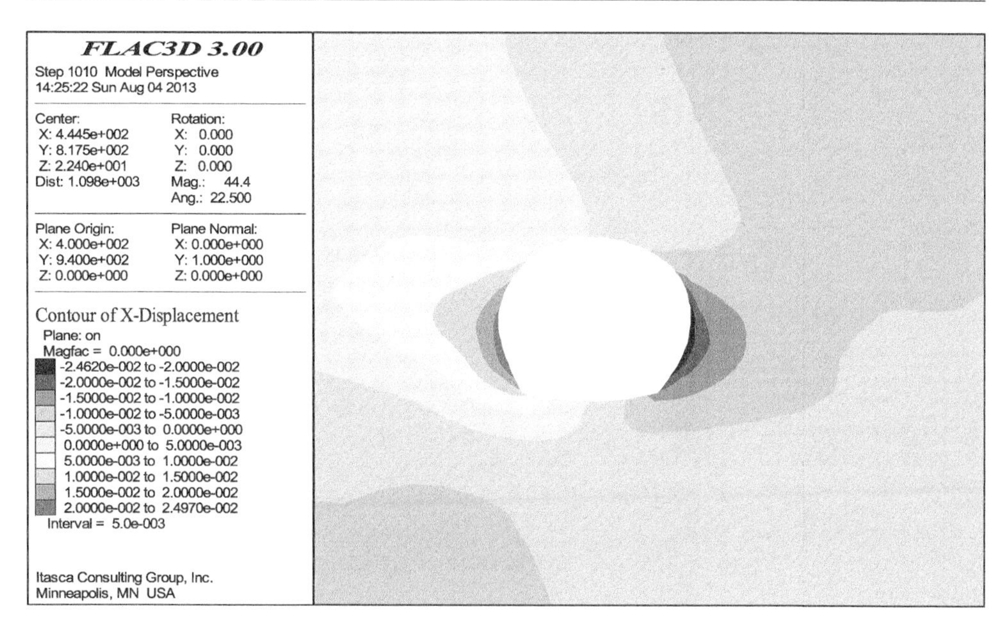

图 8.29　隧洞开挖未支护下Ⅴ类围岩
（K50+165 断面，隧洞埋深 30m）X 方向位移云图

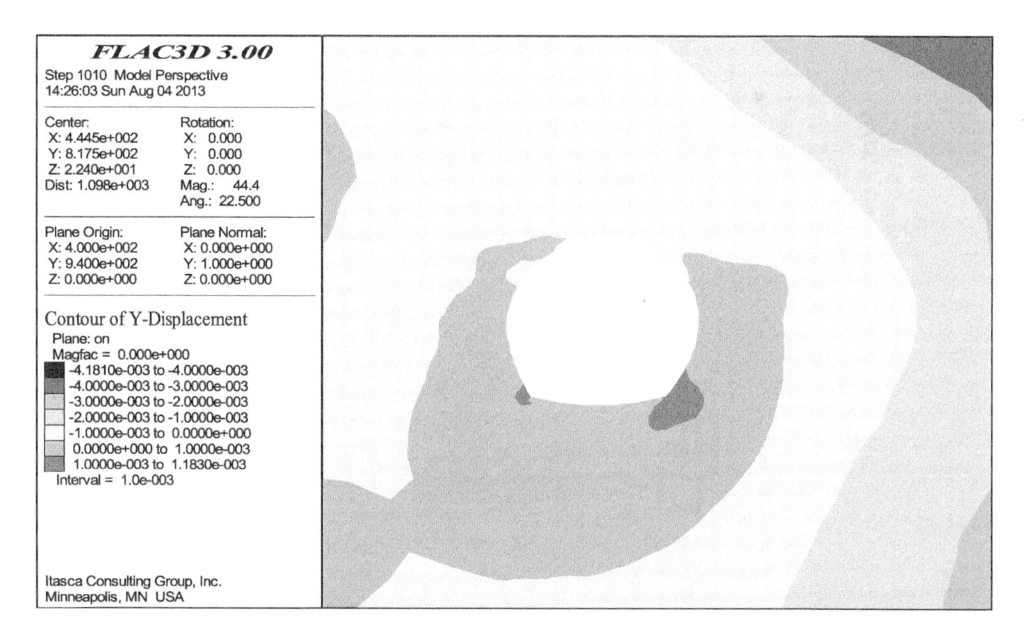

图 8.30　隧洞开挖未支护下Ⅴ类围岩
（K50+165 断面，隧洞埋深 30m）Y 方向位移云图

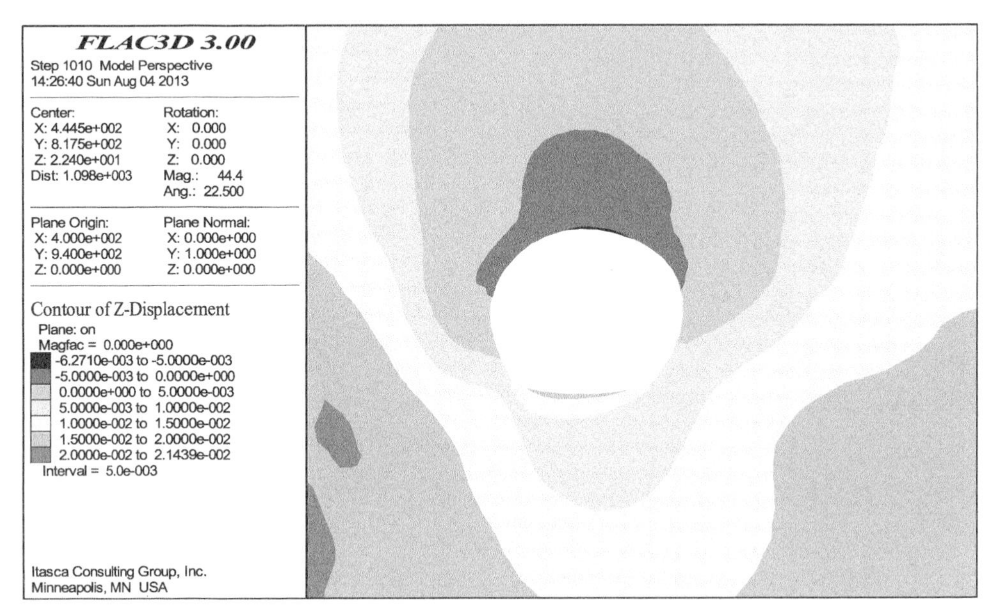

图 8.31　隧洞开挖未支护下Ⅴ类围岩(*K*50+165 断面，隧洞埋深 30m)*Z* 方向位移云图

从围岩总位移云图看到，洞室开挖引起的围岩变形区域为“蝴蝶型”，侧壁处位移及影响深度最大，顶拱和底板处的位移及影响深度最小。

各典型剖面位移总结见表 8.1，从各剖面总体情况来看，由于受水平构造应力影响，洞室围岩垂直隧洞方向(*X* 方向)位移最大，其次是竖直方向(*Z* 方向)，隧洞延伸方向(*Y* 方向)位移最小；受埋深影响，Ⅳ类围岩受埋深影响较大，即使Ⅳ1 类(*K*49+525 断面)岩体质量较好，由于上覆层较厚，位移也稍高于Ⅳ2 类围岩(*K*50+275 断面)位移；Ⅴ类岩体质量最差，即使埋深较浅，其总体及各向位移仍均为最大。

表 8.1　K49+225～K50+296 段隧洞开挖未支护下各典型剖面位移（单位：cm）

位置	总位移	*X* 方向最大位移	*Y* 方向最大位移	*Z* 方向最大位移
Ⅳ1 类围岩 (*K*49+525 断面)	2.0	2.0	0.4	1.8
Ⅳ2 类围岩 (*K*50+275 断面)	1.8	1.6	0.25	0.9
Ⅴ类围岩 (*K*50+165 断面)	2.5	2.0	0.48	1.5

8.2.3　塑性区分析

围岩单元为压-剪破坏形式，洞壁区域(约 0.2m)也受拉应力破坏，其塑性区分布如图 8.32～图 8.34 所示，Ⅳ1 类围岩（K49＋525 断面）塑性区破坏深度为 0.7～0.9m，Ⅳ2 类围岩（K50＋275 断面）塑性区破坏深度为 0.7～1.0m，Ⅴ类围岩（K50＋165 断面）塑性区破坏深度为 0.8～1.1m。

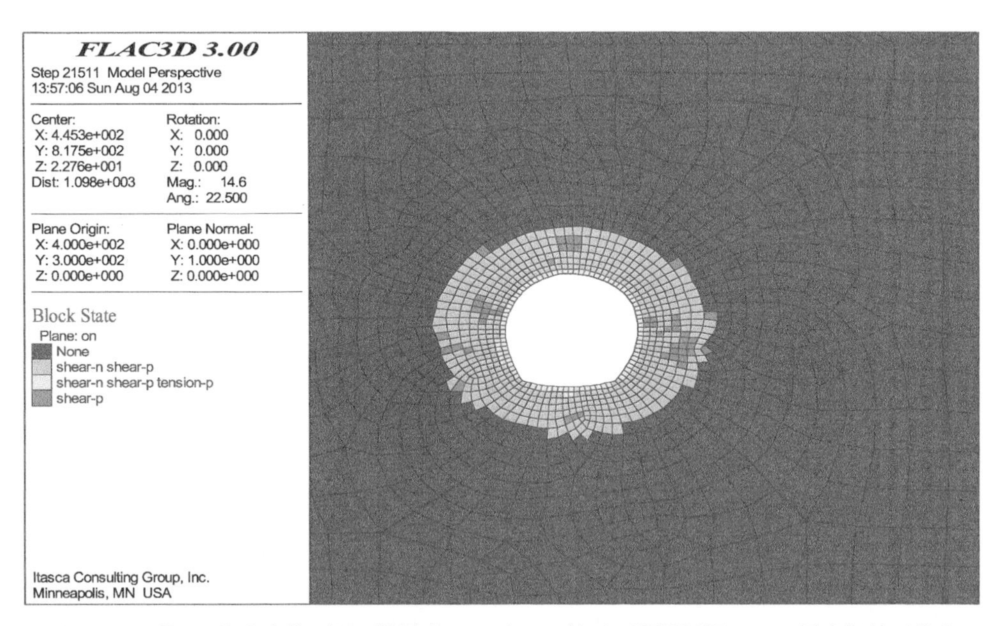

图 8.32　隧洞开挖未支护下Ⅳ1 类围岩（K49＋525 断面，隧洞埋深 100m）围岩塑性区分布

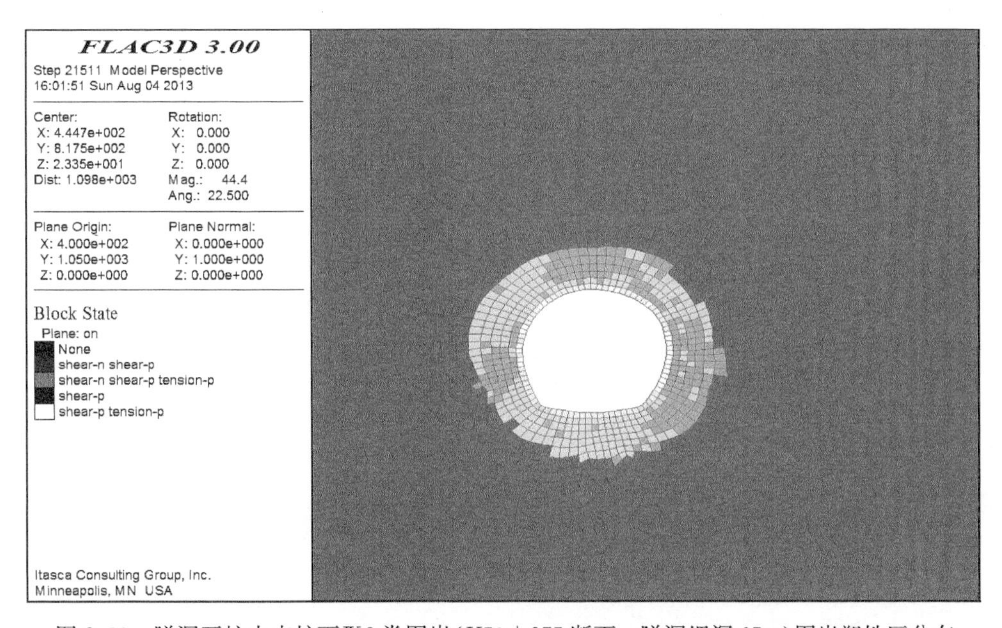

图 8.33　隧洞开挖未支护下Ⅳ2 类围岩（K50＋275 断面，隧洞埋深 65m）围岩塑性区分布

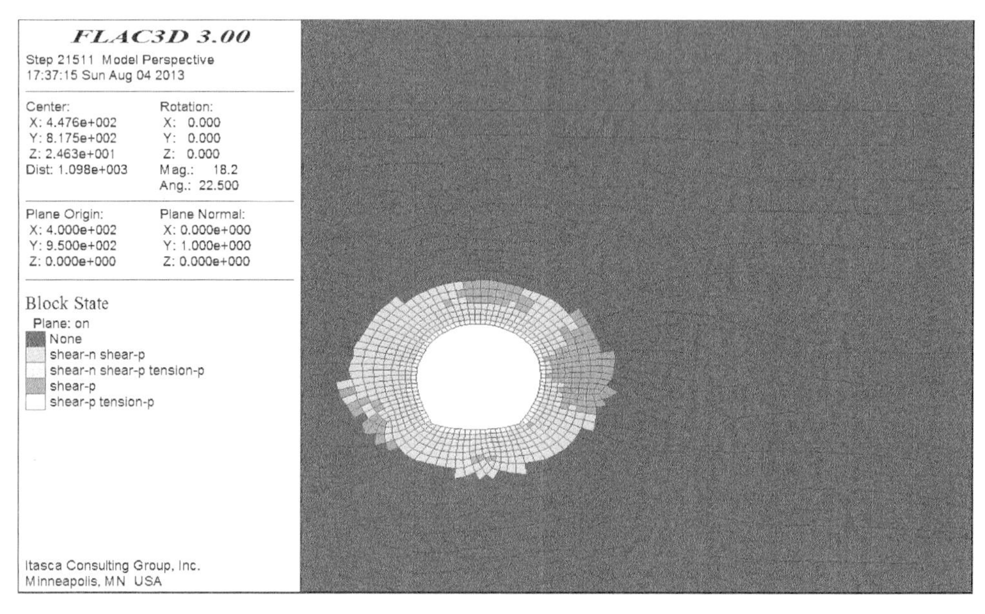

图 8.34　隧洞开挖未支护下Ⅴ类围岩(*K*50+165 断面，隧洞埋深 30m)
围岩塑性区分布

8.3　隧洞开挖支护后工况

8.3.1　应力场分析

隧洞开挖支护后的大主应力、小主应力分布云图如图 8.35 和图 8.36 所示。从中可以看出，支护后隧洞围岩应力最大值为 7.1MPa，支护前隧洞围岩应力最大值为 8.0MPa，与支护前相比，应力最大值减小约 1MPa。

下面以 *K*49+525、*K*50+275 和 *K*50+165 三个典型断面为例对隧洞开挖支护后的围岩应力场进行详细分析。其中，*K*49+525 围岩为Ⅳ1 类岩体，隧洞埋深为 100m；*K*50+275 断面围岩为Ⅳ2 类岩体，隧洞埋深为 65m；*K*50+165 断面围岩为Ⅴ类岩体，隧洞埋深为 30m。

图 8.37～图 8.39 为Ⅳ1 类围岩(*K*49+525 断面，隧洞埋深 100m)的大主应力、小主应力和剪应力分布云图。洞室开挖支护后，在洞室底部围岩中出现压应力集中，其最大值为 4.5MPa，且随着距洞室距离的增大逐渐减小并过渡到初始应力状态，影响深度为 3.0m(图 8.37)；在洞室的侧壁和拱腰出现应力减小区，其值为 1.8MPa，影响深度为 3.0m(图 8.38)；在洞室拱腰和底角部位出现剪应力集中，其最大值为 0.3MPa(图 8.39)。

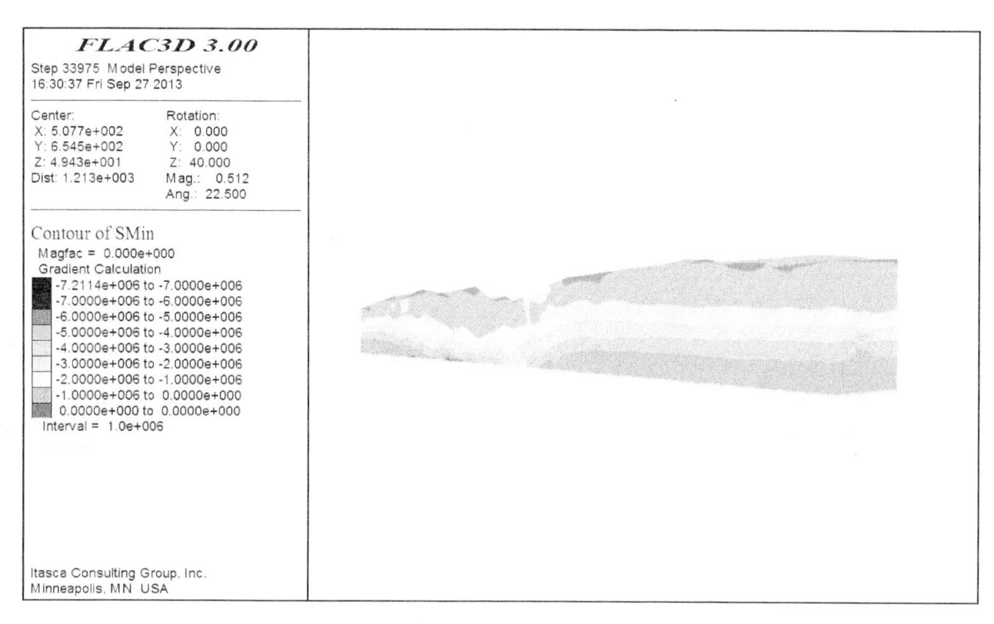

图 8.35　隧洞开挖支护后大主应力云图

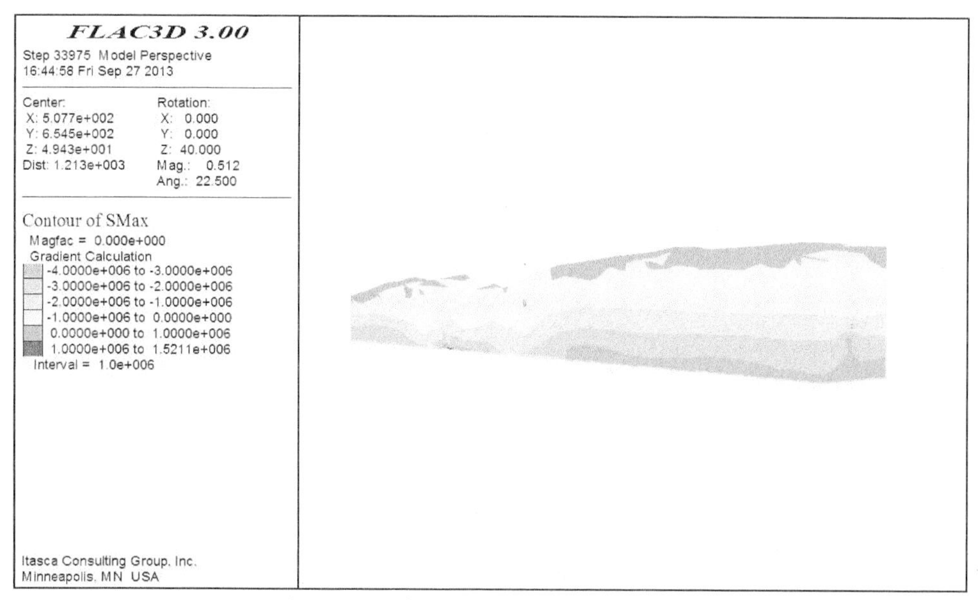

图 8.36　隧洞开挖支护后小主应力云图

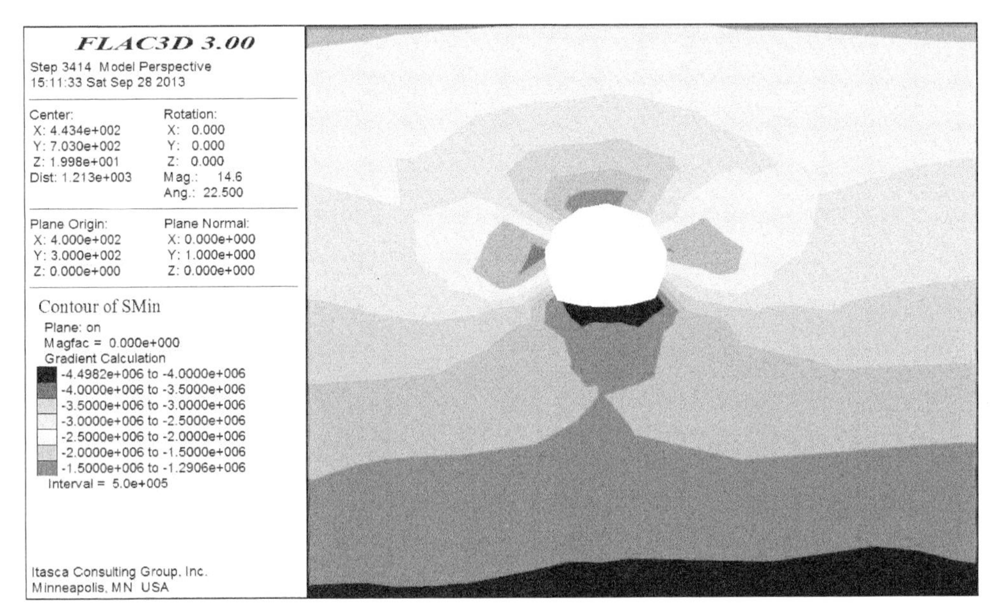

图 8.37 隧洞开挖支护后Ⅳ1 类围岩(*K*49+525 断面，隧洞埋深 100m)大主应力云图

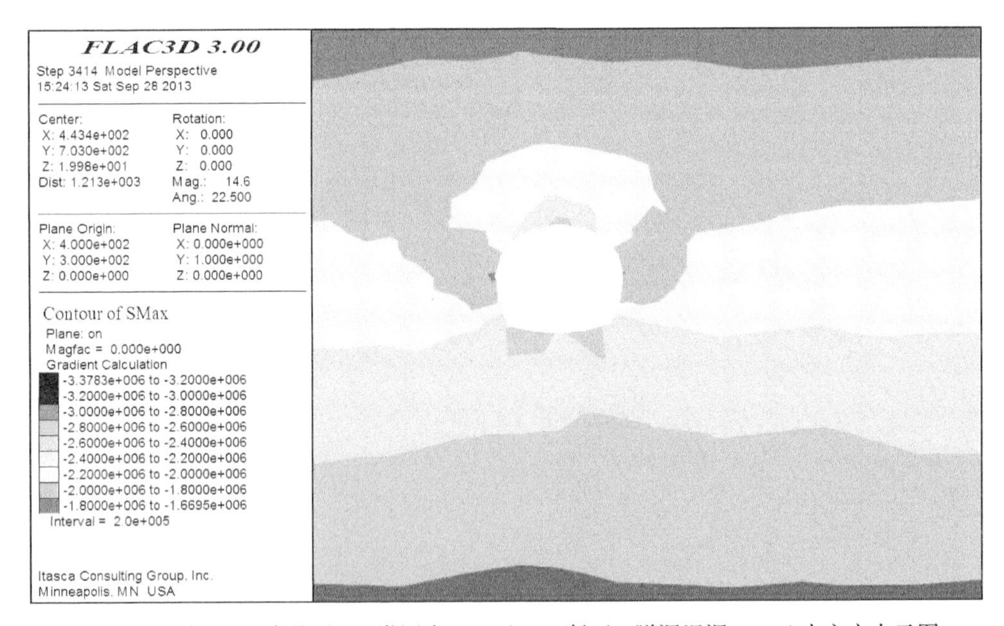

图 8.38 隧洞开挖支护后Ⅳ1 类围岩(*K*49+525 断面，隧洞埋深 100m)小主应力云图

图 8.40～图 8.42 为Ⅳ2 类围岩(*K*50＋275 断面，隧洞埋深 65m)的大主应力、小主应力和剪应力分布云图。在洞室顶部和底部出现压应力集中，其最大值

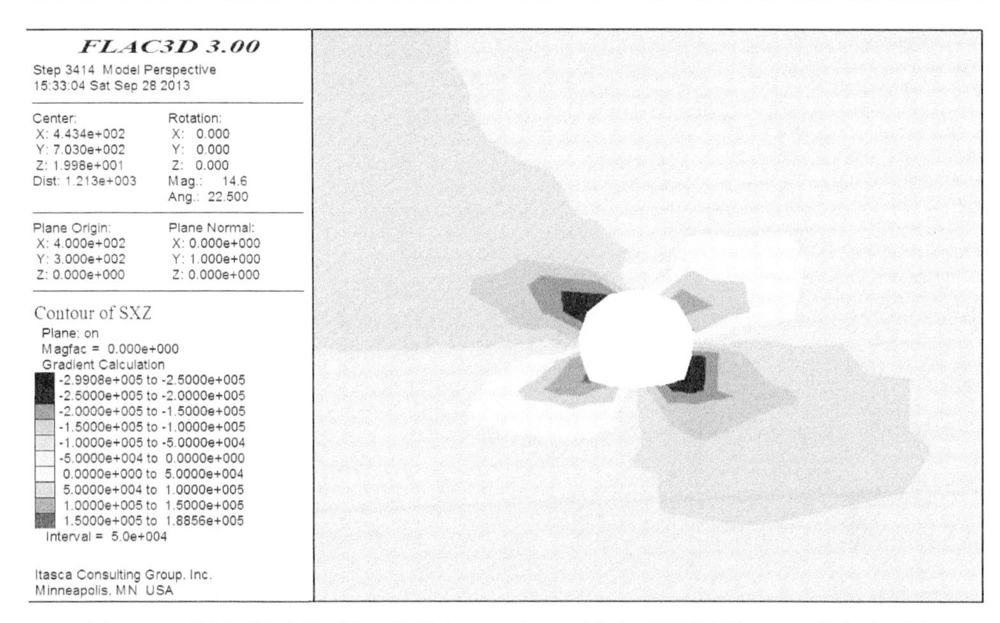

图 8.39　隧洞开挖支护后Ⅳ1 类围岩(K49+525 断面，隧洞埋深 100m)剪应力云图

为 3.6MPa，大主应力影响深度为 3.5m，在洞室的拱腰和底部中心处出现应力降低区，其值为 2.7MPa，小主应力影响深度为 3.2m(图 8.41)，在洞室拱腰和底角部位出现剪应力集中，其最大值为 0.8MPa(图 8.42)。

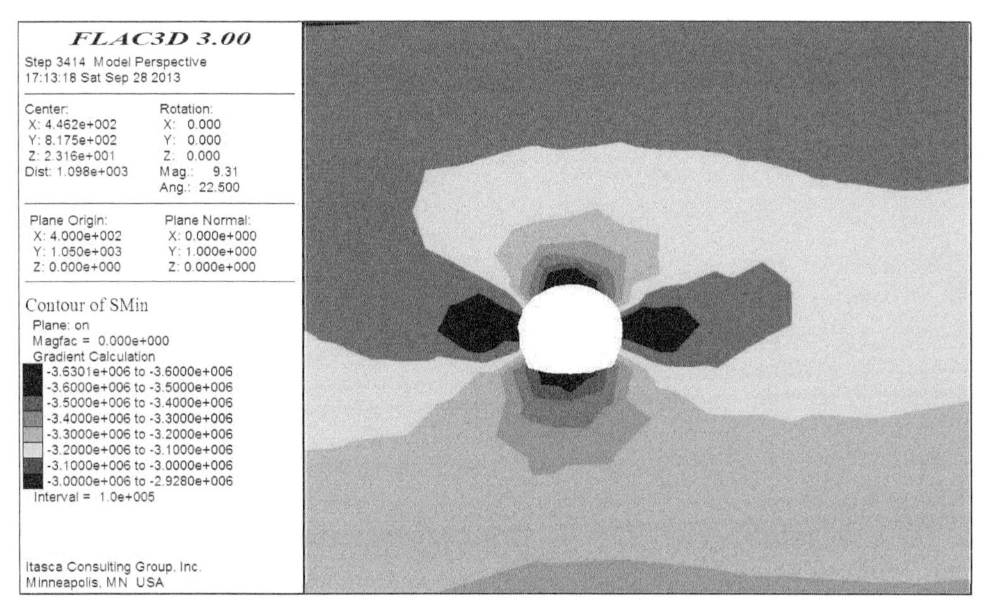

图 8.40　隧洞开挖支护后Ⅳ2 类围岩
(K50+275 断面，隧洞埋深 65m)大主应力云图

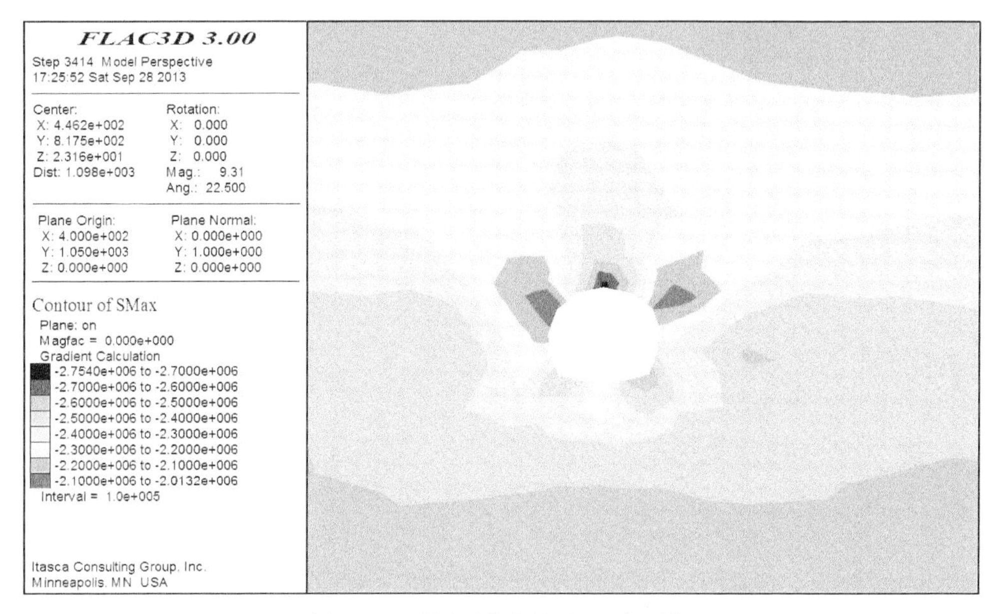

图 8.41　隧洞开挖支护后Ⅳ2 类围岩
（K50＋275 断面，隧洞埋深 65m）小主应力云图

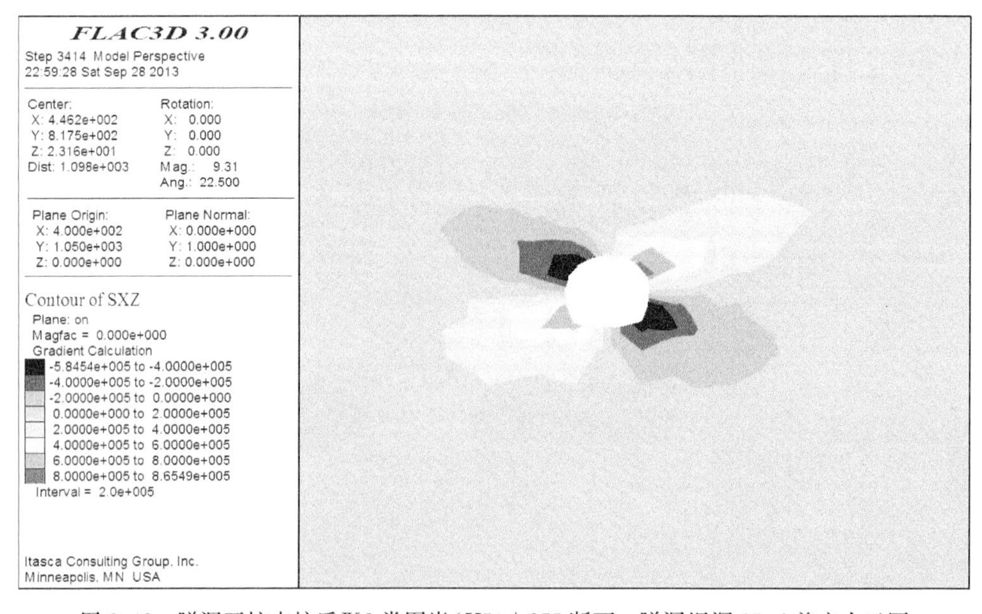

图 8.42　隧洞开挖支护后Ⅳ2 类围岩（K50＋275 断面，隧洞埋深 65m）剪应力云图

图 8.43～图 8.45 所示为隧洞开挖支护后Ⅴ类围岩（K50＋165 断面，隧洞埋深 30m）的大主应力、小主应力和剪应力分布云图，在洞室顶部和底部出现压应

力集中，其最大值为 3.9MPa，大主应力影响深度为 3.2m，在洞室的拱腰和底部中心处出现应力降低区，其值为 1.6MPa，小主应力影响深度为 3.5m(图 8.44)，在洞室拱腰和底角部位出现剪应力集中，其最大值为 0.8MPa(图 8.45)。

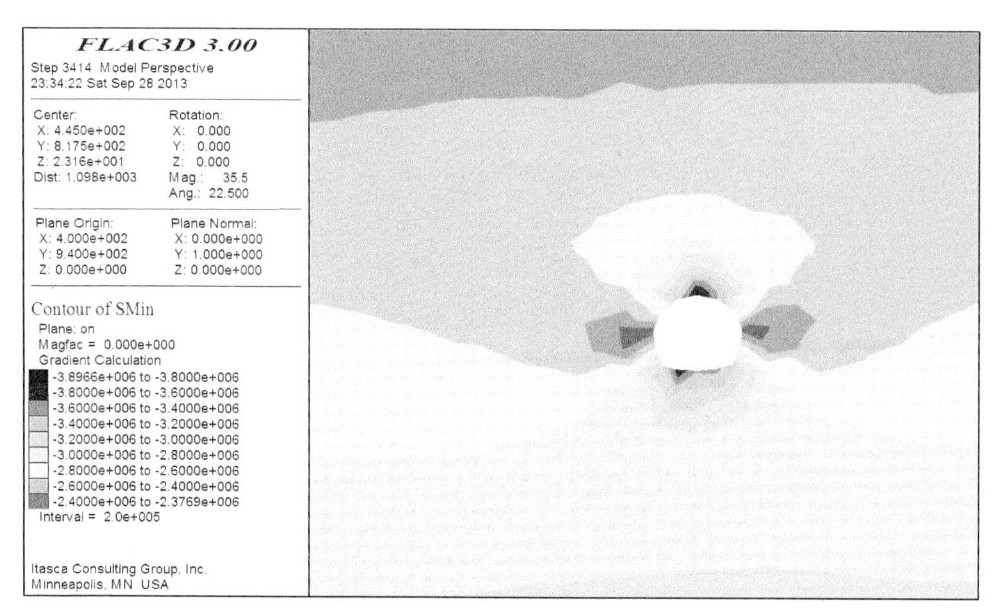

图 8.43　隧洞开挖支护后Ⅴ类围岩(K50+165 断面，隧洞埋深 30m)大主应力云图

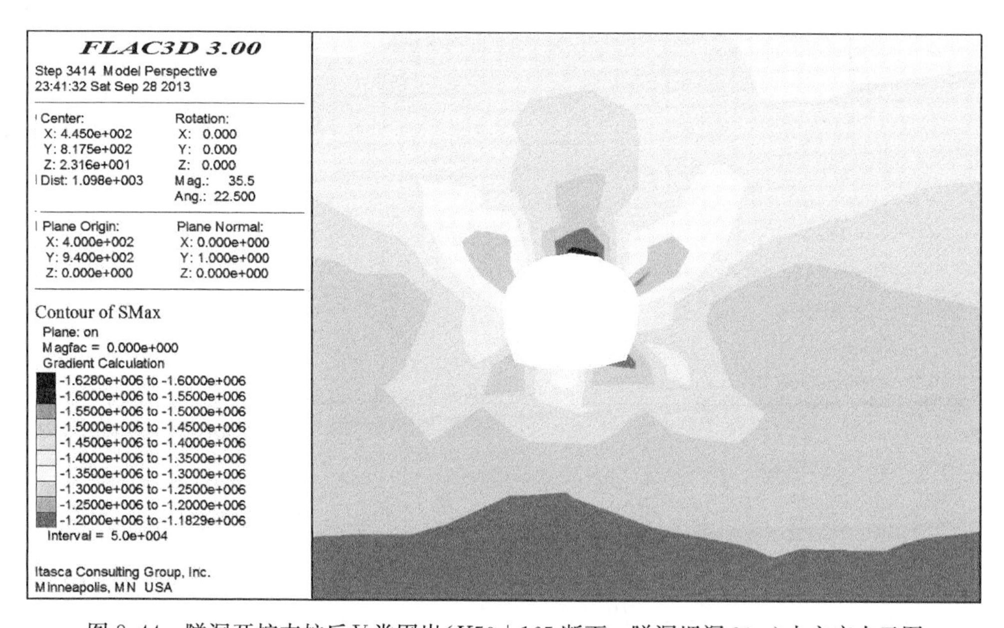

图 8.44　隧洞开挖支护后Ⅴ类围岩(K50+165 断面，隧洞埋深 30m)小主应力云图

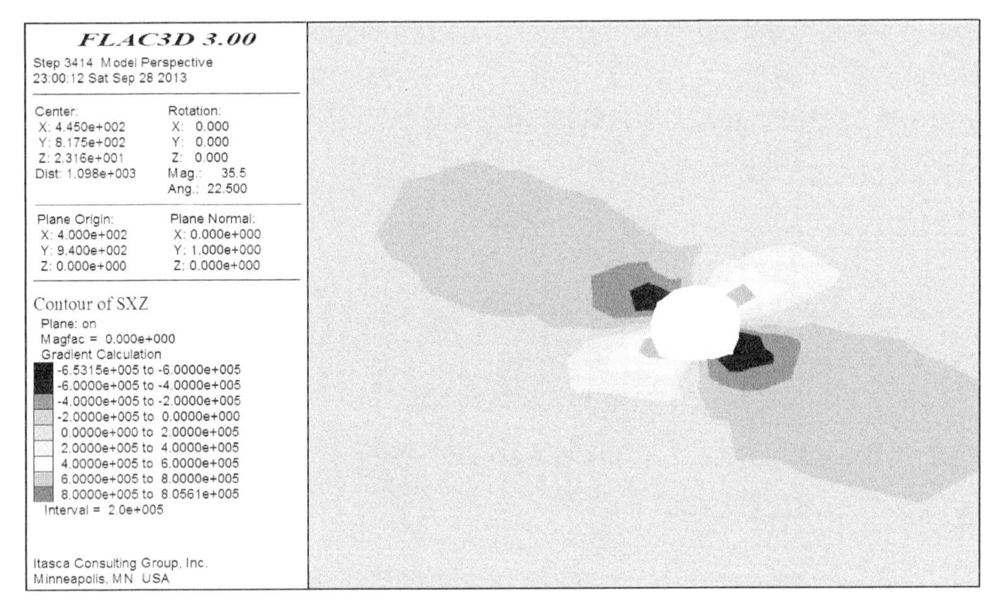

图 8.45 隧洞开挖支护后Ⅴ类围岩(*K*50+165 断面，隧洞埋深 30m)剪应力云图

隧洞开挖未支护和支护后洞室围岩的应力对比见表 8.2。从中可以看到，支护后洞室围岩的大主应力值减小，小主应力值增大，剪应力降低，应力集中程度减弱。

表 8.2 K49+225～K50+296 段隧洞开挖支护前后围岩应力对比 （单位：MPa）

位置	大主应力		小主应力		剪应力	
	未支护	支护后	未支护	支护后	未支护	支护后
整体	8.0	7.1	—	—	—	—
Ⅳ1 类围岩（*K*49+525 断面）	7.0	4.5	0.25	1.8	1.0	0.3
Ⅳ2 类围岩（*K*50+275 断面）	7.0	3.6	0.2	2.7	1.4	0.8
Ⅴ类围岩（*K*50+165 断面）	4.5	3.9	0.5	1.6	1.5	0.8

8.3.2 位移场分析

图 8.46～图 8.49 所示为隧洞开挖支护后围岩的总位移和 *X* 方向、*Y* 方向、*Z* 方向位移云图，总位移最大值为 0.7cm，*X* 方向位移最大值为 0.7cm，*Y* 方向位移最大值为 0.2cm，*Z* 方向位移最大值为 0.3cm。

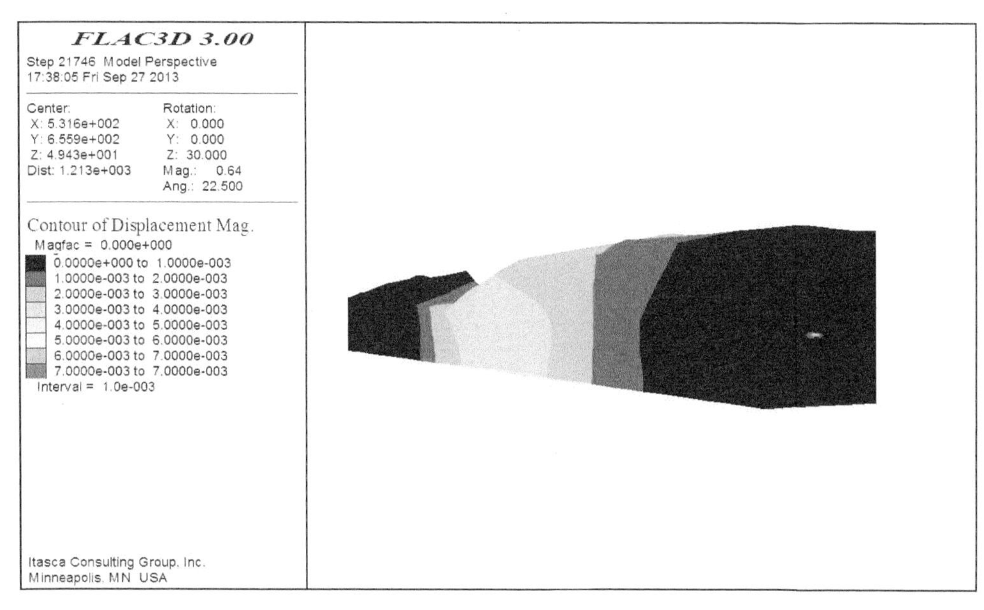

图 8.46 隧洞开挖支护后总位移云图

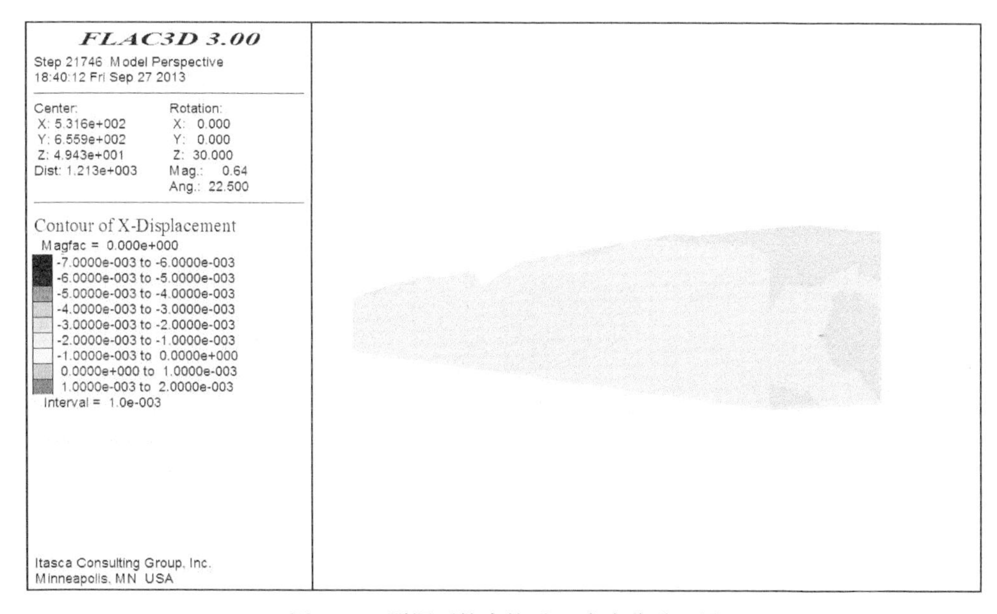

图 8.47 隧洞开挖支护后 X 方向位移云图

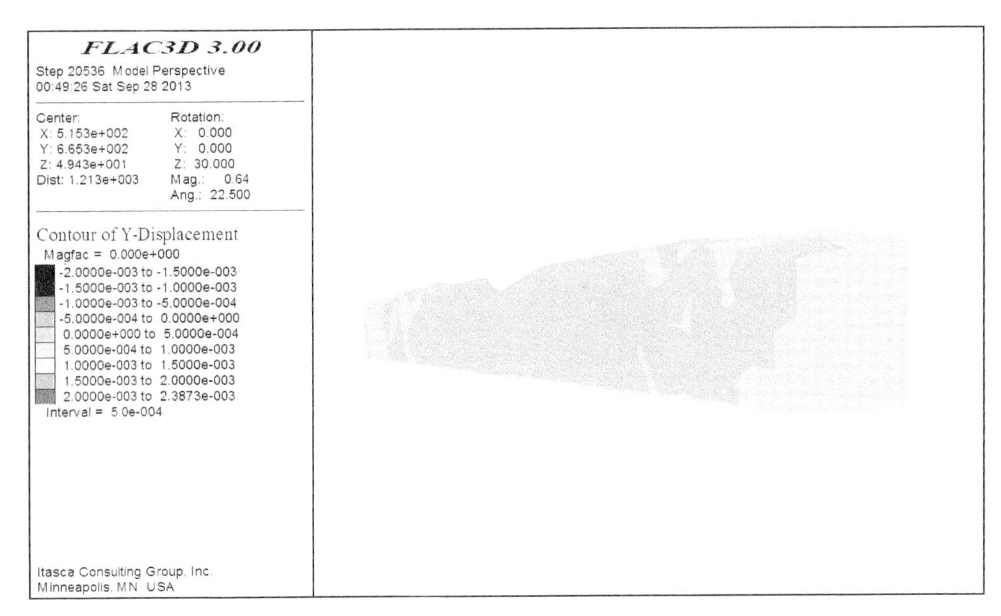

图 8.48　隧洞开挖支护后 Y 方向位移云图

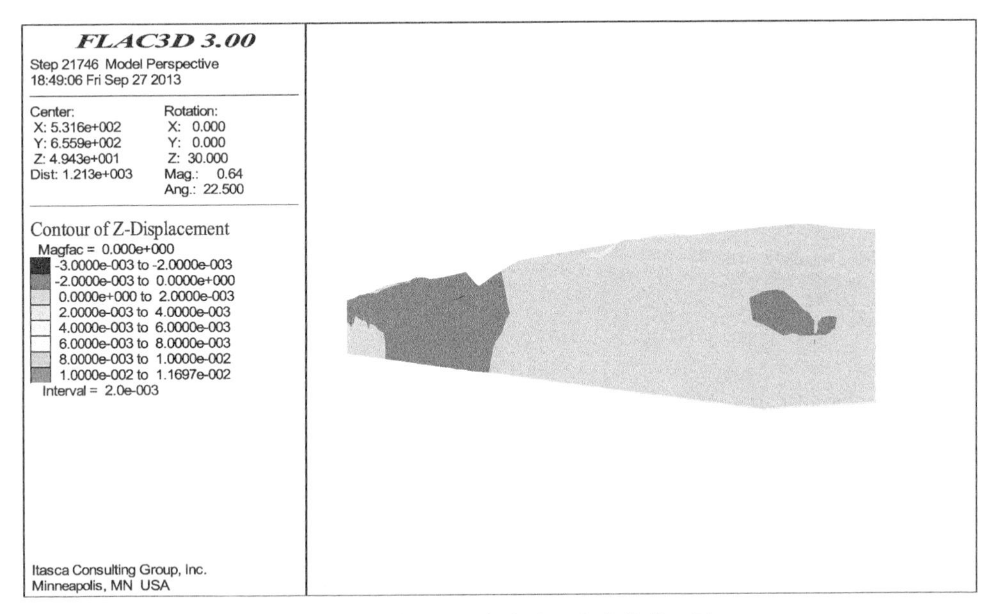

图 8.49　隧洞开挖支护后 Z 方向位移云图

下面以 $K49+525$、$K50+275$ 和 $K50+165$ 三个典型断面为例对围岩位移场进行详细分析。图 8.50～图 8.53 所示为Ⅳ1 类围岩($K49+525$ 断面)隧洞开挖支护后围岩的总位移和 X 方向、Y 方向、Z 方向位移云图。

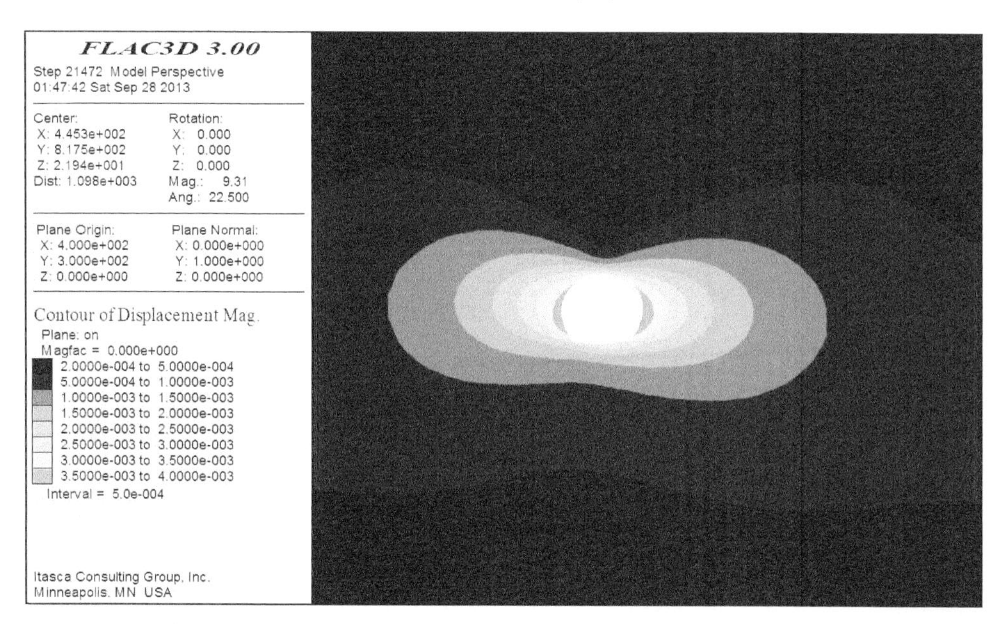

图 8.50　隧洞开挖支护后Ⅳ1 类围岩($K49+525$ 断面，隧洞埋深 100m)断面总位移云图

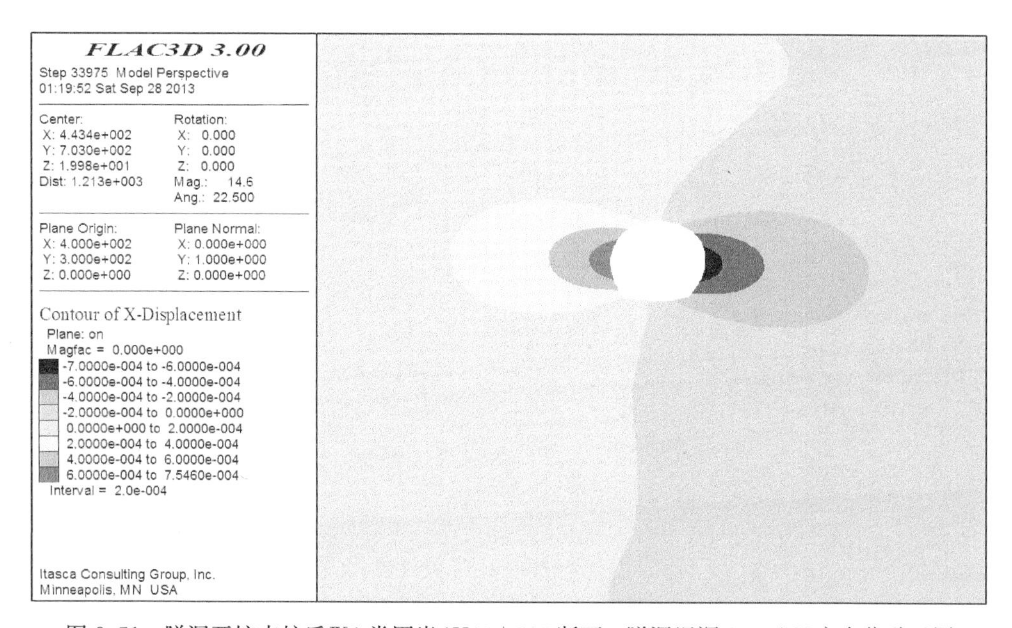

图 8.51　隧洞开挖支护后Ⅳ1 类围岩($K49+525$ 断面，隧洞埋深 100m)X 方向位移云图

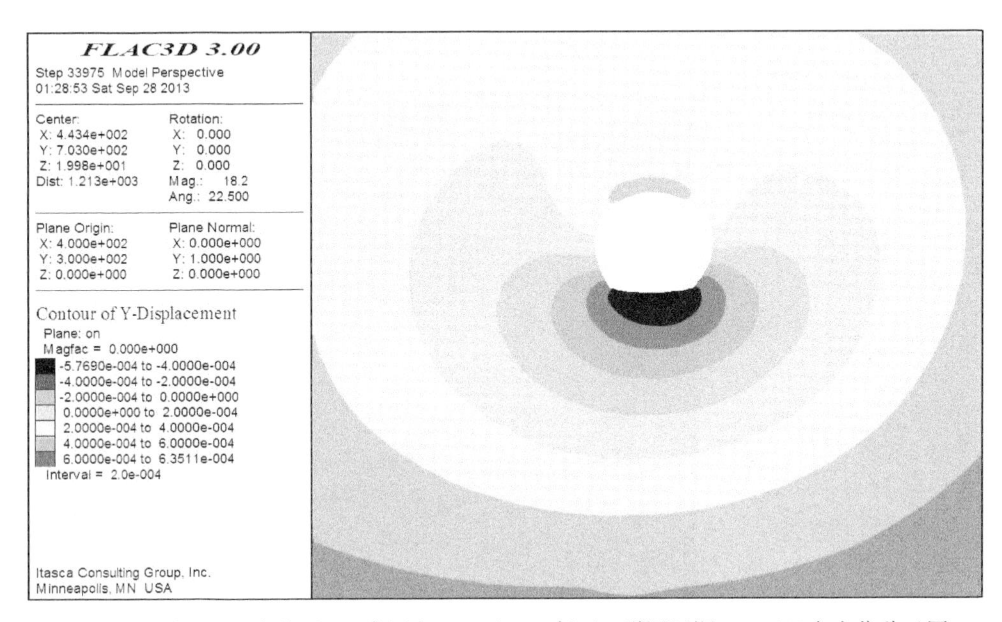

图 8.52 隧洞开挖支护后Ⅳ1类围岩(*K*49+525 断面，隧洞埋深 100m)*Y* 方向位移云图

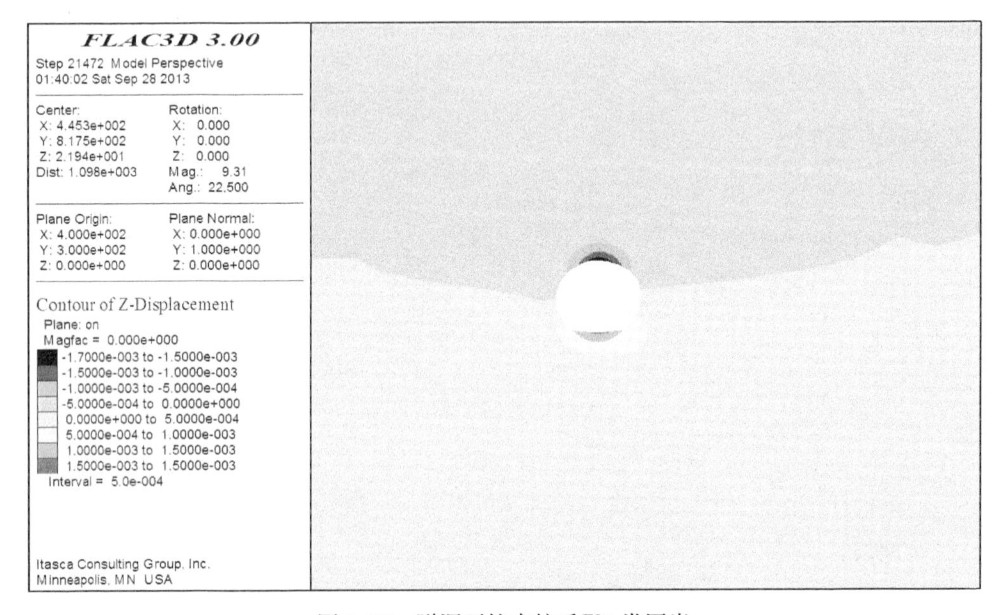

图 8.53 隧洞开挖支护后Ⅳ1类围岩
(*K*49+525 断面，隧洞埋深 100m)*Z* 方向位移云图

图8.54～图8.57所示为Ⅳ2类围岩(*K*50+275断面)隧洞开挖支护后围岩的总位移和*X*方向、*Y*方向、*Z*方向位移云图。

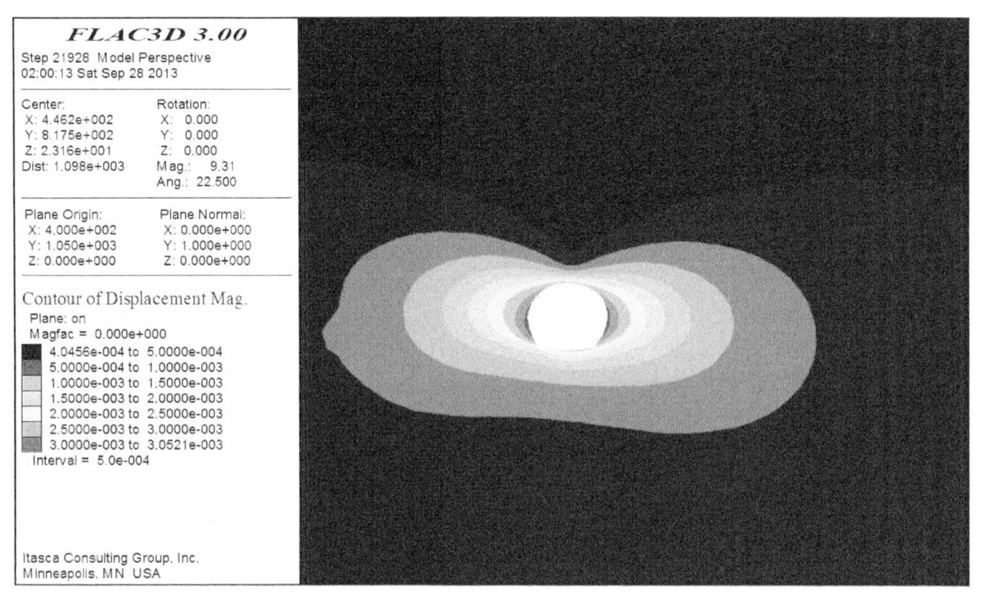

图8.54　隧洞开挖支护后Ⅳ2类围岩
(*K*50+275断面，隧洞埋深65m)总位移云图

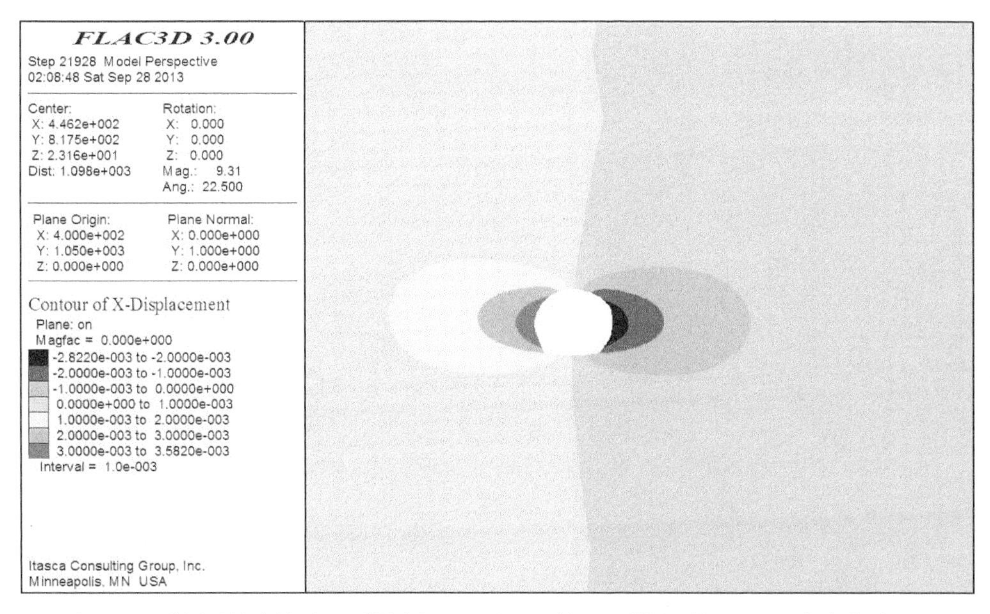

图8.55　隧洞开挖支护后Ⅳ2类围岩(*K*50+275断面，隧洞埋深65m)*X*方向位移云图

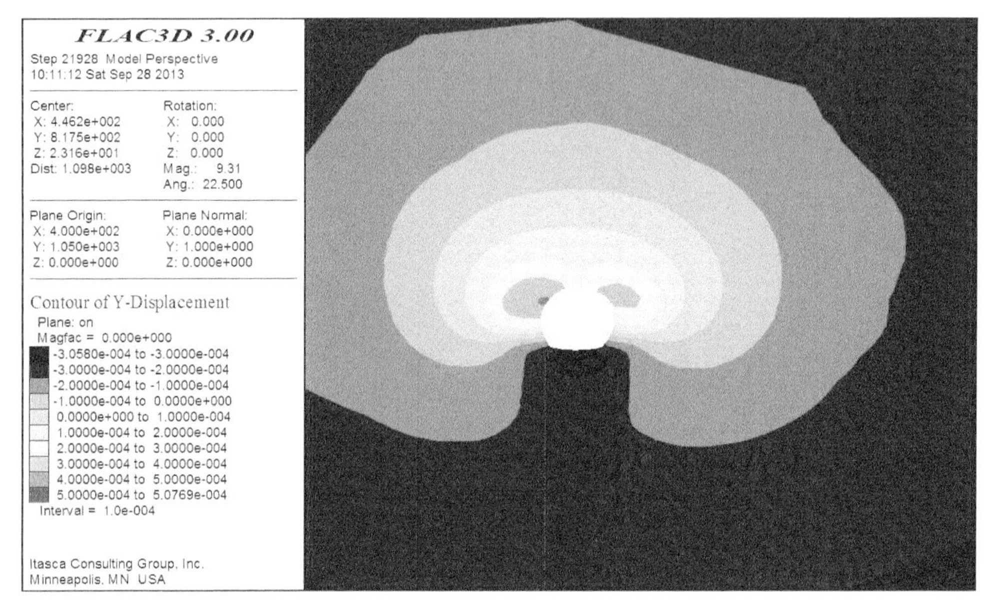

图 8.56　隧洞开挖支护后Ⅳ2 类围岩(K50+275 断面，隧洞埋深 65m)Y 方向位移云图

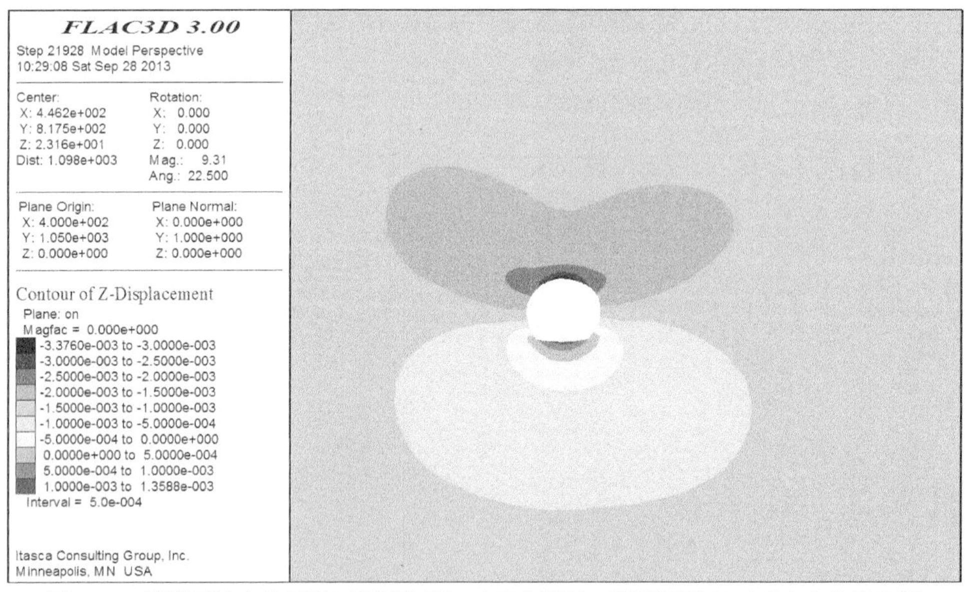

图 8.57　隧洞开挖支护后Ⅳ2 类围岩(K50+275 断面，隧洞埋深 65m)Z 方向位移云图

图 8.58～图 8.61 为Ⅴ类围岩(K50＋165 断面)隧洞开挖支护后围岩的总位移和 X 方向、Y 方向、Z 方向位移云图。

从中可以看出，洞室开挖支护后Ⅳ1 类围岩(K49＋525 断面，隧洞埋深 100m)侧壁位移为 0.4cm，拱腰位移为 0.28cm，拱顶位移为 0.21cm；Ⅳ2 类围

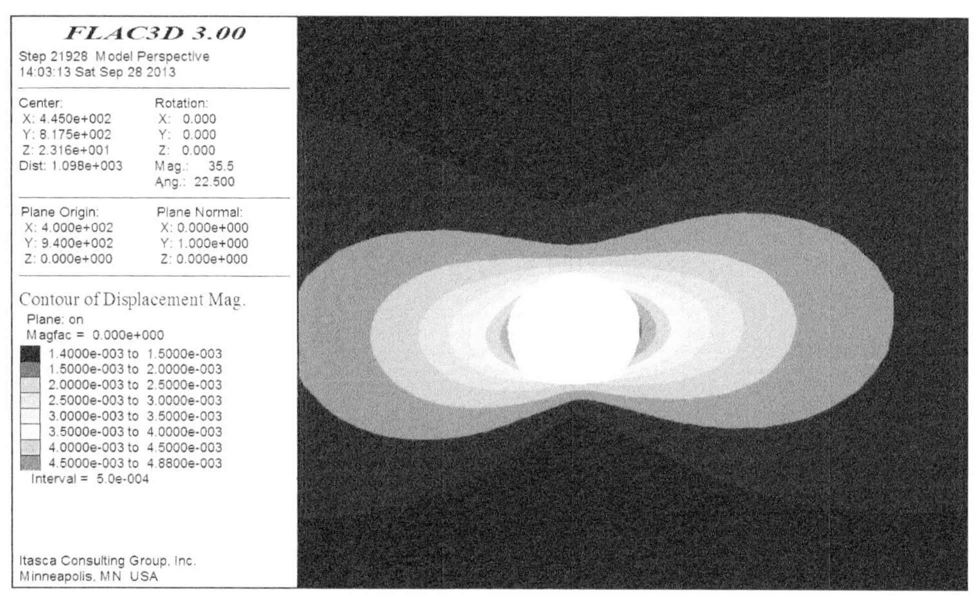

图 8.58　隧洞开挖未支护下Ⅴ类围岩
（K50＋165 断面，隧洞埋深 30m）总位移云图

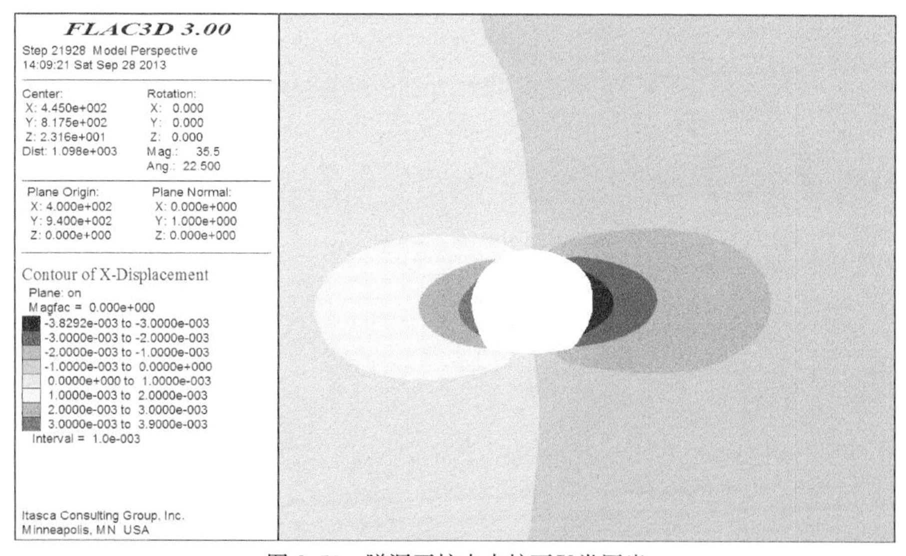

图 8.59　隧洞开挖未支护下Ⅴ类围岩
（K50＋165 断面，隧洞埋深 30m）X 方向位移云图

岩（K50＋275 断面，隧洞埋深 65m）侧壁位移为 0.3cm，拱腰位移为 0.27cm，拱顶位移为 0.22cm；Ⅴ类围岩（K50＋165 断面，隧洞埋深 30m）侧壁位移为 0.48cm，拱腰位移为 0.32cm，拱顶位移为 0.21cm；隧洞围岩位移表现为洞室侧壁位移最大、拱腰其次、拱顶最小。从洞室围岩位移云图看到：

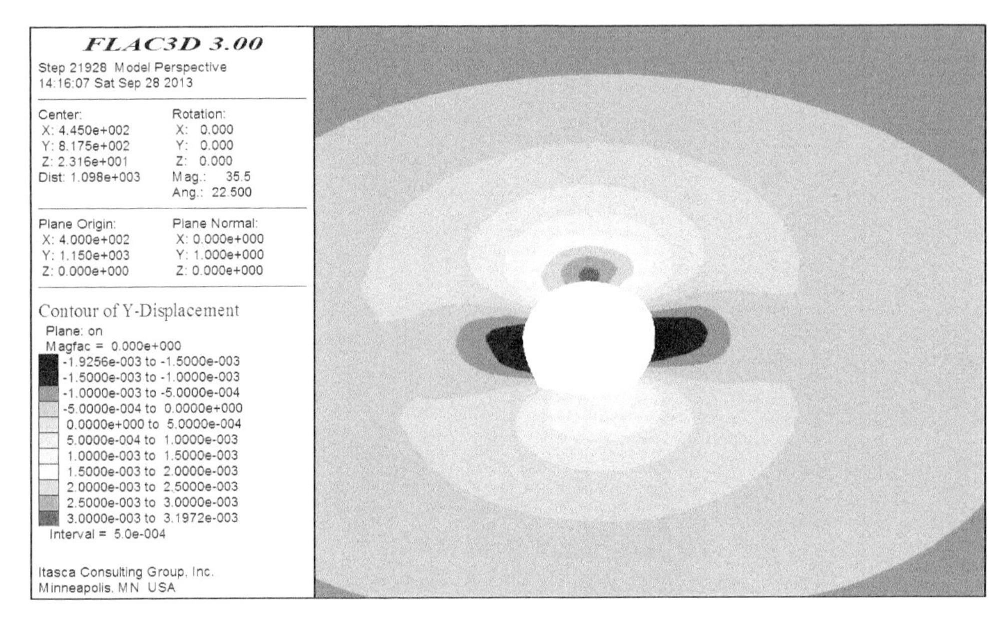

图 8.60 隧洞开挖未支护下Ⅴ类围岩（*K*50＋165 断面，隧洞埋深 30m）*Y* 方向位移云图

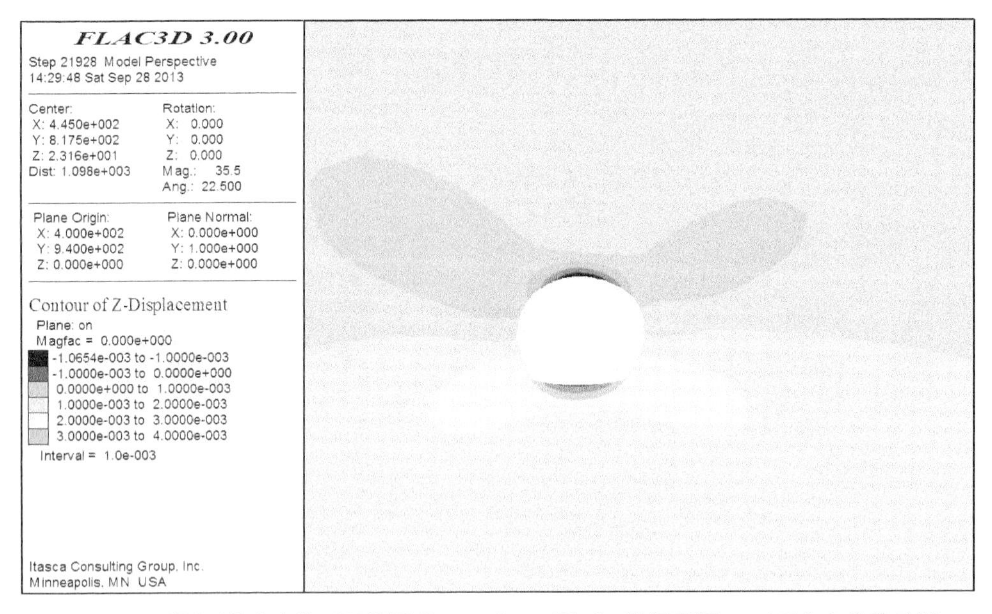

图 8.61 隧洞开挖未支护下Ⅴ类围岩（*K*50＋165 断面，隧洞埋深 30m）*Z* 方向位移云图

洞室开挖引起的围岩变形区域为“蝴蝶型”，侧壁处位移和影响深度最大，顶拱和底板处的位移和影响深度最小。

支护作用对水平应力的抵制作用较好，在埋深较大处（*K*49＋525）自重应力为位移的重要影响因素：*K*49＋525 剖面洞室围岩竖直方向（*Z* 方向）位移最大，其次是垂直隧洞方向（X 方向），隧洞延伸方向（Y 方向）位移最小；对于较浅埋深（$K50+165$ 和 $K50+275$）断面，竖直方向位移和 X 向位移相当，Y 方向位移最小。

隧洞开挖未支护和支护后的洞室围岩位移对比见表 8.3。可以看出，加固后洞室围岩的位移大幅度减小，支护效果明显。

表 8.3　K49+225～K50+296 段隧洞开挖未支护和支护后洞室围岩位移对比

（单位：cm）

位置	总位移		X 方向最大位移		Y 方向最大位移		Z 方向最大位移	
	未支护	支护后	未支护	支护后	未支护	支护后	未支护	支护后
整体	3.9	0.93	3.9	0.93	0.6	0.09	2.9	0.32
Ⅳ1 类围岩（K49+525 断面）	2.0	0.4	2.0	0.07	0.4	0.06	1.8	0.17
Ⅳ2 类围岩（K50+275 断面）	1.8	0.3	1.6	0.3	0.25	0.05	0.9	0.3
Ⅴ类围岩（K50+165 断面）	2.5	0.48	2.0	0.38	0.48	0.32	1.5	0.38

8.3.3　塑性区分析

隧洞支护后，洞室围岩大主应力减小、小主应力增大，剪应力减小，围岩中没有塑性破坏产生，其塑性区分布如图 8.62～图 8.64 所示。

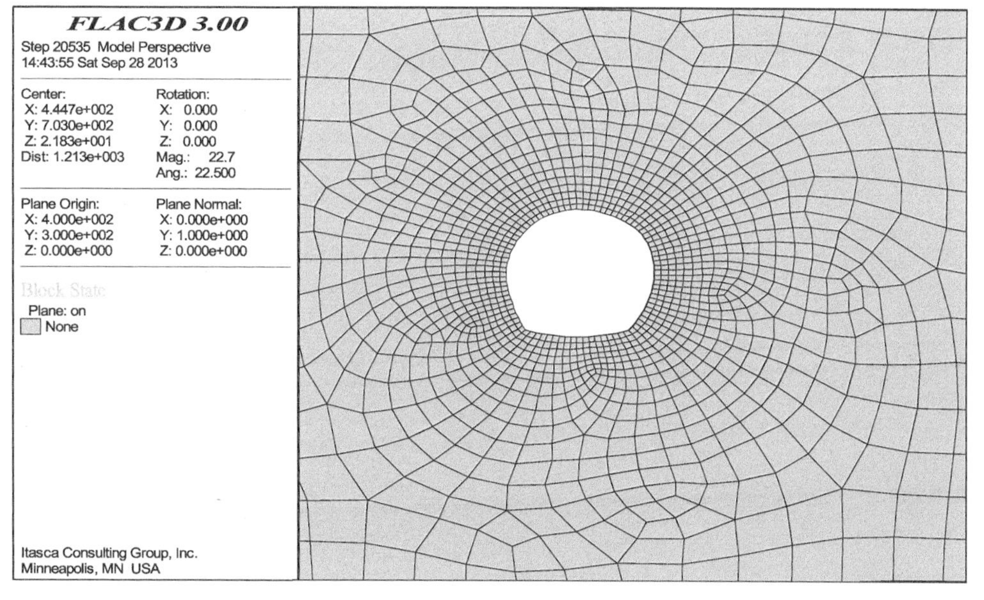

图 8.62　隧洞开挖支护后Ⅳ1 类围岩（K49+525 断面埋深 100m）围岩塑性区分布

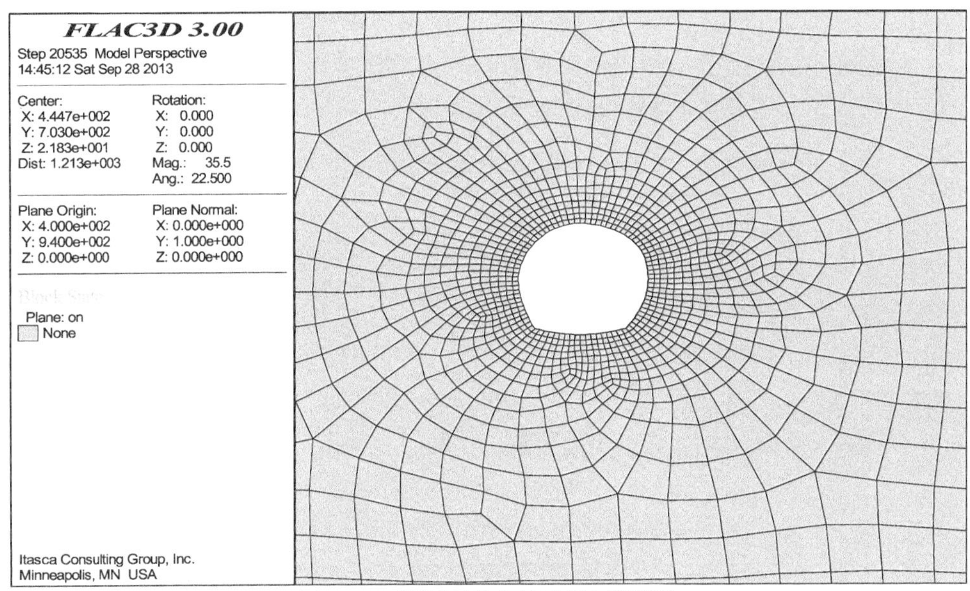

图 8.63　隧洞开挖支护后Ⅳ2 类围岩
（K50＋275 断面埋深 65m）围岩塑性区分布

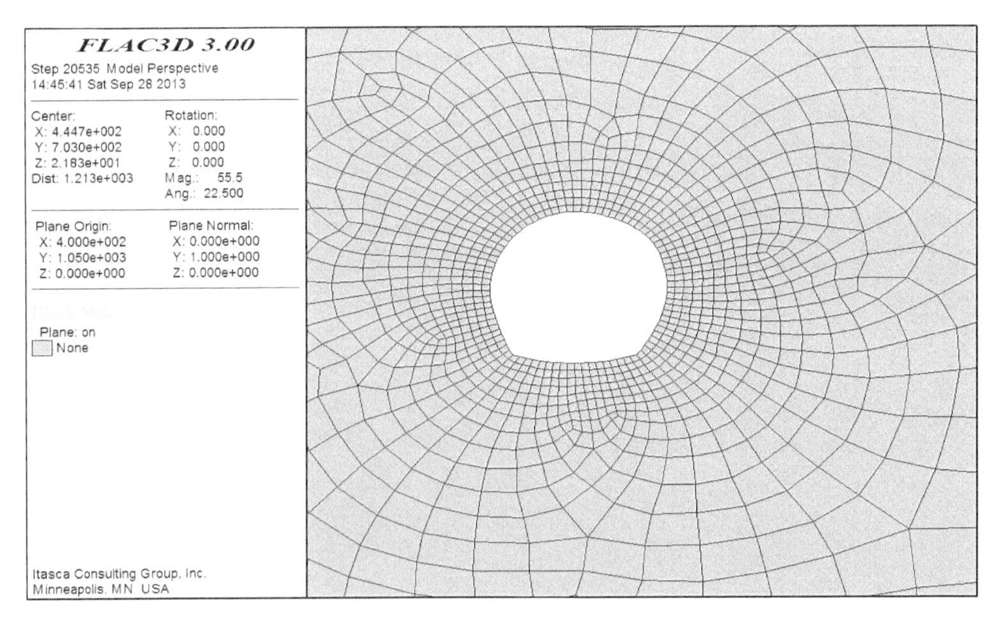

图 8.64　隧洞开挖支护后Ⅴ类围岩
（K50＋165 断面埋深 30m）围岩塑性区分布

8.4　钢拱架间距优化分析

8.4.1　Ⅳ2 类围岩

针对隧洞 $K49+225\sim K50+296$ 段Ⅳ2 类围岩的支护形式(钢拱架＋锚杆＋喷射混凝土)，开展钢拱架支护间距优化分析的研究。选取 $K42+545$ 断面作为研究对象，该断面隧洞埋深 258m，锚杆和喷射混凝土参数与工程设计方案一致，设计报告中采用的钢拱架间距为 0.8～1.6m，本节采用 5 种不同的间距研究钢拱架支护间距对隧洞支护效果的影响。图 8.65 为采用 0.8m、1.0m、1.2m、1.4m、1.6m 钢拱架支护间距后隧洞围岩的变形量云图。

表 8.4 是根据数值计算结果得出的不同钢拱架间距所对应的隧道围岩最大变形量。

依据表 8.4 中数据，绘制钢架间距与隧洞围岩最大变形量之间的关系，如图 8.66 所示。

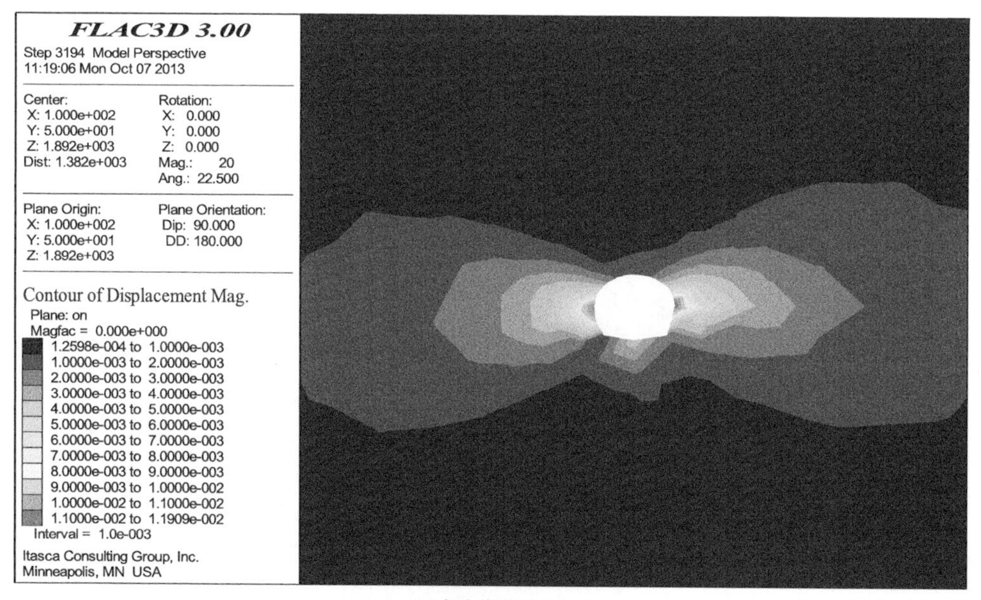

(a) 钢架间距0.8m

图 8.65　不同钢拱架支护间距下隧洞开挖支护后Ⅳ2 类围岩
($K42+545$ 断面，隧洞埋深 258m)变形量云图

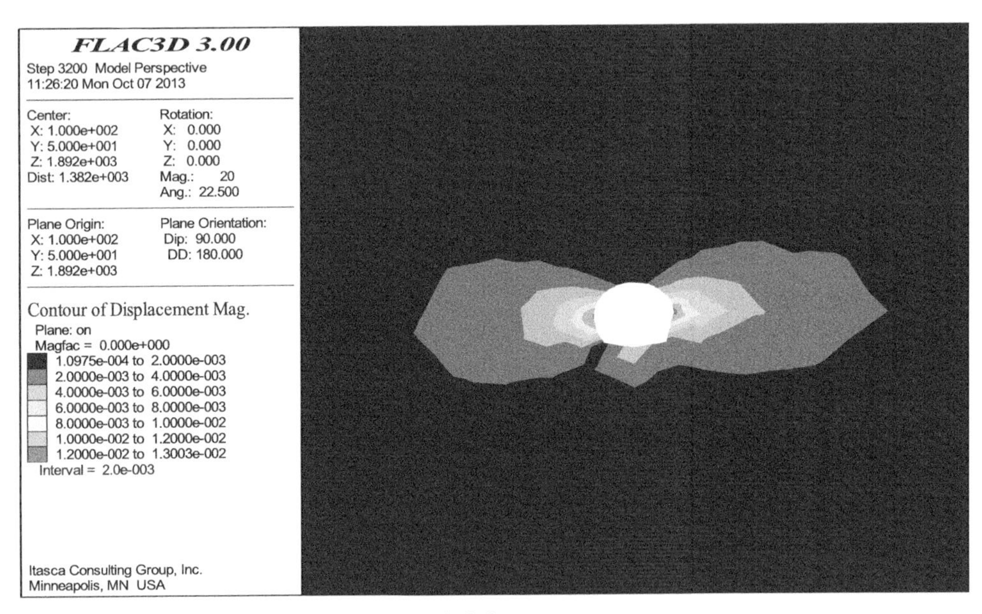

(b) 钢架间距1.0m

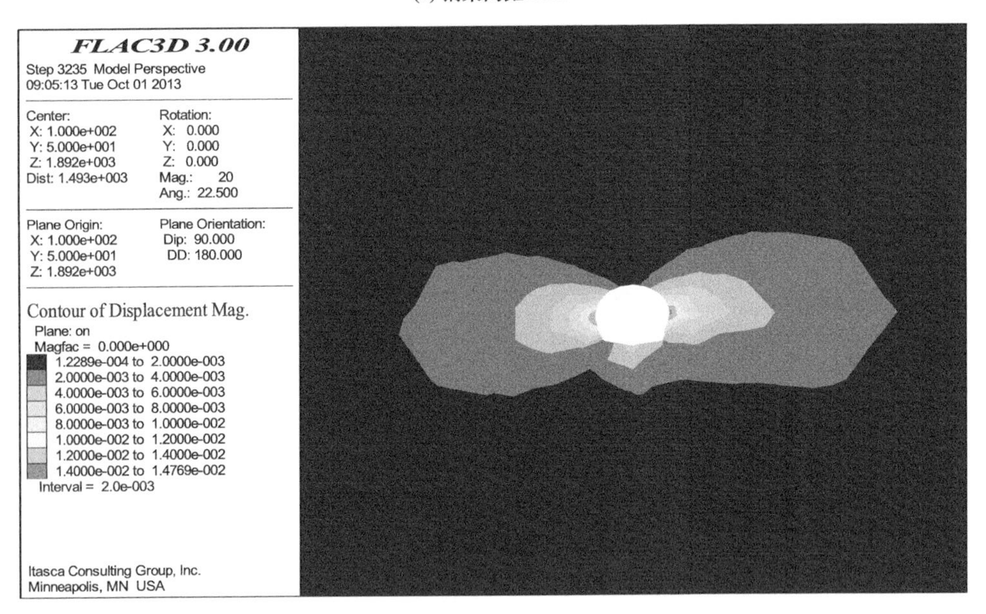

(c) 钢架间距1.2m

图 8.65　不同钢拱架支护间距下隧洞开挖支护后Ⅳ2类围岩（K42+545断面，隧洞埋深258m）变形量云图（续）

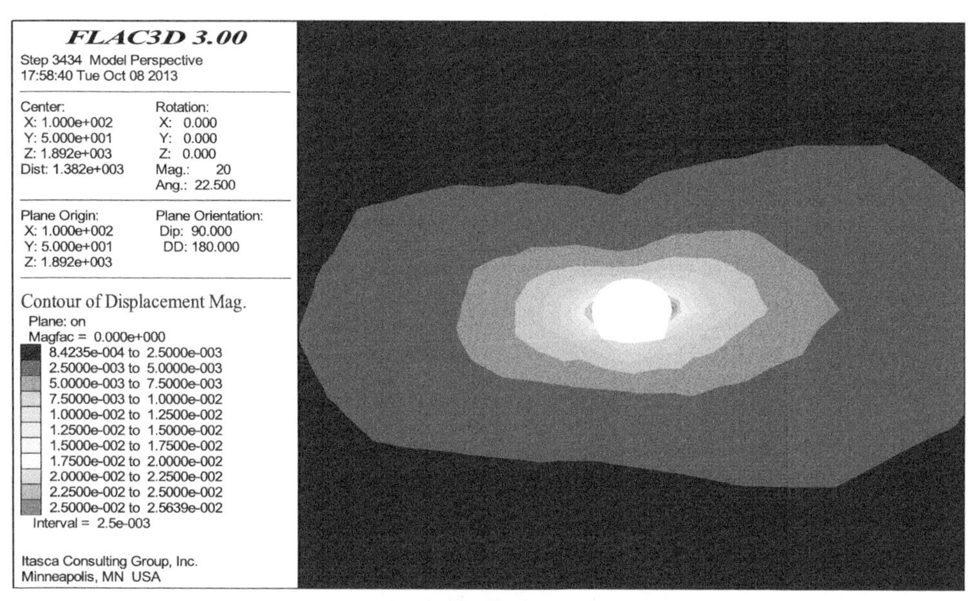

(d) 钢架间距1.4m

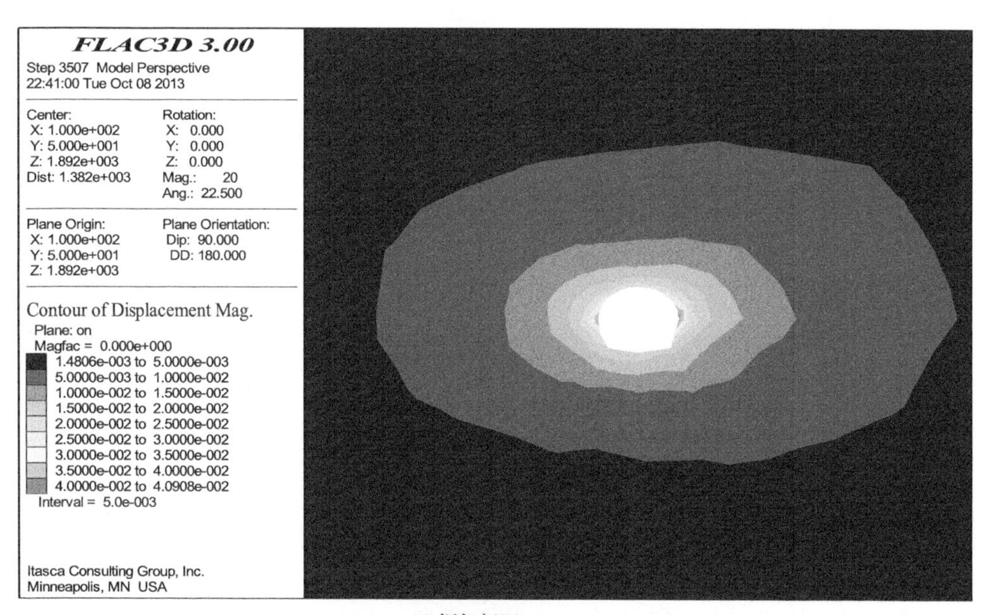

(e) 钢架间距1.6m

图8.65　不同钢拱架支护间距下隧洞开挖支护后Ⅳ2类围岩（K42＋545断面，隧洞埋深258m）变形量云图（续）

表 8.4　Ⅳ2 类围岩在不同钢拱架间距情况下的最大变形量

钢架间距/m	Ⅳ2 围岩最大变形量/cm
0.8	1.19
1.0	1.30
1.2	1.48
1.4	2.56
1.6	4.09

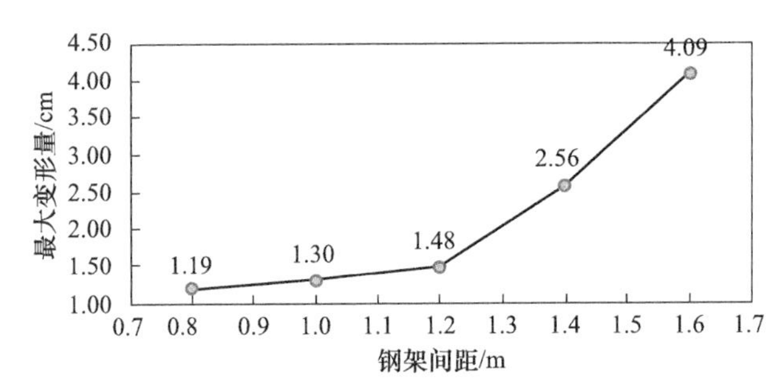

图 8.66　隧洞开挖支护后Ⅳ2 类围岩(*K*42＋545 断面，隧洞埋深 258m)
在不同钢架间距情况下的最大变形量

从图 8.66 中可以直观看出：

(1) 改变钢拱架支护间距后，总体位移的变形形式大致相同，均为洞顶与洞底位移较小、洞壁位移较大的蝴蝶型，说明在钢拱架间距变化范围内，钢拱架对隧道围岩的支护作用并未发生质变。

(2) 不同钢拱架支护间距所产生的支护效果不同。当采用最小间距 0.8m 时，隧洞围岩变形最大值为 1.19cm；间距为 1.6m 时，隧洞围岩变形最大值为 4.09cm。钢拱架间距越密，隧洞围岩的变形量越小。

(3) 钢拱架间距小于 1.2m 时，隧洞围岩变形量随钢拱架间距变化较小；当钢拱架间距大于 1.2m 以后，隧洞围岩变形量随钢拱架间距变化明显增大。因此，该隧道工程Ⅳ2 类围岩中钢拱架较优的支护间距可选为 1.2m。

8.4.2　Ⅴ类围岩

针对隧洞 *K*49＋225～*K*50＋296 段Ⅴ类围岩的支护形式(钢拱架＋锚杆＋喷射混凝土)，开展钢拱架支护间距优化分析的研究。选取 *K*42＋645 断面作为研究对象，该断面隧洞埋深 288m，锚杆和喷射混凝土参数与工程设计方案一致，设计报告中采用的钢拱架间距为 0.4～1.4m，本节采用 6 种不同的间距研究钢拱架支护间距对隧洞支护效果的影响。图 8.67 为采用 0.4m、0.6m、0.8m、1.0m、1.2m、1.4m 钢拱架支护间距后隧洞围岩的变形量云图。

表 8.5 是由数值计算结果得出的不同钢拱架间距所对应的隧道围岩最大变形量。

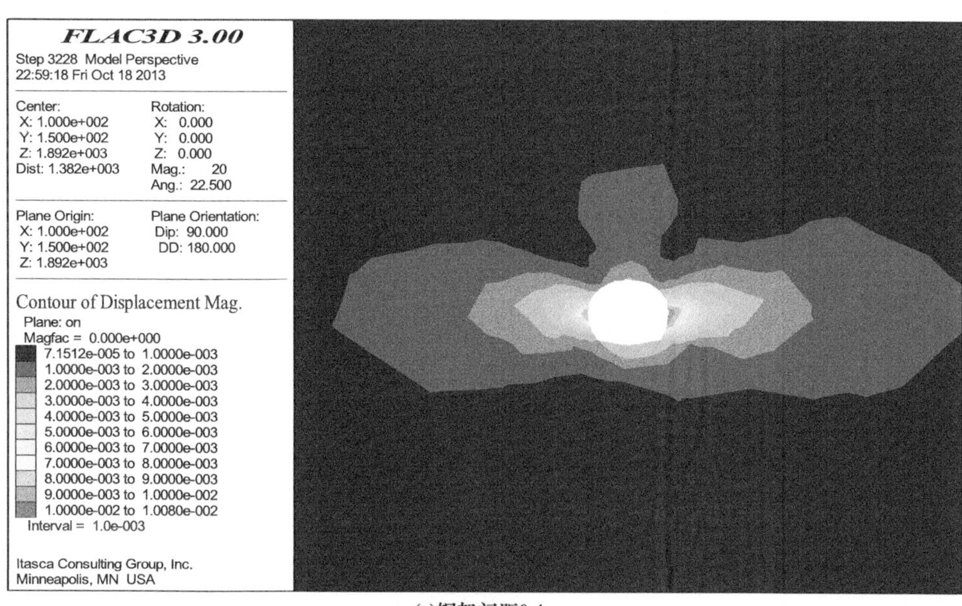

(a)钢架间距0.4m

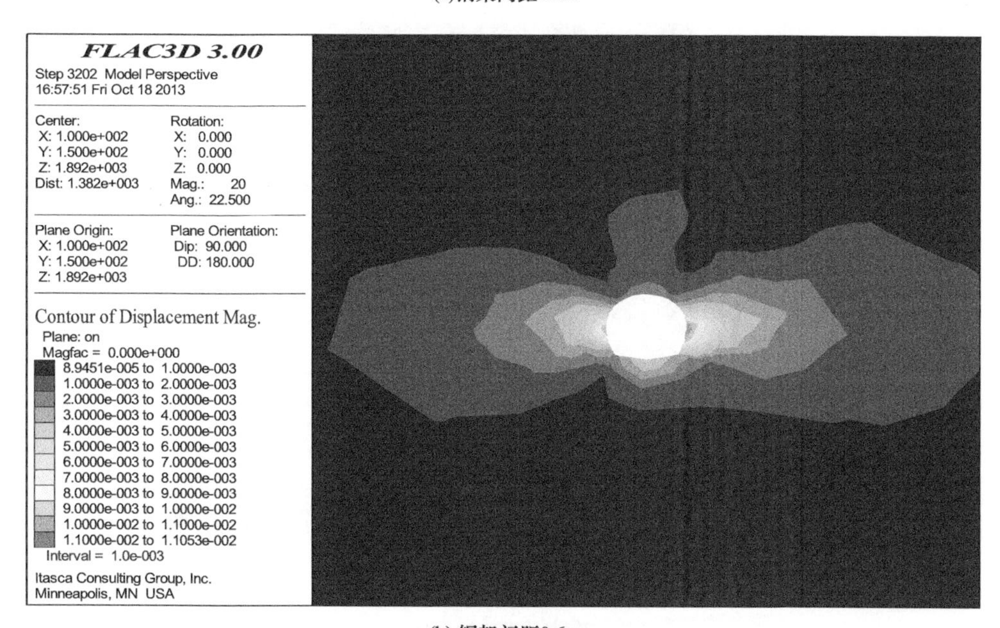

(b) 钢架间距0.6m

图 8.67　不同钢拱架支护间距下隧洞开挖支护后Ⅴ类围岩
（K42＋645 断面，隧洞埋深 288m）变形量云图

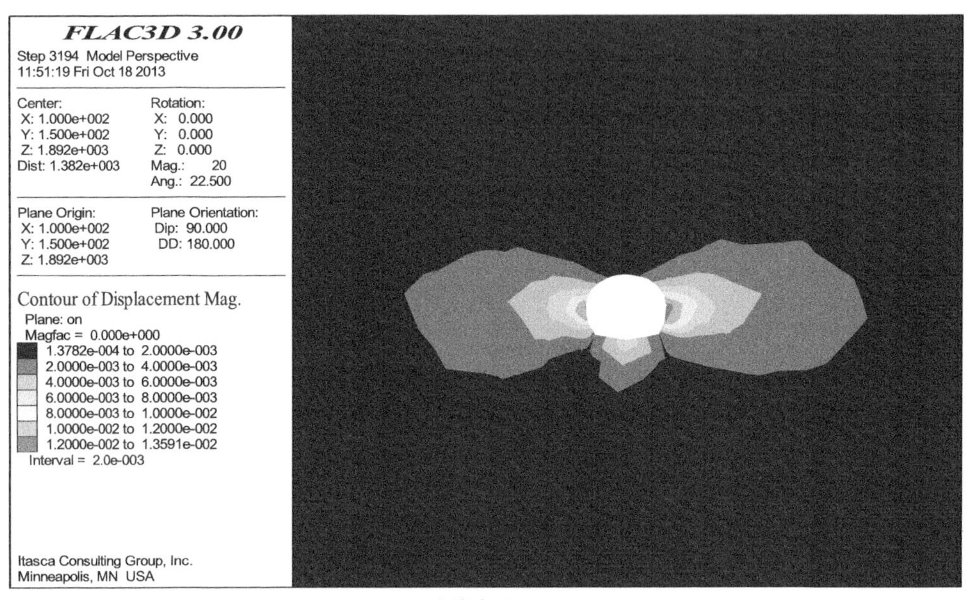

(c) 钢架间距0.8m

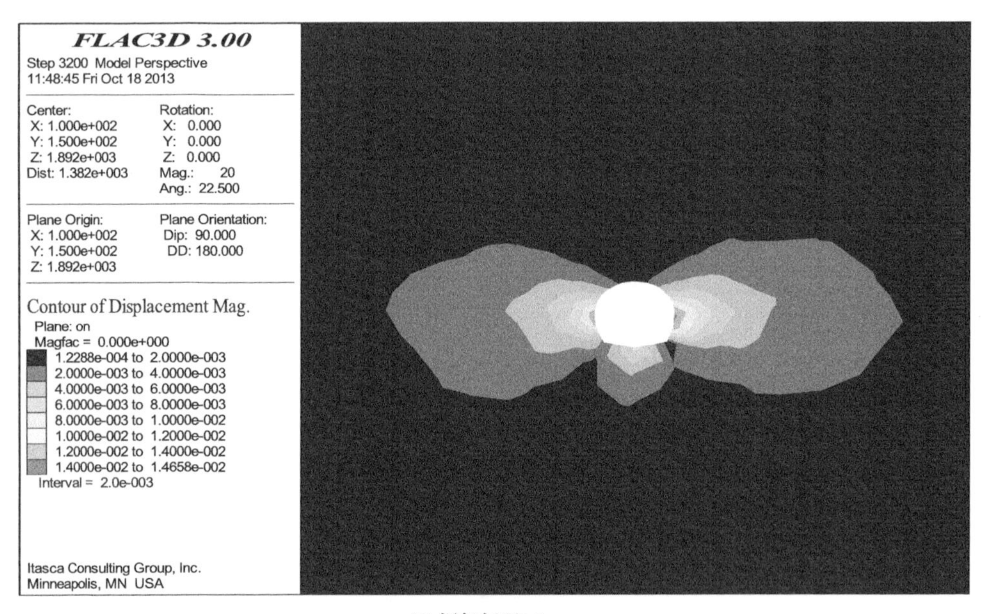

(d) 钢架间距1.0m

图 8.67　不同钢拱架支护间距下隧洞开挖支护后Ⅴ类围岩
（K42＋645 断面，隧洞埋深 288m）变形量云图（续）

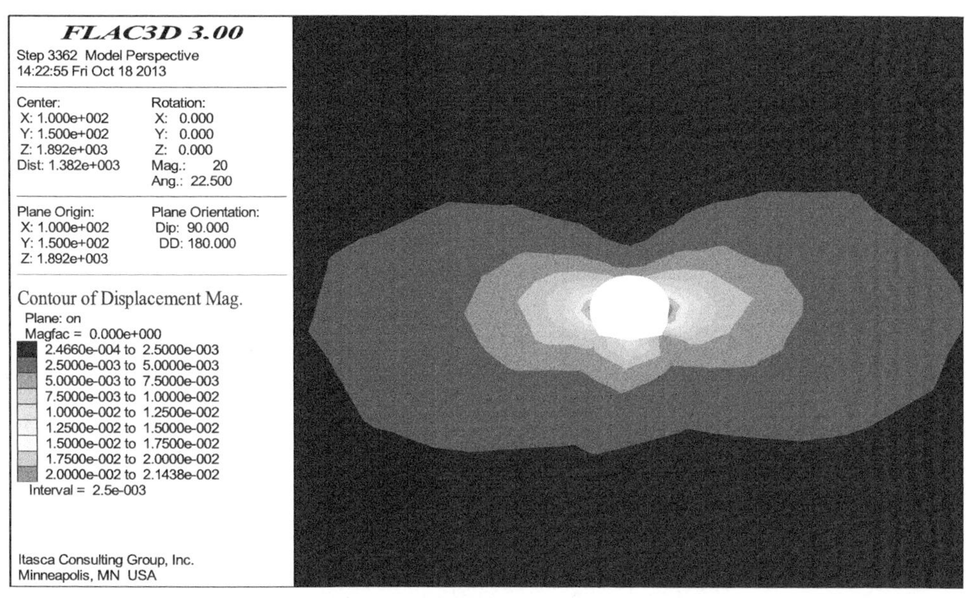

(e) 钢架间距1.2m

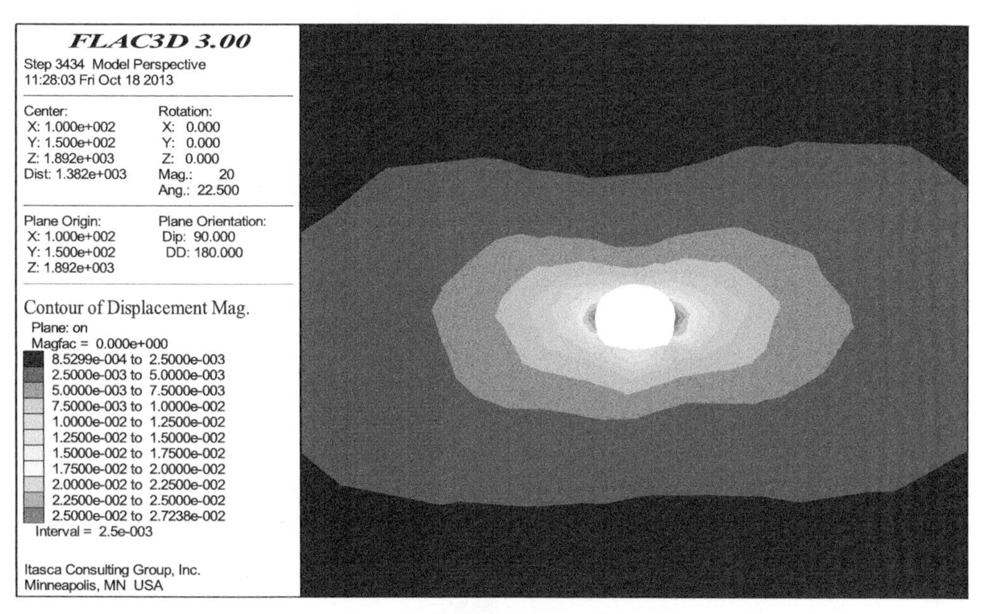

(f) 钢架间距1.4m

图 8.67　不同钢拱架支护间距下隧洞开挖支护后Ⅴ类围岩
（K42＋645 断面，隧洞埋深 288m）变形量云图（续）

表 8.5　Ⅴ类围岩在不同钢拱架间距情况下的最大变形量

钢架间距/m	Ⅴ类围岩最大变形量/cm
0.4	1.01
0.6	1.11
0.8	1.36
1.0	1.47
1.2	2.14
1.4	2.72

依据表 8.5 中数据，绘制钢架间距与隧洞围岩最大变形量之间的关系，如图 8.68 所示。

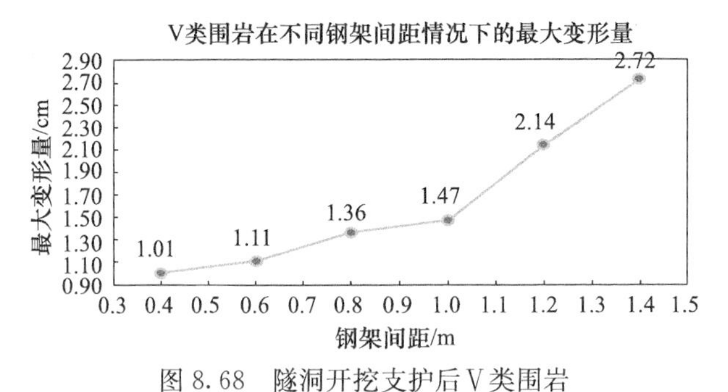

图 8.68　隧洞开挖支护后Ⅴ类围岩
（K42＋645 断面，隧洞埋深 288m）在不同钢架间距情况下的最大变形量

从图 8.68 中可以直观看出：

（1）改变钢拱架支护间距后，总体位移的变形形式大致相同，均为洞顶与洞底位移较小，洞壁位移较大的蝴蝶型，说明在钢拱架间距变变范围内，钢拱架对隧道围岩的支护作用并未发生质变。

（2）不同钢拱架支护间距所产生的支护效果不同，当采用最小间距 0.4m 时，隧洞围岩变形最大值为 1.01cm，而间距 1.4m 时，隧洞围岩变形最大值为 2.72cm，钢拱架间距越密，隧洞围岩的变形量越小。

（3）钢拱架间距小于 1.0m 时，隧洞围岩变形量随钢拱架间距变化较小，而当钢拱架间距大于 1.0m 以后，隧洞围岩变形量随钢拱架间距变化明显增大，因此该隧道工程Ⅴ类围岩中钢拱架较优的支护间距可选为 1.0m。

（4）对于软弱的断层破碎带或者对变形要求严格的部位，为了较为有效的控制变形，可以选用 0.4～0.6m 的钢架支护间距。

8.5　隧洞支护效果分析

隧洞开挖未支护和支护后，K49＋225～K50＋296 段隧洞围岩的应力、位移和塑性区计算对比结果见表 8.6。

表8.6 K49+225～K50+296段计算结果汇总表

位置	埋深/m	支护状态	应力/MPa			位移/cm				塑性区厚度/m
			大主应力	小主应力	剪应力	总位移	X方向位移	Y方向位移	Z方向位移	
整体	16～110	未支护	8.0	—	—	3.90	3.90	0.60	2.90	—
		支护后	7.1	—	—	0.93	0.93	0.09	0.32	—
Ⅳ1类围岩（K49+525断面）	100	未支护	7.0	0.3	1.0	2.00	2.00	0.40	1.80	0.7～0.9
		支护后	4.5	1.8	0.3	0.40	0.07	0.06	0.17	0
Ⅳ2类围岩（K50+275断面）	65	未支护	7.0	0.2	1.4	1.80	1.60	0.25	0.90	0.7～1.0
		支护后	3.6	2.7	0.8	0.30	0.30	0.05	0.30	0
Ⅴ类围岩（K50+165断面）	30	未支护	4.5	0.5	1.5	2.50	2.00	0.48	1.50	0.8～1.1
		支护后	3.9	1.6	0.8	0.48	0.38	0.32	0.38	0

从表8.6中可以看出：

（1）天然状态(隧洞未开挖)下的计算结果表明，受构造应力的作用，初始应力场远大于自重应力场。通过数值模拟的三向应力值和实测地应力计算值的对比，数值模拟的地应力场与实际情况吻合。

（2）引水隧洞开挖后山体中的应力场会出现调整，隧洞围岩应力产生明显的变化，出现压应力和剪应力集中，主要分布在洞室围岩一定深度范围内。

（3）隧洞开挖后围岩岩体整体向洞内临空面变形，顶拱下沉，底板向上隆起，侧壁向内移动，并且侧壁位移均大于顶拱和底板位移；从洞室围岩总位移云图看到，洞室开挖引起的围岩变形区域为“蝴蝶型”，侧壁处位移和影响深度最大，顶拱和底板处的位移和影响深度最小；受水平构造应力影响，洞室围岩垂直隧洞方向(X方向)位移最大，其次是竖直方向(Z方向)，隧洞延伸方向(Y方向)位移最小；计算过程中洞室围岩的变形监测曲线表明，洞室侧壁位移最大、拱腰其次、拱顶最小，和实际监测规律一致。

（4）隧洞开挖支护前后位移对比表明，支护后洞室位移大幅度减小，支护效果明显。

（5）隧洞开挖未支护下，由于洞室围岩大主应力增大和小主应力减小，围岩在一定深度范围内出现塑形破坏，计算的塑性区厚度和实测的松弛圈厚度基本相等；隧洞支护后，大主应力减小，小主应力增大，剪应力减小，洞室围岩中没有塑形破坏产生。

第9章　结　　论

通过对宁夏固原饮水安全水源工程软岩开展矿化成分测试、物理性质试验、膨胀性试验、耐崩解性试验、单轴与三轴压缩力学试验以及三轴流变试验，以饮水安全水源工程7＃大湾隧洞为例，分析了隧洞支护前后应力、应变和塑性区的分布特征，评价了隧洞的支护效果，得出不同围岩类别中钢拱架的较优支护间距。主要得出以下结论。

1. 软岩矿化成分测试

（1）岩石可分为三类：第一类岩石，野外定名为“泥岩”，岩矿鉴定定名为“灰质泥岩”。这类岩石可进一步划分为薄层状含粉砂灰质泥岩、薄层状灰质泥岩、灰质泥岩、暗红色灰质泥岩。前三种灰质泥岩泥质矿物含量均在60％左右，黏土矿物含量为23.5％～37.0％，其矿物成分主要为蒙脱石和伊利石，伊利石含量较高，其次为蒙脱石。暗红色灰质泥岩黏土矿物含量高达60％，其中伊利石高达52％，无蒙脱石。第二类岩石，野外定名为“砂质泥岩”，岩矿鉴定定名为“砖红色含砾不等粒砂质泥岩”。第三类岩石，野外定名为“砾岩”，岩矿鉴定定名为“钙质胶结砾质岩屑长石砂岩”。

（2）研究区灰质泥岩及砂质泥岩的主要胶结方式为泥质胶结及钙质胶结，胶结程度为弱胶结到中等胶结。

2. 软岩物理力学性质

（1）灰质泥岩径向自由膨胀率0％～1.94％，轴向自由膨胀率0.02％～12.73％，径向自由膨胀率变幅较小，轴向自由膨胀率相对变幅较大。岩石侧向约束膨胀率0.04％～1.88％。灰质泥岩膨胀压力4.4～62.2kPa。

（2）泥岩的崩解性与岩石矿物成分、内部结构、水的化学成分等有极大的关系。灰质泥岩耐崩解指数大部分大于90％；个别组的耐崩解指数较低，如ZK4-1岩石耐崩解指数81.14％，ZK10-2岩石耐崩解指数79.68％，ZK6-2岩石耐崩解指数79.67％，ZK2-1岩石耐崩解指数低至49.17％，这些组的岩石遇水崩解比较严重。

（3）灰质泥石试样天然状态下的单轴抗压强度10.8～45.2MPa、弹性模量2.65～15.8GPa、泊松比0.14～0.24，湿状态下试样的单轴抗压强度5.21～6.78MPa、弹性模量1.73～1.94GPa、泊松比0.24～0.25。试验中的灰质泥岩湿状态下单轴抗压强度(R_c)均小于15MPa，根据《工程岩体分级标准》(GB/T 50218—2014)，灰质泥岩属于软岩。岩石湿状态下的抗压强度较天然状态下急剧降低，在工程设计施工中应给予着重关注。

(4) 天然状态下灰质泥岩抗剪强度参数 c 为 1.88～5.01MPa，φ 为 40.3°～45.0°；湿状态下灰质泥岩抗剪强度参数 c 为 0.817～1.19MPa，φ 为 8.2°～33.3°。灰质泥岩各组试样的峰值强度和弹性模量均随围压的增加而增大。随埋藏深度的增加，试样的抗剪强度呈增大趋势，埋藏深度＞200m 的岩石抗剪强度参数普遍高于埋藏深度＜100m 的岩石抗剪强度参数。试样的抗剪强度在天然状态下较高，在湿状态下较低，尤其是岩组编号 ZK13-3 的灰质泥岩，遇水开裂，抗剪强度较天然状态下急剧降低，在工程设计施工中应给予着重关注。

(5) ZK1-1 砂质泥岩黏土矿物含量 17.2%，膨胀性较弱，由于成岩时间短，岩石颗粒间泥质胶结力弱，遇水完全崩解。岩石力学性质较差，天然状态下无侧限抗压强度为 257kPa，黏聚力 c 为 122kPa，内摩擦角 φ 为 44.5°；湿状态下无侧限抗压强度为 61KPa，黏聚力 c 为 26kPa，内摩擦角 φ 为 35.1°，岩石遇水后力学参数降低较大，对工程的稳定性有较大的影响。

(6) ZK1-2 长石砂岩由于成岩时间短，岩石颗粒间泥质胶结力弱，遇水完全崩解，湿状态下岩石无侧限抗压强度 143kPa，黏聚力 c 为 53kPa，内摩擦角 φ 为 15.0°，岩石的力学性质较差，对工程的稳定性将有不利的影响。

(7) ZK1-3 灰质泥岩试样分为两组，分别为暗红色灰质泥岩和黄灰色灰质泥岩。暗红色灰质泥岩天然状态下无侧限抗压强度为 2600kPa，黏聚力 c 为 129kPa，内摩擦角 φ 为 23.1°；湿状态下无侧限抗压强度为 35kPa，黏聚力 c 为 16kPa，内摩擦角 φ 为 3.0°，岩石力学性质差。黄灰色灰质泥岩力学参数相对较高，天然状态下无侧限抗压强度为 5300kPa，黏聚力 c 为 1540kPa，内摩擦角 φ 为 34.8°；湿状态下无侧限抗压强度为 930kPa，黏聚力 c 为 125kPa，内摩擦角 φ 为 6.3°。试验过程中发现黄灰色灰质泥岩层理面胶结弱，岩石易沿层理面发生滑动。

3. 软岩本构关系

(1) 五线性本构关系模型，不仅考虑了灰质泥岩的应变软化，还在四线性本构关系上增加了压密段本构关系，更符合灰质泥岩本构关系的实际情况，能较好地模拟岩石压密段、弹性段、应变硬化段、应变软化段和残余塑性段。与传统的三线性和四线性本构模型相比，将压密段从弹性段中划分出来建立五段线性模型，更符合灰质泥岩本构的客观实际。

(2) 在邓肯双曲线本构关系的基础上，建立了灰质泥岩的五段式非线性本构关系模型。五段式非线性本构模型，吸取了邓肯模型反映岩石试样的线性阶段和应变硬化阶段的优势，同时又增加了对压密段非线性本构关系和软化阶段及塑性阶段的分析，能准确描述岩石的应力应变特征。

4. 软岩流变力学特性

(1) 灰质泥岩的轴向应变、径向应变均可分为两部分：一部分是瞬时应变，即每级应力水平施加瞬间试样产生的瞬时变形；另一部分是流变应变，即在恒定应力水平作用下，试样的变形随时间而增长。在各级应力水平下，轴向流变曲线和径向流变曲线均可以划分为两个阶段：第一阶段是衰减流变阶段，第二阶段是稳定流变阶段。

(2) 水对灰质泥岩时效变形特性影响显著。在分级加载条件下，与天然状态相比，灰质泥岩饱水后在上部荷载的长期作用下将产生较为显著的时效变形。

(3) 分级卸荷条件下，虽然卸荷后各级围压下岩石的瞬时应变、蠕应变不大，但与瞬时应变相比，岩石的蠕应变较为显著。

(4) ZK10-4 组岩石埋深较大，在上覆压力的作用下，岩石固结较为密实；ZK13-2 组岩石埋深较小，岩石固结程度较 ZK10-4 组岩石弱。因此，在相同应力水平下，天然含水状态下 ZK10-4 组岩石试样的应变较 ZK13-2 组岩石试样的应变小、岩石的时效变形特性弱。

(5) 岩石试样轴向与径向的瞬时应变、蠕应变以及总应变均随应力水平的增加而增大。在各级应力水平下，径向蠕应变占径向总应变的比例始终比轴向蠕应变占轴向总应变的比例大。因此，岩石的径向流变效应明显。

(6) 由于砂质泥岩成岩时间短，颗粒间泥质胶结力弱，岩石饱水后流变增大，时效变形显著，岩石的这一力学特性将对引水工程的长期稳定和安全运行产生较大影响，在工程建设中应对砂质泥岩的流变力学特性给予重点关注。

5. 软岩隧道支护效果研究

(1) 天然状态(隧洞未开挖)下的计算结果表明，受构造应力的作用，初始应力场远大于自重应力场。通过数值模拟的三向应力值和实测地应力计算值的对比可见，数值模拟的地应力场与实际情况吻合。

(2) 引水隧洞开挖后山体中的应力场会出现调整，隧洞围岩应力产生明显的变化，出现压应力和剪应力集中，主要分布在洞室围岩一定深度范围内。

(3) 隧洞开挖后围岩岩体整体向洞内临空面变形，顶拱下沉，底板向上隆起，侧壁向内移动，并且侧壁位移均大于顶拱和底板位移；从洞室围岩总位移云图看到，洞室开挖引起的围岩变形区域为“蝴蝶型”，侧壁处位移和影响深度最大，顶拱和底板处的位移和影响深度最小；受水平构造应力影响，洞室围岩垂直隧洞方向(X 方向)位移最大，其次是竖直方向(Z 方向)，隧洞延伸方向(Y 方向)

位移最小；计算过程中洞室围岩的变形监测曲线表明，洞室侧壁位移最大，拱腰其次，拱顶最小，和实际监测规律一致。

(4) 隧洞开挖支护前后位移对比表明，支护后洞室位移大幅度减小，支护效果明显。

(5) 隧洞开挖未支护下，由于洞室围岩大主应力增大和小主应力减小，围岩在一定深度范围内出现了塑形破坏，计算的塑性区厚度和实测的松弛圈厚度基本相等；隧洞支护后，大主应力减小，小主应力增大，剪应力减小，洞室围岩中没有塑形破坏产生。

(6) 不同钢拱架支护间距所产生的支护效果不同，钢拱架间距越密，隧洞围岩的变形量越小。

(7) 对于Ⅳ2类围岩，当钢拱架间距小于1.2m时，隧洞围岩变形量随钢拱架间距变化较小；当钢拱架间距大于1.2m以后，隧洞围岩变形量随钢拱架间距变化明显增大。因此，该隧道工程Ⅳ2类围岩中钢拱架较优的支护间距可选为1.2m。

(8) 对于Ⅴ类围岩，当钢拱架间距小于1.0m时，隧洞围岩变形量随钢拱架间距变化较小；当钢拱架间距大于1.0m以后，隧洞围岩变形量随钢拱架间距变化明显增大。因此，该隧道工程Ⅴ类围岩中钢拱架较优的支护间距可选为1.0m。

(9) 对于软弱的断层破碎带或者对变形要求严格的部位，为了较为有效地控制变形，钢架支护间距可以选0.4～0.6m。

参考文献

[1] 何满潮，景海河，孙晓明. 软岩工程力学 [M]. 北京：科学出版社，2002.

[2] 中水北方勘测设计研究有限责任公司. 宁夏固原地区(宁夏中南部)城乡饮水安全水源工程初设报告 [R]. 天津：中水北方勘测设计研究有限责任公司，2012.

[3] Huang S L，Aughenbaugh N B. Swelling pressure studies of shales [J]. International Journal of Rock Mechanics and Mining Sciences，1986，23(5)：371-377.

[4] 张凤翔，张文军，董学农. 软岩膨胀应力、膨胀率测试方法的研究 [J]. 辽宁工程技术大学学报，1984，(1)：77-88.

[5] 傅学敏，潘清莲. 软岩的膨胀规律和膨胀机理 [J]. 煤炭学报，1990，(2)：31-38.

[6] 徐颖，何孔翔，张凤翔. 膨胀岩判别方法的研究 [J]. 辽宁工程技术大学学报，2002，21(4)：446-448.

[7] 陈平货，曹东勇，轩锋. 南水北调总干渠Ⅱ渠段上第三系工程地质特性 [J]. 西部探矿工程，2006，18(7)：124-126.

[8] 刘信勇，李振灵，陈艳. 南水北调西线工程亚尔堂坝址板岩膨胀特性研究 [J]. 人民长江，2010，41(9)：39-41，72.

[9] 汪亦显，曹平，陈瑜，等. 膨胀性软岩水腐蚀损伤断裂力学效应实验研究 [J]. 中南大学学报(自然科学版)，2011，42(6)：1685-1691.

[10] 于春江，陈发根，谢添. 泥岩路基填料膨胀工程特性研究 [J]. 公路交通科技：应用技术版，2013，(12)：16-19.

[11] 明建. 软岩膨胀变形特性及释放规律研究 [J]. 金属矿山，2013，42(7)：17-19，23.

[12] 柴肇云，张鹏，郭俊庆，等. 泥质岩膨胀各向异性与循环胀缩特征 [J]. 岩土力学，2014，(2)：346-350，440.

[13] Lin T T，Sheu C，Chang J E，et al. Slaking mechanisms of mudstone liner immersed in water [J]，Journal of Hazardous Materials，1998，58(1-3)：261-273.

[14] Qi J F，Sui W H，Liu Y，et al. Slaking process and mechanisms under static wetting and drying cycles slaking tests in a red strata mudstone [J]. Geotechnical and Geological Engineering，2015，33(4)：1-14.

[15] 苏永华，赵明华，刘晓明. 软岩膨胀崩解试验及分形机理 [J]. 岩土力学，2005，26(5)：728-732.

[16] 颜文，周丰峻，郑明新. 长衡段软岩水理特性研究 [J]. 华东交通大学学报，2005，22(2)：15-17.

[17] 曹运江，黄润秋，郑海君，等. 岷江上游某水电站工程边坡软岩的崩解特性研究 [J]. 工程地质学报，2006，14(1)：35-40.

[18] 康天合，柴肇云，王栋，等. 物化型软岩块体崩解特性差异的试验研究 [J]. 煤炭学

报，2009，(7)：907-911.

[19] 吴道祥，刘宏杰，王国强. 红层软岩崩解性室内试验研究 [J]. 岩石力学与工程学报，2010，29(s2)：4173-4179.

[20] 钱自卫，姜振泉，孙强，等. 深部煤系软岩遇水崩解的宏观特征及微观机理研究 [J]. 高校地质学报，2011，17(4)：605-610.

[21] 王金安，高治国，徐辉，等. 上海庙矿区砂质泥岩水岩作用特性 [J]. 中国矿业，2013，22(4)：90-93.

[22] 邹浩，韩爱果. 金沙江中游某坝基软岩的崩解特性试验研究 [J]. 长江科学院院报，2013，30(4)：48-51，55.

[23] 黄杨胜. 软岩崩解特性试验研究 [J]. 福建建设科技，2015，(3)：17-19.

[24] 刘鹤，姚华彦，邵迅，等. 不同矿物组成的软岩崩解特征及其差异性分析 [J]. 水电能源科学，2016，(12)：141-144.

[25] 潘艺，刘镇，周翠英. 红层软岩遇水崩解特性试验及其界面模型 [J]. 岩土力学，2017，38(11)：3231-3239.

[26] 梁冰，曹强，王俊光，等. 弱崩解性软岩干-湿循环条件下崩解特性试验研究 [J]. 中国安全科学学报，2017，27(8)：91-96.

[27] Rutter E H. The influence of temperature，strain rate and interstitial water in the experimental deformation of calcite rocks [J]. Teotonophysics，1974，22(3-4)：311-334.

[28] Glover P W J，Gomez J B. Damage of saturated rocks under going triaxial deformation using complex electrical conductivity measurements experimental results [J]. Physics and Chemistry of the Earth，1997，22：57-61.

[29] 梁卫国，赵阳升. 岩盐力学特性的试验研究 [J]. 岩石力学与工程学报，2004，23(3)：391-394.

[30] 周翠英，邓毅梅，谭祥韶，等. 饱水软岩力学性质软化的试验研究与应用 [J]. 岩石力学与工程学报，2005，24(1)：33-38.

[31] 彭柏兴，王星华. 湘浏盆地红层软岩工程性质指标相关性研究 [J]. 工程勘察，2006，(s1)：8-11.

[32] 王立平，李建宏. 浅谈兰州地区第三系软岩的单轴抗压强度 [J]. 甘肃冶金，2007，29(6)：48-49.

[33] 李尤嘉，黄醒春，邱一平，等. 含水状态下膏溶角砾岩破裂全程的细观力学试验研究 [J]. 岩土力学，2009，30(5)：1221-1225.

[34] 闫小波，熊良宵，杨林德，等. 饱和前后软岩各向异性力学特征的对比试验 [J]. 福州大学学报，2009，(2)：272-276.

[35] Erguler Z A，Ulusay R. Water-induced variations in mechanical properties of clay-bearing rocks [J]. International Journal of Rock Mechanicsand Mining Sciences，2009，46(2)：355-370.

[36] 路新景，李志敬，房后国，等. 岩石单轴抗压强度优势尺寸及尺寸效应 [J]. 人民黄河，2011，33(4)：107-109.

[37] 刘新荣，王军保，李鹏，等. 芒硝力学特性及其本构模型 [J]. 解放军理工大学学报（自然科学版），2012，13(5)：527-532.

[38] 乔翠平，孙万里. 南水北调中线工程安阳渠段软岩分类研究 [J]. 人民黄河，2012，34(8)：134-136.

[39] 刘中华，薛晋霞，胡耀青，等. 钙芒硝单轴压缩力学特性的试验研究 [J]. 矿业研究与开发，2012，(5)：67-69.

[40] 祝艳波，吴银亮，余宏明. 隧道石膏质围岩强度特性试验研究 [J]. 长江科学院院报，2013，30(9)：53-58.

[41] 刘小红，朱杰兵，曾平，等. 干湿循环对岸坡粉砂岩劣化作用试验研究 [J]. 长江科学院院报，2015，32(10)：74-77.

[42] 李晓宁，巫锡勇，高姝妹，等. 化学腐蚀下红层软岩单轴压缩及声发射特征试验研究 [J]. 铁道科学与工程学报，2015，(6)：1336-1340.

[43] 李勇飞，隋玉明. 桥梁勘察中红砂岩单轴抗压强度标准值的计算方法探讨 [J]. 路基工程，2015，(6)：66-69.

[44] 刘晓敏. 大海则矿区软岩单轴抗压强度特性研究 [J]. 煤炭技术，2015，34(12)：96-97.

[45] 岳全庆，徐磊，邵玉冰. 鄂西巴东组红层泥岩的水理性质研究 [J]. 人民长江，2015，(14)：45-46.

[46] 吕龙龙，宋丽，廖红建，等. 红层软岩单轴抗压强度的尺寸效应 [J]. 长江科学院院报，2016，33(9)：78-82.

[47] 韩聪，张媛，韦娴，等. 宁东矿区新第三系红层软岩物理力学特性研究 [J]. 科技视界，2016，(21)：268-269.

[48] 单仁亮，景春选，黄博，等. 氧化带软岩微观特征与单轴压缩宏观力学性能 [J]. 辽宁工程技术大学学报，2013，(8)：1038-1043.

[49] 杨晓杰，王嘉敏，张秀莲，等. 深井泥岩吸水软化规律实验研究 [J]. 煤炭技术，2017，36(9)：1-3.

[50] 郑晓卿，刘建，卞康，等. 鄂西北页岩饱水软化微观机制与力学特性研究 [J]. 岩土力学，2017，38(7)：2022-2028.

[51] Medhurst T P，Brown E T. A study of the mechanical behaviour of coal for pillar design [J]. International Journal of Rock Mechanicsand Mining Sciences，1998，35(8)：1087-1105.

[52] 廖红建，韩波，高小育，等. 软岩中断裂面对应力-应变关系影响研究 [J]. 岩土工程学报，2001，23(3)：362-365.

[53] 王林，龙冈文夫. 关于沉积软岩固有各向异性特性的研究 [J]. 岩石力学与工程学报，2003，22(6)：894-898.

[54] 徐红梅，侯龙清，罗嗣海. 红层工程性质指标相关性研究 [J]. 东华理工学院学报，2005，28(1)：43-47.

[55] 封志军，周德培，周应华，等. 红层软岩三轴应力-应变全过程试验研究 [J]. 路基工程，2005，(6)：32-35.

[56] 廖红建，蒲武川，殷建华. 软岩的应变速率效应研究 [J]. 岩石力学与工程学报，

2005，24(18)：3218-3223.

[57] 郭富利，张顶立，苏洁，等. 地下水和围压对软岩力学性质影响的试验研究 [J]. 岩石力学与工程学报，2007，26(11)：2324-2332.

[58] 郭富利，张顶立，苏洁，等. 围压和地下水对软岩残余强度及峰后体积变化影响的试验研究 [J]. 岩石力学与工程学报，2009，28(s1)：2644-2650.

[59] 张军，杨仁树. 深部脆性岩石三轴卸荷实验研究 [J]. 中国矿业，2009，18(7)：91-93.

[60] 宋卫东，明世祥，王欣，等. 岩石压缩损伤破坏全过程试验研究 [J]. 岩石力学与工程学报，2010，29(S2)：4180-4187.

[61] 杨更社，奚家米，李慧军，等. 煤矿立井井筒冻结壁软岩力学特性试验研究 [J]. 地下空间与工程学报，2012，8(4)：690-697.

[62] 黄孟云，刘伟. 金坛层状盐岩的基本力学特性 [J]. 土工基础，2014，28(4)：41-43，47.

[63] 曹周阳，杜秦文，王晓谋. 变质软岩路堤填料特性的大型三轴试验研究 [J]. 铁道建筑，2015(9)：90-93.

[64] 朱杰，徐颖，李栋伟，等. 泊江海子矿白垩纪地层冻结软岩力学特性试验 [J]. 吉林大学学报(地球科学版)，2016，46(3)：798-804.

[65] 王磊，李祖勇. 西部弱胶结泥岩的三轴压缩试验分析 [J]. 长江科学院院报，2016，33(8)：86-90，95.

[66] 林伟平，田开圣. 成层岩体中软弱层带的工程特性 [J]. 长江水利水电科学院院报，1986，3(2)：30-39.

[67] 刘雄. 软岩抗剪强度单体测定法试验研究 [J]. 岩石力学与工程学报，1990，9(1)：63-67.

[68] 孙云志，黄胜华. 上第三系软岩力学性质试验研究 [J]. 人民长江，2000，31(5)：37-38，43.

[69] Grasselli G，Egger P. Constitutive law for the shear strength of rock joints based on three-dimensional surface parameters [J]. International Journal of Rock Mechanicsand Mining Sciences，2003，40(1)：25-40.

[70] 周应华，周德培，杨涛，等. 节理岩体抗剪强度参数的实验分析 [J]. 西南交通大学学报，2005，40(1)：73-76.

[71] 严秋荣，孙海兴，邓卫东，等. 红层软岩土石混合填料的抗剪强度特性研究 [J]. 公路交通技术，2005，(3)：31-35.

[72] 段世忠，许海望，王立军. 南水北调中线工程河南段膨胀岩抗剪强度试验成果分析 [J]. 河南水利与南水北调，2007，(9)：3-4.

[73] 季福全，李维树. 乌江银盘水电站页岩力学参数分析与取值 [J]. 人民长江，2007，38(9)：83-86.

[74] 王玉川，巨能攀，赵建军. 马达岭滑坡室内岩石力学试验研究 [J]. 水文地质工程地质，2013，40(3)：52-57.

[75] 郭兵兵，陈国祥. 煤矿软岩抗剪强度参数与含水量关系试验研究 [J]. 煤矿安全，2013，44(12)：4-7.

[76] 聂琼，项伟，杜水祥. 小南海坝基软弱夹层沉积规律及强度参数研究 [J]. 长江科学院院报，2014，31(2)：40-46.

[77] 简文星，李世金，陶良. 三峡库区消落带巴东组软岩抗剪强度劣化机理 [J]. 地质科技情报，2015，34(4)：170-175.

[78] Gens A，Nova R. Conceptual bases for a constitutive model for bonded soils and weak rocks [J]. Geotechnical Engineering of Hard Soils-soft Rocks，1993，1(1)：485-494.

[79] 俞茂宏，杨松岩，范寿昌，等. 双剪统一弹塑性本构模型及其工程应用 [J]. 岩土工程学报，1997，19(6)：2-10.

[80] Liu M D，Carter J P. A structured cam clay model [J]. Canadian Geotechnical Journal，2002，39(6)：1313-1332.

[81] 李杭州，廖红建，盛谦. 基于统一强度理论的软岩损伤统计本构模型研究 [J]. 岩石力学与工程学报，2006，25(7)：1331-1336.

[82] 廖红建，蒲武川，卿伟宸. 基于应变空间硅藻质软岩的软化本构模型 [J]. 岩土力学，2006，27(11)：1861-1866.

[83] 张卫中，陈从新，余明远. 风化砂岩的力学特性及本构关系研究 [J]. 岩土力学，2009，(S1)：33-36.

[84] 饶锡保，谭凡，何晓民，等. 膨胀岩本构关系及其参数研究 [J]. 长江科学院院报，2009，26(11)：10-13.

[85] 陈会军. 泥岩的本构方程及油水井套管剪切破坏机理的研究 [D]. 哈尔滨. 哈尔滨工程大学，2002.

[86] 张芳枝，陈晓平，吴煌峰，等. 风化泥质软岩变形特性及邓肯模型参数的试验研究 [J]. 岩土力学，2003，24(4)：610-615.

[87] 叶冠林，张锋，盛佳韧，等. 堆积软岩的黏弹塑性本构模型及其数值计算应用 [J]. 岩石力学与工程学报，2010，29(7)：1348-1353.

[88] 曹文贵，李翔. 岩石损伤软化统计本构模型及参数确定方法的新探讨 [J]. 岩土力学，2008，29(11)：2952-2956.

[89] 贾善坡，陈卫忠，于洪丹，等. 泥岩弹塑性损伤本构模型及其参数辨识 [J]. 岩土力学，2009，30(12)：3607-3614.

[90] 韦立德，杨春和，徐卫亚. 考虑体积塑性应变的岩石损伤本构模型研究 [J]. 工程力学，2006，23(1)：139-143.

[91] 宋丽，廖红建，韩剑. 软岩三维弹黏塑性本构模型 [J]. 岩土工程学报，2009，31(1)：83-88.

[92] Zhu H H，Ye B，Cai Y C，et al. An elasto-viscoplastic model for soft rock around tunnels considering over consolidation and structure effects [J]. Computers and Geotechnics，2013，50(5)：6-16.

[93] 朱杰，徐颖，李栋伟. 白垩系软岩的一种增量型统计损伤本构模型 [J]. 水文地质工程地质，2013，40(6)：49-55.

[94] 熊勇林，朱合华，张升，等. 考虑围压效应的修正软岩热弹黏塑性本构模型 [J]. 岩石

力学与工程学报，2016，35(2)：225-260.
[95] 张升，贺佐跃，滕继东，等. 考虑结构性的软岩热弹塑性本构模型研究 [J]. 岩石力学与工程学报，2017，36(3)：571-578.
[96] Jeager J C，Cook N G W. Fundamentals of Rock Mechanics [M]. New York：Chapman & Hall，1979.
[97] 陶振宇，潘别桐. 岩石力学原理与方法 [M]. 武汉：中国地质大学出版社，1991.
[98] 杨建辉. 砂岩单轴受压蠕变试验现象研究 [J]. 石家庄铁道学院学报，1995，8(2)：77-80.
[99] 徐平，夏熙伦. 三峡工程花岗岩蠕变特性试验研究 [J]. 岩土工程学报，1998，18(4)：246-251.
[100] 王贵君，孙文若. 硅藻岩蠕变特性研究 [J]. 岩土工程学报，1996，18(6)：55-60.
[101] 许宏发. 软岩强度和弹模的时间效应研究 [J]. 岩石力学与工程学报，1997，16(3)：246-251.
[102] 金丰年. 岩石拉压特征的相似性 [J]. 岩土工程学报，1998，20(2)：31-33.
[103] Maranini E，Brignoli M. Creep behvaiour of a weak rock：experimental characterization [J]. International Journal of Rock Mechanics and Mining Sciences，1999，36(1)：127-138.
[104] 张学忠，王龙，张代钧，等. 攀钢朱矿东山头边坡辉长岩流变特性试验研究 [J]. 重庆大学学报(自然科学版)，1999，22(S)：99-103.
[105] 王金星. 单轴应力下花岗岩蠕变变形特征的试验研究 [D]. 焦作：焦作工学院，2000.
[106] 朱定华，陈国兴. 南京红层软岩流变特性试验研究 [J]. 南京工业大学学报，2002，24(5)：77-79.
[107] 赵永辉，何之民，沈明荣. 润扬大桥北锚旋岩石流变特性的试验研究 [J]. 岩土力学，2003，24(4)：583-586.
[108] 李铀，朱维申，白世伟，等. 风干与饱水状态下花岗岩单轴流变特性试验研究 [J]. 岩石力学与工程学报，2003，22(10)：1673-1677.
[109] 徐素国，梁卫国，郤保平，等. 钙芒硝盐岩蠕变特性的研究 [J]. 岩石力学与工程学报，2008，27(S2)：3516-3520.
[110] 张耀平，曹平，赵延林. 软岩黏弹塑性流变特性及非线性蠕变模型 [J]. 中国矿业大学学报，2009，38 (1)：34-40.
[111] 汪为巍，王文星. 金川高应力软岩蠕变特性及破坏形态试验研究 [J]. 岩石力学与工程学报，2014，33(S1)：2794-2801.
[112] 范秋雁，阳克青，王渭明. 泥质软岩蠕变机制研究 [J]. 岩石力学与工程学报，2010，29(8)：1555-1561.
[113] 赵法锁，张伯友，彭建兵，等. 某工程边坡软岩三轴试验研究 [J]. 辽宁工程技术大学学报，2001，20(4)：478-480.
[114] 赵法锁，张伯友，彭建兵，等. 仁义河特大桥南桥台边坡软岩流变性研究 [J]. 岩石力学与工程学报，2002，21(10)：1527-1532.

[115] Liao H J, Ning C M, Akaishi M, et al. Effect of the time-dependent behaviour on strains of diatomaceous soft rock [J]. Metals and Materials, 1998, 4(5): 1093-1096.

[116] 廖红建，宁春明，俞茂宏，等. 软岩的强度-变形-时间之间关系的试验分析 [J]. 岩土力学，1999，18(6)：690-693.

[117] 廖红建，苏立君，殷建华. 硅藻质软岩的三维弹粘塑性模型分析 [J]. 岩土力学，2004，25(3)：337-341.

[118] Sun J. A study on 3-D non-linear rheological behaviour of soft rocks [A]. Practice and Advance in Geotechnical Engineering, Shanghai, 2002.

[119] 陈渠，西田和范，岩本健，等. 沉积软岩的三轴蠕变实验研究及分析评价 [J]. 岩石力学与工程学报，2003，22(6)：905-912.

[120] 刘光廷，胡昱，陈凤岐，等. 软岩多轴流变特性及其对拱坝的影响 [J]. 岩石力学与工程学报，2004，23(8)：1237-1241.

[121] 万玲. 岩石类材料粘弹塑性损伤本构模型及其应用 [D]. 重庆：重庆大学，2004.

[122] 张向东，李永靖，张树光，等. 软岩蠕变理论及其工程应用 [J]. 岩石力学与工程学报，2004，23(10)：1635-1639.

[123] 刘建聪，杨春和，李晓红，等. 万开高速公路穿越煤系地层的隧道围岩蠕变特性的试验研究 [J]. 岩石力学与工程学报，2004，23 (22)：3794-3798.

[124] 徐卫亚，杨圣奇，谢守益，等. 绿片岩三轴流变力学特性的研究(Ⅱ)：模型分析 [J]. 岩土力学，2005，26(5)：593-598.

[125] 徐卫亚，杨圣奇，杨松林，等. 绿片岩三轴流变力学特性的研究(Ⅰ)：试验结果 [J]. 岩土力学，2005，26(4)：531-537.

[126] 范庆忠，李术才，高延法. 软岩三轴蠕变特性的试验研究 [J]. 岩石力学与工程学报，2007，26(7)：1381-1385.

[127] 梁玉雷，冯夏庭，周辉，等. 温度周期作用下大理岩三轴蠕变试验与理论模型研究 [J]. 岩土力学，2010，31(10)：3107-3113.

[128] 唐明明，王芝银，丁国生，等. 含夹层盐岩蠕变特性试验及其本构关系 [J]. 煤炭学报，2010，35 (1)：42-45.

[129] 李萍，邓金根，孙焱，等. 川东气田盐岩、膏盐岩蠕变特性试验研究 [J]. 岩土力学，2012，33 (2)：444-448.

[130] 杜超，杨春和，马洪岭，等. 深部盐岩蠕变特性研究 [J]. 岩土力学，2012，33 (8)：2451-2457.

[131] 张玉，徐卫亚，王伟，等. 破碎带软岩流变力学试验与参数辨识研究 [J]. 岩石力学与工程学报，2014，33 (S2)：3412-3420.

[132] 刘志勇，卓莉，肖明砾，等. 残余强度阶段大理岩流变特性试验研究 [J]. 岩石力学与工程学报，2016，35 (S1)：2843-2852.

[133] 梁卫国，曹孟涛，杨晓琴，等. 溶浸-应力耦合作用下钙芒硝盐岩蠕变特性研究 [J]. 岩石力学与工程学报，2016，35(12)：2461-2470.

[134] 张帆，唐永生，刘造保，等. CO_x 黏土岩三轴压缩蠕变特性及速率阈值试验研究 [J]. 岩

石力学与工程学报，2017，36(3)：644-649.

[135] 朱杰兵，汪斌，邬爱清，等. 锦屏水电站大理岩卸荷条件下的流变试验及本构模型研究 [J]. 固体力学学报，2008，29(S)：99-105.

[136] 闫子舰，夏才初，李宏哲，等. 分级卸荷条件下锦屏大理岩流变规律研究 [J]. 岩石力学与工程学报，2008，27 (10)：2153-2159.

[137] 王宇，李建林，邓华锋，等. 软岩三轴卸荷流变力学特性及本构模型研究 [J]. 岩土力学，2012，33(11)：3338-3344.

[138] 王军保，刘新荣，杨欣，等. 不同加载路径下盐岩蠕变特性试验 [J]. 解放军理工大学学报(自然科学版)，2013，14(5)：517-523.

[139] 张龙云，张强勇，杨尚阳，等. 大岗山坝区辉绿岩卸围压三轴流变试验及分析 [J]. 中南大学学报(自然科学版)，2015，46(3)：1034-1042.

[140] 黄达，杨超，黄润秋，等. 分级卸荷量对大理岩三轴卸荷蠕变特性影响规律试验研究 [J]. 岩石力学与工程学报，2015，34 (S1)：2801-2807.

[141] Everling G. Model tests concerning the interaction of ground and roof support in gate-roads [J]. International Journal of Rock Mechanics and Mining Sciences，1964，1(1)：319-326.

[142] 李文秀，梁旭黎，赵胜涛，等. 软岩地层隧道喷射混凝土衬砌研究 [J]. 岩石力学与工程学报，2005，(S2)：5505-5508.

[143] 姚国圣，李镜培，谷拴成. 软岩隧道中锚杆与岩体的相互作用模型研究 [J]. 地下空间与工程学报，2007，3(z1)：1216-1219.

[144] 郑俊杰，刘秀敏，欧阳院平，等. 大断面隧道锚杆设置的优化分析 [J]. 地下空间与工程学报，2009，5(2)：341-346.

[145] 戴文革. 浅埋偏压隧道支挡方案比选稳定性数值分析 [J]. 铁道建筑，2011，(3)：61-65.

[146] 付迎春. 胡麻岭隧道大变形力学行为及控制技术研究 [J]. 铁道建筑，2011，(5)：56-59.

[147] 岳健，冷伍明，赵春彦. 联合超前支护技术在水下浅埋软岩公路隧道中的应用 [J]. 水文地质工程地质，2011，38(5)：63-69.

[148] 马波，谷柏森，陈金玉. 特长软岩公路隧道结构设计与稳定性分析 [J]. 现代交通技术，2012，9(5)：62-64.

[149] 任建喜，党超. 马鞍子梁软岩隧道围岩变形规律及支护技术模拟分析 [J]. 施工技术，2012，41(1)：87-91.

[150] 关岩鹏，黄明利，彭峰. 大断面软岩隧道新意法加固参数研究 [J]. 公路交通科技，2013，30(3)：105-110.

[151] 周艺，何川，汪波，等. 基于支护参数优化的强震区软岩隧道变形控制技术研究 [J]. 岩土力学，2013，34(4)：1147-1155.

[152] 王永红，齐文彪. 高地应力煤系软岩地层隧道大变形控制研究 [J]. 北京交通大学学报，2013，37(1)：16-20.

[153] 宋艳，朱珍德，张慧慧．深埋隧道喷射钢纤维混凝土支护的数值模拟［J］．水利与建筑工程学报，2013，11(2)：204-208.

[154] 邓宗伟，冷伍明，黎永索，等．水下浅埋暗挖软岩隧道拱部系统锚杆功效［J］．工业建筑，2013，43(5)：73-78.

[155] 张德华，刘士海，任少强．高地应力软岩隧道中型钢与格栅支护适应性现场对比试验研究［J］．岩石力学与工程学报，2014，33(11)：2258-2266.

[156] 洪开荣，杨朝帅，李建华．超前支护对软岩隧道空间变形的影响分析［J］．地下空间与工程学报，2014，10(2)：429-433.

[157] 赵旭峰，宋洋，赵玉东．基于仿真分析的软岩隧道喷层厚度优化探讨［J］．公路交通技术，2014，(4)：110-115.

[158] 苏培森，徐前卫，陈国中，等．“红层”软岩隧道进口段 CRD 法数值模拟及现场实测研究［J］．地下空间与工程学报，2015，11(S2)：785-791.

[159] 汤天彩，王瑞红，李建林，等．洞型及衬砌厚度对软岩隧洞围岩稳定性的影响［J］．水力发电，2015，(3)：29-32.

[160] 何以群．隧道时效大变形灾害的数值模拟与处治技术研究［J］．长春工程学院学报(自然科学版)，2015，16(2)：16-20.

[161] 崔柔柔，杨其新，蒋雅君．软岩隧道掌子面玻璃纤维锚杆加固参数研究［J］．铁道标准设计，2015，(11)：79-83.

[162] 王开洋，尚彦军，何万通，等．深埋公路隧道围岩大变形预测研究［J］．地下空间与工程学报，2015，11(5)：1164-1174.

[163] 吴学震，蒋宇静，王刚，等．大变形锚杆支护效应分析［J］．岩土工程学报，2016，38(2)：245-252.

[164] 王升，李君旸，袁永才，等．软岩大变形隧道的围岩级别判识方法及处治优化［J］．科学技术与工程，2016，16(13)：266-272.

[165] 邵珠山，张艳玲，王新宇，等．大跨软岩隧道二衬合理支护时机的分析与优化［J］．地下空间与工程学报，2016，12(4)：996-1001.

[166] 陈发东．基于实测地应力的丹巴水电站深埋软岩引水隧道变形破坏规律及稳定性研究［J］．水电能源科学，2017，(11)：84-86.

[167] 邓斌，饶和根，廖卫平，等．软岩隧道支护结构优化研究［J］．铁道科学与工程学报，2017，(10)：2203-2213.

[168] 朱苦竹，李青麒，朱合华．某水电站引水隧道系统的三维粘弹塑性有限元分析［J］．地下空间与工程学报，2005，1(5)：717-720，724.

[169] 赵旭峰，王春苗，孔祥利．深部软岩隧道施工性态时空效应分析［J］．岩石力学与工程学报，2007，26(2)：404-409.

[170] 孙洋，左昌群，吴盼盼，等．深埋特长软岩隧道二次衬砌支护时机研究［J］．铁道建筑，2014，(9)：52-55.

[171] 乔红彦．软岩隧道施工力学效应研究［J］．施工技术，2015，(15)：123-126.

[172] 肖丛苗，张顶立，谭可可．大跨度隧道围岩流变参数智能分析及稳定性评价［J］．岩

石力学与工程学报，2015，(10)：2038-2046.

[173] 杜雁鹏，傅鹤林，张朋. 考虑蠕变特性的软岩隧道支护体系研究 [J]. 公路交通技术，2017，33(2)：64-69.

[174] 王明年，李炬，于丽，等. 基于有限元分析的高地应力软岩隧道蠕变特性研究 [J]. 路基工程，2017，(3)：173-177.

[175] 中华人民共和国住房和城乡建设部. 工程岩体试验方法标准(GB/T 50266—2013) [S]. 北京：中国计划出版社，2013.

[176] 中华人民共和国水利部. 水利水电工程岩石试验规程(SL/T 264—2020) [S]. 北京：中国水利水电出版社，2020.

[177] ISRM. Suggested methods for determining the strength of rock material in triaxial compression [J]. International Journal of Rock Mechanics and Mining Sciences and Geomechanics Abstracts，1978，15(2)：47-51.

[178] 中华人民共和国住房和城乡建设部，国家市场监督管理总局. 土工试验方法标准(GB/T 50123—2019) [S]. 北京：中国计划出版社，2019.

[179] 李海波. 岩土力学连续介质本构模型研究 [D]. 哈尔滨：哈尔滨工程大学，2004.

[180] 刘建军. 岩石静动态本构关系及应用研究 [D]. 长安：长安大学，2009.

[181] 陈惠发，萨利浦 A F. 土木工程材料的本构方程 [M]. 余天庆，王勋文，译. 武汉：华中科技大学出版社，2001.

[182] Evans R J，Pister K S. On stitutive equations for a class of nonlinear elastic solids [J]. International Journal of Solids and Structures，1966，2(3)：427-445.

[183] Benstein B. Hypo-elasticity and elasticity [J]. Archives of Relational and Mechanics and Analysis，1960，6(90)：90-140.

[184] 梁立孚，周平. 应变空间中一般加载规律的弹塑性本构关系 [J]. 哈尔滨工业大学学报，2009，44(2)：187-189.

[185] 郑颖人，沈珠江，龚晓南. 岩土塑性力学原理 [M]. 北京：中国工业建筑出版社，2002.

[186] Kachanov L M. Theory of Plasticity [M]. Moscow：Education Press，1956.

[187] Yamaguichi E，Chen W F. Cracking model for finite element analysis of concrete materials [J]. Journal of Engineering Mechanics. ASCE，1990，(6)：1242-1260.

[188] 邢益辉. 塑性本构理论中几个问题的研究 [D]. 哈尔滨：哈尔滨工程大学，2007.

[189] Leandro R A，Antonio B. Drucker-Prager criterion [J]. Rock Mechanics and Rock Engineering，2012，45：995-999.

[190] 张帆. 三峡花岗岩力学特性与本构关系研究 [D]. 武汉：中国科学院武汉岩土力学研究所，2007.

[191] 于怀昌，李亚丽. 粉砂质泥岩常规三轴压缩试验与本构方程研究 [J]. 人民长江，2011，42(13)：56-60.

[192] 卢云德，葛修润，蒋宇，等. 大理岩全过程压缩试验和本构方程的研究 [J]. 岩石力学与工程学报，2004，23(15)：2489-2493.

[193] 何满潮，孙晓明. 中国煤矿软岩巷道工程支护设计与施土指南 [M]. 北京：科学出版社，2004.

[194] 中水北方勘测设计研究有限责任公司. 宁夏中南部地区城乡饮水安全水源工程引水隧洞围岩松动圈测试及变形观测报告 [R]. 天津：中水北方勘测设计研究有限责任公司，2013.

[195] 中华人民共和国水利部. 水工隧洞设计规范(SL 279—2016) [S]. 北京：中国水利水电出版社，2016.

[196] 中华人民共和国住房和城乡建设部，中华人民共和国国家质量监督检验检疫总局. 混凝土结构设计规范(2015 年版)(GB 50010—2010) [S]. 北京：中国建筑工业出版社，2016.